TIM LEBERECHT

Business-Romantiker

TIM LEBERECHT

Business-
Romantiker

Von der Sehnsucht
nach einem anderen
Wirtschaftsleben

Aus dem Amerikanischen
von Niklas Hofmann

DROEMER

Die amerikanische Originalausgabe erschien 2015 unter dem Titel »The Business Romantic« bei HarperCollins Publishers, New York.

Besuchen Sie uns im Internet:
www.droemer.de

Copyright © 2015 by Tim Leberecht
Copyright © 2015 der deutschsprachigen Ausgabe bei
Droemer Verlag. Ein Unternehmen der Droemerschen Verlagsanstalt
Th. Knaur Nachf. GmbH & Co. KG, München.
Alle Rechte vorbehalten. Das Werk darf – auch teilweise –
nur mit Genehmigung des Verlags wiedergegeben werden.
Umschlaggestaltung: ZERO Werbeagentur, München
Umschlagfoto: © Beowulf Sheehan
Satz: Sandra Hacke
Druck und Bindung: CPI books GmbH, Leck
ISBN 978-3-426-27632-7

2   4   5   3   1

Meinen Eltern,
Edith und Volker Leberecht

Die Welt muss romantisiert werden.
So findet man den ursprünglichen Sinn wieder.
Novalis

Inhalt

EINLEITUNG

Die Flamme

Die Flamme darf nie ausgehen – das hatten uns die Ausbilder während des Trainings immer wieder eingeschärft. Protokoll, Logistik und Etikette, an die wir uns zu halten hatten, glichen denen eines amerikanischen Präsidentschaftswahlkampfs. Jeder in dem Team, das die Flamme begleitete, musste stets pünktlich sein, ihre Botschaft und ihre Werte ganz und gar verinnerlicht haben und jederzeit eine Topleistung erbringen. Immerhin ging es hier um die Olympischen Spiele, und die würden nur dann ihrem Ideal gerecht werden und mit Hilfe des Sports eine bessere Welt schaffen können, wenn wir uns von unserer besten Seite zeigten. Es kam nicht nur darauf an, was wir taten, sondern vor allem auch, *wie* wir es taten – auch unter Druck professionell bleiben, sich an die Regeln halten, sich jeden Morgen rasieren, keinen Alkohol trinken und eben jederzeit pünktlich sein; wichtiger aber noch: dabei dem olympischen Geist treu bleiben. Diesen Job konnte man nicht per Autopilot erledigen, und es gab hier keinen Platz für Egos. Die olympische Flamme war der Star. Die olympischen Werte (»Höchstleistung, Freundschaft und Respekt«) waren unser Produkt.

Das Angebot, hier sechs Wochen lang mitzuarbeiten, hatte ich direkt nach meinem Studienabschluss durch reinen Zufall bekommen. Angenommen hatte ich, weil mich der Nervenkitzel reizte und die Chance auf ein unvergessliches Erlebnis (das mir noch den kleinen Extra-Thrill verschaffte, im Rathaus von Montreal eine Rede vollständig auf Französisch halten zu müssen; ich las sie von einem in Lautschrift verfassten Spickzettel ab, den ein einheimischer PR-Kollege für mich vorbereitet hatte). Die Bezahlung war eher symbolisch, und ich musste auf meiner Reise-um-die-Welt-in-sechs-Wochen in der Holzklasse fliegen,

11

aber diese Aspekte der Arbeit störten mich nicht. Und auch sonst keinen von uns. Wir waren um der Sache willen dabei. Und der Stolz, den wir empfanden, wirkte auf alle ansteckend. Es war der beste Job, den ich je hatte.

Der olympische Fackellauf soll die Olympia-Fans zusammenschweißen und einen spannenden Vorlauf für die Eröffnung der Spiele abgeben. Aber in jenem Jahr war alles ganz besonders. Bevor die Flamme nach Athen zurückkehrte, an den Geburtsort der Olympischen Spiele und Austragungsort der Sommerspiele 2004, sollte sie in 32 früheren olympischen Gastgeberstädten Station machen, darunter Tokio, Los Angeles, Montreal, Paris, London, München und Moskau. Und die Flamme sollte zum ersten Mal in der Geschichte auf afrikanischem Boden landen und durch Kairo ziehen, eine Stadt, die erstmals in der olympischen Geschichte einen Platz bekam. Ich war einer jener Advance Press Chiefs, die im Vorfeld für die Pressearbeit verantwortlich waren. Im Morgengrauen stand ich auf, um am Flughafen von Kairo auf die gecharterte Boeing 747 zu warten, die die Flamme transportierte. Es war nicht nur meine erste Begegnung mit der Flamme und mit ihrer Entourage, zu der zwei Security-Männer gehörten, die rund um die Uhr im Einsatz waren.

Als die Flamme endlich das Flugzeug in Kairo verlassen hatte, wurde sie von Offiziellen, Teammitgliedern und VIPs begrüßt. Ein Sonderbus, der von einer schwer gesicherten Wagenkolonne begleitet und von einem Journalistenpulk verfolgt wurde, brachte die Flamme ins Stadtzentrum, wo seit Stunden die ersten Fackelläufer auf ihren Einsatz warteten. Jeder dieser Läufer hatte sich lange im Voraus auf seine fünf Minuten Ruhm bewerben müssen, und jeder von ihnen folgte einem minutiösen Zeitplan, der – bis zu dem Abstecher nach Kairo – auch penibel eingehalten worden war. Eine Stunde nach Ankunft der Flamme standen wir alle in der Mitte des Tahrir-Platzes, auf dem Zehntausende Ägypter Sprechchöre riefen und feierten und auf dem die Grenze zwischen Ordnung und Chaos sich immer mehr auflöste. Ich begegnete Fremden, redete mit Fremden, gab Fremden Anweisungen, und uns alle verband die Kraft des olympischen Feuers. Während ich mich auf die logistischen Aufgaben meines Jobs konzentrierte – nämlich Reporter, Teammitglieder und Transportfahrzeuge Kilometer für Kilometer und Aussichtspunkt für Aussichtspunkt weiterzutreiben –, konnte ich spüren, wie die Flamme sich ihren Weg durch die Menge bahnte und die Herzen der Menschen von Kairo wärmte. Meine Mahlzeiten bestanden aus Energieriegeln und Wasser, und der Schweiß lief mir über Stirn und Nacken; aber trotz alledem spürte ich den Rausch der Euphorie. Ich war dabei und gehörte dazu, war mittendrin im Leben.

Schließlich kamen die ganze Karawane und ihr Begleittross irgendwo in den Außenbezirken der Megastadt zum Halt. Im Hintergrund ragten die Pyramiden auf. Die übliche Feier am Ende eines jeden Tages begann; eine offizielle Zeremonie, bei der Vertreter der Stadt (meist der Bürgermeister), Repräsentanten des Athener Organisationskomitees und lokale Prominente auftraten.

Während das Programm begann, konnte ich sehen, wie einige Kollegen davonschlenderten, langsam aus meinem Blick gerieten und in der sich ausbreitenden Dunkelheit verschwanden, wie sie eins wurden mit den Pyramiden und den diesigen Konturen der Wüste. Im Schutze des Sonnenuntergangs bemühte ich mich, den Reden zu lauschen, aber das Spektakel nahm surreale Züge an: eine Fata Morgana aus hellleuchteten Gesichtern, die sich in fiebrigen, unruhigen Rhythmen bewegten und unverständliche Silben hervorstießen. Da stand ich nun also, mit Sand in den Schuhen und im Mund, war umgeben von hupenden Autos, von den antiken Monumenten, der Hitze, dem Benzingeruch und der ägyptischen Polizei; ein Deutscher in Kairo, der die Spiele von Athen repräsentierte; der für eine amerikanische Firma in Denver arbeitete, die den Fackellauf produzierte – und all das vor den omnipräsenten Logos von Coca-Cola und Samsung, den beiden Hauptsponsoren.

13

Mit Ausnahme der Fußballweltmeisterschaft hat kein anderes sportliches Ereignis eine derart universale Anziehungskraft – und kein anderes sportliches Ereignis ist so durchkommerzialisiert. Darum wird den Olympischen Spielen oft moralischer Bankrott vorgeworfen, und ihr Image ist zumindest widersprüchlich. Aber in jenem Moment unter der ägyptischen Sonne war die olympische Idee sehr lebendig, sehr rein. Etwas Heiliges lag noch in den profansten Momenten. Niels Bohr, der legendäre dänische Quantenphysiker, sagte einmal, es sei das Kennzeichen einer großen Wahrheit, dass ihr Gegenteil ebenfalls eine große Wahrheit sei. Man könnte die Widersprüche im Herzen der Olympischen Spiele wohl kaum besser beschreiben. Die Spiele sind Business as usual, aber sie sind zugleich immer noch die romantischste Idee, das romantischste Unterfangen, das man sich nur vorstellen kann. Politische Minenfelder, harte Arbeit, Dreck, Staub und Schweiß, Markenrichtlinien, Ambush-Marketing, Sendezeiten, Talking Points, Excel-Tabellen, überteuert und überverkauft – ja, es war all das und doch so viel mehr. In der Flamme und in den Gesichtern der Ägypter, die mir begegneten, erblickte ich den olympischen Geist: die Idee, dass ein friedlicher Wettstreit es uns erlaubt, alle Möglichkeiten des Menschen zu entfesseln und als Weltbürger miteinander in Kontakt zu treten. Die olympische Idee ist, was wir in ihr sehen und aus ihr machen. Wie bei allen wahrhaft großartigen Erfahrungen sind es gerade ihre Unzulänglichkeiten, die ihr ihre Romantik verleihen. Sie lassen unserer Vorstellungskraft Raum. Sie erwecken in uns die Sehnsucht nach mehr, eine Sehnsucht nach *allem*.

Geld und Sinngehalt, Kommerz und Kultur, Transaktion und Transzendenz: Diese Spannungsfelder haben mich schon immer angezogen. Mein Großvater war Filmemacher, und mein Vater leitet ein Institut für die Weiterbildung von Führungskräften. Als ich sechs Jahre alt war, habe ich mir meine eigene imaginäre Firma erschaffen und im Alter von 21 meinen eigenen Musikverlag

gegründet (wobei das erste Unternehmen weit erfolgreicher war).
Mit Anfang zwanzig habe ich in einer Band gespielt und zwei
Alben herausgebracht, und dabei habe ich mehr über Zusammen-
arbeit gelernt als durch irgendeine andere Station in meiner Kar-
riere. Ich habe sowohl Geisteswissenschaften als auch Betriebs-
wirtschaft studiert. Als Student habe ich die Werke deutscher
Philosophen gelesen; als Geschäftsmann lese ich das *Wall Street
Journal*. Ich wollte immer Künstler werden – und wurde am
Ende doch ein »Marketing-Typ«.

In der Wirtschaft habe ich dieselbe Schönheit und Intensität entdecken können, die ich verspürt habe, wenn ich mir bei einem
Konzert die Seele aus dem Leib sang. Ich spiele heutzutage in
keiner Band mehr und sehe mich nicht mal mehr als Musiker;
meine Bühne ist das Business. Ich schreibe keine Songs mehr; ich
schreibe E-Mails, Memos, Artikel, Präsentationen und Strategie-
pläne. In Kunden-Pitches und bei Diskussionsveranstaltungen,
bei Konferenzen und Networking-Events, bei Brainstorming-
Sitzungen im Team oder alleine an meinem Schreibtisch: Viele
Augenblicke größter Transzendenz erlebe ich inzwischen in meiner Arbeit.

Als Marketingmanager ist die Wirtschaft für mich eines der größten Abenteuer menschlichen Handelns – wenn nicht sogar *das*
größte. Aber ich bin nicht nur ein Mann der Wirtschaft – ich bin
auch ein unverbesserlicher Romantiker. Ich glaube daran, dass
die Welt ein besserer Ort wäre, wenn es mehr Romantik in unserem Leben gäbe. Ich glaube daran, dass die Verheißung über die
Erfüllung siegt. Ich glaube daran, dass das Gefühl den Verstand
schon zum Frühstück verputzt. Ich bin kein Tagträumer, Idealist
oder Aktivist. Ich bin ein Business-Romantiker.

In meiner Karriere – als Chief Marketing Officer einer Pro-
duktdesign- und Strategiefirma (Frog Design), eines Unternehmens für IT-Outsourcing (Aricent) oder derzeit eines globalen Architektur- und Designbüros (NBBJ) – habe ich gelernt,
Märkte über das Erleichtern von Transaktionen hinaus als kraft-

volle Vehikel dafür zu sehen, in Kontakt zu kommen mit anderen und Werte zu schaffen. In den am ehesten greifbaren Formen des Warenaustauschs – sagen wir auf einem Wochenmarkt oder auf einem Online-Marktplatz wie Etsy – tauschen wir uns über unsere Bedürfnisse und Wünsche mit Menschen aus, denen diese genauso wichtig sind. Wir unterhalten uns. Wir finden Gemeinsamkeiten. Wir nutzen die Märkte, um zu kommunizieren. Am besten hat das der Philosoph Robert C. Solomon ausgedrückt:

> Marktsysteme rechtfertigen sich nicht durch Effizienz und Profite, sondern weil Menschen zuallererst soziale und emotionale Wesen sind, denen Märkte eine gleichgesinnte Gemeinschaft für den sozialen Austausch bieten.[1]

Wenn wir auf den Markt gehen, zeigen wir uns der Welt: Das ist der Anfang jedes Wirtschaftens, der Anfang jeder Romantik.
Nun werden Sie vielleicht sagen: »Moment mal! Das ist doch naiv. Sie romantisieren die Geschäftswelt. Wo in der Weltwirtschaft so vieles im Argen liegt, wo die Politik handlungsunfähig ist, da ist es doch geradezu unverantwortlich, einen derart romantischen Blick auf die Wirtschaft zu haben. Wie können wir in einem so deprimierenden Umfeld Romantiker sein? Die Kluft zwischen Markt und Sinngebung ist schlicht zu tief, um überbrückt zu werden.«
Aber ist sie das wirklich? Und sollte sie es sein? Warum muss denn das Geschäftsleben unter ausschließlich transaktionalen Rahmenbedingungen stattfinden? Was, wenn der Prozess wichtiger wäre als das Endergebnis? Können wir die Profitmargen erhalten und gleichzeitig Erfahrungen machen, die uns mit dem Wundersamen, dem Sinnlichen und dem Geheimnisvollen in Berührung bringen? Ist es nicht an der Zeit, dass wir uns mit Leib und Seele in unsere Arbeit einbringen? Was, wenn wir Romantik im und durch das Business finden könnten?

»Business« und »Romantik« – diese beiden Begriffe rühren an dem Konflikt in uns allen: Welche Rolle kann und sollte die Wirtschaft in unserem Leben spielen? Sprechen wir nur über Märkte nach menschlichem Maß, dann mag uns diese unwahrscheinliche Paarung noch ganz intuitiv und irgendwie tröstlich erscheinen; aber sobald die Märkte eine abstraktere Größe erreichen, sobald sie Systemen gleichen und die Menschen in ihnen die Dimensionen einer Erwerbsbevölkerung oder einer Industrie annehmen, dann klingen die Wörter »Business« und »Romantik« verdächtig.

Wir müssen aber gar nicht versuchen, diesen Konflikt völlig aufzulösen, sofern wir daran glauben, dass der Nutzen von Märkten im Allgemeinen ihre Schwächen ausgleicht. Mit Ausnahme von Regierungen gibt es nur wenige Ausprägungsformen menschlicher Kultur, die einen größeren Einfluss auf uns haben als die Wirtschaft – auf uns als Angestellte, Verbraucher und sogar als Staatsbürger. Wir leben in einer Marktgesellschaft, ob uns das gefällt oder nicht. Was wir uns kaufen und womit wir unseren Lebensunterhalt bestreiten, das spiegelt wider (oder bestimmt sogar darüber), wer wir sind. Unsere beruflichen Laufbahnen bieten uns einige wichtige, wenn nicht sogar die wichtigsten Gelegenheiten zur Selbstverwirklichung, und die meisten von uns verbringen den größten Teil ihres Lebens mit Arbeit. Für manche von uns sind unsere Kollegen enger in unser Leben eingebunden als unsere Nachbarn, Freunde oder sogar Familien. Studien legen nahe, dass Freundschaft die am weitesten verbreitete Beziehung am Arbeitsplatz ist (vor Chef-Untergebener oder Mentor-Protégé).[2] Solche »vermischten Beziehungen« – die Arbeit mit nach Hause zu bringen und das Zuhause mit zur Arbeit – sind eines der Markenzeichen unseres vernetzten Zeitalters.

So schlägt uns die Wirtschaft in vielerlei Hinsicht in ihre Bedeutungsketten. Wenn wir also mehr Romantik in unser Leben bringen wollen, warum dann nicht hier anfangen?

Wenn ich Freunde oder Kollegen danach frage, wie sie sich bei der Arbeit fühlen, dann kriege ich Dinge wie diese zu hören: »Ich bin ein Bürowesen; ich blühe in diesem starren Umfeld auf.« »Bei der Arbeit kann ich meine Witze reißen, kann ich auf den Fluren herumwandern und überhaupt eine Art von Geselligkeit pflegen, die ich mir in meiner Nachbarschaft oder irgendwo auf der Straße nie erlauben würde.« »Ich hätte immer die Möglichkeit, zu Hause zu arbeiten, aber warum sollte ich? Ich gehöre ins Büro.«

Auf der Suche nach Erfüllung wird der Arbeitsplatz zu unserer Arena. David Whyte, Dichter und Unternehmensberater, hat den Kern dieses Gedankens perfekt erfasst: »Arbeit ist Schwierigkeit und Drama, ein Spiel mit hohen Einsätzen, bei dem unsere Identität, unser Selbstwertgefühl und unsere Fähigkeit, für unsere Familie zu sorgen, sich in uns selbst in stets veränderlicher und manchmal explosiver Weise miteinander vermischen«, schreibt er. »Bei der Arbeit können wir uns selbst erschaffen; bei der Arbeit können wir uns selbst zerstören.«[3]

Genau das ist der Grund dafür, dass so viele von uns im Geschäftsleben derart leiden. Wir leiden unter den Beschränkungen des traditionellen Marktsystems und der Entscheidungsfindungsmodelle, die davon ausgehen, dass wir völlig rationale Wesen seien. Und wir leiden, wenn wir fortlaufend falsche Unterscheidungen zwischen unseren Rollen im Business und den anderen Aspekten unseres Menschseins treffen; wenn wir die Wirtschaft von unseren emotionalen, intellektuellen und spirituellen Bedürfnissen trennen.

Viele von uns sehnen sich nach mehr. Wir sind im Business, ob als Konsumenten, Angestellte und Unternehmer, weil wir das Business lieben. Wir lieben den Drive; wir lieben die Möglichkeiten, mit anderen in Kontakt zu kommen und uns auszutauschen. Manche von uns gründen ihr eigenes Unternehmen; andere arbeiten in innovativen Bereichen oder im Management. Wieder andere arbeiten im Bereich der Musik oder im Verlagswesen – in

Branchen also, die seit je einen Drahtseilakt zwischen Kommerz und Kultur vollführen müssen. Gleichzeitig sind zu viele von uns noch viel zu leise – wenn sie sich überhaupt zu Wort melden. Wenn wir morgens unsere Plätze im Großraumbüro einnehmen, verbergen wir unser sehnsüchtiges Verlangen danach, unser wahres Selbst bei der Arbeit zum Ausdruck bringen zu können – danach, uns in unseren Jobs und Karrieren ganz und gar lebendig fühlen zu können.

Dieses Buch spricht uns alle an – jeden Einzelnen von uns, der das Gefühl hat, dass das Business as usual alles entzaubert, was an unseren täglichen Erlebnissen im Beruf oder als Konsumenten magisch und bedeutungsvoll sein kann.

Wenn Sie dieses Buch gelesen haben, werden Sie mehr Wege kennen, sich selbst für die Freuden, die Geheimnisse, die Momente der Transzendenz und auch für den hart erarbeiteten Kummer des Alltags in der Geschäftswelt zu öffnen. Sie werden besser verstehen, wie Sie derartigen Erfahrungen Räume verschaffen können sowohl im Umgang mit Ihren Kollegen als auch mit Ihren Kunden. Sie werden Regeln mit auf den Weg nehmen, die Ihnen zeigen, wie Sie Ihren romantischen Überzeugungen folgen und sie anderen gegenüber ausdrücken können. Und Sie werden überrascht sein, wie dieser Perspektiv- und Haltungswechsel Ihnen ringsherum ungeahnte Möglichkeiten eröffnet – mit Partnern, die Sie am wenigsten erwartet haben. Sie werden die Flamme neu entfachen.

Dieses Buch präsentiert zwar keine neue Managementlehre oder ökonomische Theorie, aber es will doch wirtschaftliche Paradigmen auf den Kopf stellen. Es ist ein Fanfarenstoß für alle, denen hervorragende Leistungen und Effizienz im Geschäftsleben nicht genügen. In diesem Sinne ist es ein kleines Brevier für jeden Einzelnen. Es ermuntert Sie, einen romantischen Blick auf die Wirtschaft zu werfen – anders zu handeln; aber in allererster Linie anders zu sehen, zu fühlen und zu sein. Das fängt auf der persönlichen Ebene an. Aber dieser Wandel hat in letzter Konsequenz das Potenzial, einen weiter reichenden institutionellen und systemischen Wandel anzuregen. Wir Romantiker spielen kein komplett anderes Spiel, aber wenn wir es nach anderen Regeln spielen, dann wird es womöglich besser.

Im folgenden Kapitel, »Die Sehnsucht nach Romantik«, werfe ich einen genaueren Blick auf den Zeitgeist der Gegenwart. Warum brauchen wir mehr Romantik, und wie können wir den Zauber unserer ersten Liebe und unseres ersten Jobs auf unseren Alltag übertragen? Anschließend stelle ich in »Begegnung mit Business-Romantikern« sechs Einzelpersonen und ein Paar vor, die in ihrem Verhältnis zum Geschäftsleben diese Romantik gefunden und erhalten haben. Auch Sie werden lernen, die romantischen Eigenschaften in anderen Menschen und in Ihnen selbst zu erkennen und zu schätzen.

Auf diese Kapitel folgen die »Regeln der Business-Romantiker«. Wie können wir kleine Akte der Sinngebung und Rituale nutzen, um unser Leben als Arbeitnehmer und Konsument bedeutungsvoller werden zu lassen? An welchen Stellen kultivieren wir romantische Erfahrungen von Reibung, Konflikt, Mysterium und Vieldeutigkeit? Wie können wir ein Stück »Lebenskunst« zurück in unseren Arbeitsalltag bringen? Und wie schaffen wir es, uns immer wieder neu in unseren Job zu verlieben?

Wenn Sie im letzten Kapitel, »Im Zweifel Mut«, angekommen sind, werden Sie bestens dafür gerüstet sein, Ihre eigene Flamme am Lodern zu halten und gleichzeitig die Flammen anderer zu entzünden. Und ich werde – Romantik ist kein Kinderspiel – über einige der Vorbehalte, Dilemmas und Herausforderungen sprechen, die sich ergeben, wenn wir den Gedanken der Business-Romantik ausweiten wollen. Außerdem werden Sie mehr über die Rolle des Business-Romantikers in der Gesellschaft erfahren und darüber, wie Sie einen Wandel unterstützen können, der über das Leben der Einzelnen weit hinausgeht und ein neues, romantisches Zeitalter einläutet. Zu guter Letzt wird Ihnen der

Anhang – »Das Business-Romantiker-Einsteigerset« – praktische Hilfsmittel und Tipps liefern.

Mit diesem Buch hoffe ich, eine stille, subtile Revolution anzuzetteln. Es ist an der Zeit, dass wir zusammenstehen. Es ist an der Zeit, dass wir uns Gehör verschaffen. Wer sind *wir?* Wir sind die Männer und Frauen der Wirtschaft, die bereit sind für mehr. Wir sind die Business-Romantiker.

I

Aufbruch

1

Die Sehnsucht
nach Romantik

Die verunsicherte Marktgesellschaft

Laut einer Gallup-Umfrage, die 2013 in 140 Ländern durchgeführt wurde, sind nur 13 Prozent der Angestellten weltweit mit vollem Einsatz und Begeisterung bei der Arbeit. 63 Prozent sind »teilnahmslos«, und es »fehlt ihnen an Motivation«. Mehr als 24 Prozent haben sich »aktiv abgekoppelt«, womit gemeint ist, dass »sie am Arbeitsplatz unglücklich und unproduktiv sind und dazu neigen, ihre negative Einstellung auf die Kollegen zu übertragen«.

Noch düsterer sieht es in den Chefetagen aus. Das Vertrauensbarometer 2013 der PR-Agentur Edelman zeigt, dass Akademikern, technischen Fachleuten und Angehörigen des mittleren Managements beinahe doppelt so viel Vertrauen entgegengebracht wird wie Vorständen.[1] In seinem *Outlook on the Global Agenda 2014,* einer Umfrage unter mehr als 1500 Führungspersönlichkeiten aus Staat, Wissenschaft und Wirtschaft, hat das Weltwirtschaftsforum »einen Wertemangel in den Führungsebenen«, »schwindendes Vertrauen in die Wirtschaftspolitik« und »eine sich öffnende Einkommensschere« als die drei Haupttrends identifiziert, die weltweit die Gesellschaften beeinflussen.[2] Mit demselben Tenor stellt die Organisation für wirtschaftliche Zusammenarbeit und Entwicklung (OECD) fest, dass die soziale Ungleichheit in den am stärksten industrialisierten Nationen seit Ausbruch der Weltwirtschaftskrise 2008 signifikant zugenommen hat, wobei 2010 die reichsten 10 Prozent der Bevölkerung ihren Wohlstand neuneinhalbmal stärker steigern konnten als die ärmsten 10 Prozent.[3] In seinem vieldiskutierten Buch *Das Kapital im 21. Jahrhundert* behauptet der französische Ökonom Thomas Piketty, dass wir uns zu einem »auf Vererbung beruhenden Kapitalismus« zurückentwickelt hätten, der an das 19. Jahrhundert erinnere, als sich der Wohlstand auf Familiendynastien konzentrierte.[4] In den Vereinigten Staaten führte die Occupy-Wall-Street-Bewegung für die Einkommensschere das Bild von den 99 Prozent und dem einen Prozent ein. Die Forschung zeigt aber, dass sich das Verhältnis in Wahrheit noch stärker zugunsten der Superreichen verschoben hat – den 0,1 Prozent. Während das oberste Prozent der amerikanischen Haushalte ungefähr 22 Prozent aller Einkommen einstreicht (inklusive der Kapitalgewinne), gehört 0,1 Prozent der Haushalte ein Fünftel des Reichtums im Lande.[5] Ein Report des Aspen Institute aus dem Jahr 2013 kommt zu dem Schluss, dass die USA sich zu einer »Pareto-Verteilungs-Gesellschaft« entwickeln könnten, in der der Wohlstand sich nicht mehr nach einer Gaußschen Glockenkurve verteilt, sondern sich stattdessen in den oberen Schichten einer nach dem »The winner takes it all«-Prinzip funktionierenden Gesellschaft anhäuft.[6] Und solche Ungleichheit, hält die Studie weiter fest, »nimmt selbst in Ländern zu, die historisch gesehen relativ egalitär waren«.

Die Innovationen der digitalen Ökonomie verstärken diesen Trend noch. Nicht nur die Zukunft ist ungleich verteilt, sondern auch die Wertschöpfung. Als Facebook im Februar 2014 für 19 Milliarden US-Dollar Whatsapp kaufte, da entsprach der Preis 345 Millionen Dollar für jeden einzelnen der 55 Angestellten.[7] In seinem Buch *Wem gehört die Zukunft?* betont der Autor Jaron Lanier die Auswirkungen dieser Entwicklungen für die Arbeitnehmerschaft: »Kodak hat 140 000 Menschen beschäftigt, Instagram 13.«[8]

Wir sind in ein binäres Zeitalter eingetreten, in dem die Software nicht nur »die Welt auffrisst«, wie Marc Andreessen, der Risikokapital-Anleger aus dem Silicon Valley, verkündet[9], sondern anscheinend auch die Mittelschicht. Täglich erscheinen in den USA neue Zeitungsartikel über das Thema soziale Ungleichheit. Sei es über das Wegbrechen des Marktes für Konsumgüter der Mittelklasse[10] oder darüber, dass Präsident Obama die wachsenden Einkommensunterschiede als die »entscheidende Herausforderung unserer Zeit« bezeichnet.[11] Die Einkommensungleichheit wächst weltweit, aber im Vergleich mit anderen Industrieländern ist die Lage in den USA besonders dramatisch.[12]

Auch die Wall Street hat das mitbekommen: Zwar erhalten die Investmentbanker immer noch exorbitante Boni, aber sie haben viel von ihrer Aura als »Masters of the Universe« verloren. Plötzlich sind die Medien voll mit Lebensbeichten, die Titel wie »Warum ich Goldman Sachs verlasse«[13] tragen, und mit Geschichten über ehemalige Finanzmenschen, die jetzt Wiedergutmachung für ihre Sucht nach Geld leisten wollen, indem sie im Non-Profit-Bereich arbeiten.[14]

Aber die Amerikaner brauchen ja nicht die Medien dafür, um etwas zu erkennen, das sie tagtäglich auch selbst sehen können – auf den Straßen, in den U-Bahnen, in den Universitäten und Schulen und in den Büros. Überall wächst die Verdrossenheit. Das Land hat die Finanzkrise überlebt und ist jetzt in der schönen neuen Welt des aktuellen Aufschwungs angekommen. Doch viele Amerikaner haben das Gefühl, dass sie zwar immer mehr geben, aber dafür immer weniger zurückbekommen.

Selbst in Deutschland, das wesentlich glimpflicher durch die Wirtschaftskrise gekommen ist als viele andere Länder, ist das Klima der Verunsicherung spürbar. Auch hier klafft die Einkommens- und Vermögensschere immer weiter auseinander, und die Mittelschicht schrumpft – allein zwischen 1997 und 2010 um 5,5 Millionen Menschen.[15] Inflationsbereinigt sind die Realeinkommen der Deutschen seit anderthalb Jahrzehnten nicht mehr gewachsen.[16] Natürlich ist das Land reicher geworden. Aber von dem neu gewonnenen Wohlstand hat zuletzt nur noch »eine Elite in der Gesellschaft« profitiert, wie die Bertelsmann-Stiftung ganz nüchtern konstatiert.[17] Und dabei geht es den Deutschen, wie gesagt, noch gut. Der Blick auf die Verheerungen, die die Finanz-, Schulden- und Eurokrise anderswo in Europa, vor allem bei der jüngeren Generation, angerichtet hat, lässt die Zweifel am bestehenden Wirtschaftsmodell wachsen. Der Exodus der jungen Spanier, Griechen und Italiener, die vor der Perspektivlosigkeit in ihren Heimatländern fliehen, wirkt wie ein Menetekel.

Auch in den USA trägt die Jugend die Hauptlast der Krise. Für die Millennials, also die Altersgruppe zwischen 18 und 33 Jahren, sind die Arbeitslosenrate und die Armutsquote höher, die Wohlstands- und Einkommensraten niedriger, als sie es für die beiden unmittelbar vorangegangenen Generationen (die Generation X und die Babyboomer) zum gleichen Zeitpunkt in ihren Biografien waren.[18] Zum ersten Mal seit Beginn der Aufzeichnungen macht eine Generation wirtschaftliche Rückschritte.

Das Silicon Valley, dessen Kultur von den Edikten des Tech-Optimismus indoktriniert ist, verspricht durch neue soziale Technologien jene Lücken zu schließen, die ein geschrumpfter Staat, schwindende zivilgesellschaftliche Strukturen und angeschlagene Medienunternehmen hinterlassen haben, die seit der Krise von 2008 allesamt noch darum ringen, ihre Rollen neu zu bestimmen. Aber glauben wir wirklich, dass Softwarefirmen wie Amazon, Facebook, Google und all ihre jüngeren Nachzügler die Antworten auf unsere drängendsten sozialen und ethischen Fragen finden? Eine wachsende Riege von Kulturkritikern und Philosophen bringt ihre Besorgnis darüber zum Ausdruck, dass staatsbürgerliche Verantwortung durch einen kurzsichtigen Glauben an Technologie ersetzt wird. Evgeny Morozov, einer der scharfzüngigsten dieser Kritiker, spöttelt über derartigen »Solutionismus«, einen Lösbarkeitsfetischismus, den er als »eine intellektuelle Symptomatik« bezeichnet, bei der man Probleme »nur auf der Basis eines einzigen Kriteriums betrachtet: ob sie mit Hilfe einer uns zur Verfügung stehenden hübschen und sauberen technologischen Lösung ›lösbar‹ sind«.

Zudem hängt die Geschwindigkeit der technologischen Entwicklung unsere Institutionen und unsere moralischen Kapazitäten weit ab. Wir leben in einer Zeit, in der wir schon Science-Fiction-Filme produzieren müssen, um zu unserer Realität aufzuschließen. Täglich wird von uns erwartet, uns stichhaltige Meinungen zu Entwicklungen zu bilden, die von Überwachung – sei es durch Unternehmen oder durch Regierungen – über Cyberkrieg, Bioterrorismus und Gentechnik bis zu den verschiedensten, von Social Media befeuerten Aufständen reichen. Und das waren erst die Frühnachrichten. Bevor wir das Tempo des Wandels noch richtig verdaut haben – geschweige denn, dass wir eine moralische Perspektive auf ihn entwickelt hätten –, haben die Innovationen in der Avantgarde von Wissenschaft und Technologie schon angefangen, uns als Individuen und als Kultur zu verändern.

So wie diese technologischen Innovationen zu wirtschaftlichen Brüchen führen, so destabilisieren sie auch unser Wertesystem. Papst Franziskus, für *Time* die »Person des Jahres 2013«, wettert gegen die »Tyrannei des ungebremsten Kapitalismus«, gegen die »Trickle down«-Wirtschaftspolitik, die Gier der Finanzmärkte und gegen die Konsumgesellschaft. Das Oberhaupt der katholischen Kirche hat deutlich gemacht, dass wir in ernster Gefahr sind, unseren moralischen Kompass zu verlieren, wenn wir uns nur vor den Götzen des Geldes verneigen.[19] Der Geschäftsgedanke hat sich selbst in die privatesten Aspekte unseres Lebens eingeschlichen, Stück für Stück, wie du mir, so ich dir. Wir geben voreinander mit unseren Terminkalendern an, um uns selbst unseres Erfolgs zu vergewissern, und die einzige Ekstase, die wir noch finden, rührt aus dem Gefühl permanenten Überwältigtseins.[20]

Darunter leiden inzwischen sogar unsere Freundschaften. In den USA hat eine Gruppe namens Lifeboat, die sich selbst als Bewegung bezeichnet, die »tiefe Freundschaften zelebriert«, kürzlich eine großangelegte Studie zur Lage von Freundschaften durchgeführt.[21] Die Ergebnisse dieses ersten Reports seiner Art sind ernüchternd. Nur ein Viertel der Erwachsenen sind mit ihren Freundschaften wirklich zufrieden. Trotz der wachsenden Bedeutung der Social Networks und der zunehmenden Möglichkeiten von Online-Kontakten haben die meisten Amerikaner Lifeboat gegenüber erklärt, dass sie lieber weniger, aber intensivere Kontakte hätten als eine größere Zahl an Freunden. Der Studie zufolge stecken Freundschaften in den USA in einer »Krise«. In Deutschland hat die Medienwissenschaftlerin und Publizistin Miriam Meckel, seit 2014 Chefredakteurin der *WirtschaftsWoche,* schon vor Jahren die Kommerzialisierung und die damit einhergehende Entwertung des Freundschaftsbegriffs in der digitalen Welt, vor allem bei Facebook, beklagt. Wahre Freundschaft werde dort durch die Ware Freundschaft ersetzt: »Wer utilitaristisch dabei denkt und darin eine ökonomische Beziehung aus Angebot und Nachfrage sieht, ist kein Schelm, sondern schlau und hat die Prinzipien digitaler Freundschaften durchschaut. ›Gefällst du mir, gefall ich dir.‹«[22]

In unserer sich immer weiter entwickelnden digitalen Landschaft erlebt man das Gefühl der Isolation wie in einem Spiegelkabinett. Facebook und andere soziale Medien wurden entwickelt, damit wir uns enger miteinander verbunden fühlen. Aber unsere Sorgen, die wir uns über Einkommensungleichheit und Arbeitsunzufriedenheit machen, werden auf den digitalen Allmenden nur immer größer. Immer hat jemand anderes in unserem Netzwerk mehr Spaß, verdient mehr Geld oder schöpft mehr aus seinen Kontakten. Die Millennials ziehen sich in den Individualismus zurück und entfernen sich immer mehr von Institutionen wie Religion, Ehe und politischen Parteien. Eine Umfrage des Meinungsforschungsinstituts Pew aus dem Jahr 2014[23] hat gezeigt, dass das soziale Kapital der Digital Natives hauptsächlich durch die Netzwerke sozialer Medien generiert wird. Das Bedürfnis nach Selbstdarstellung und nach Kontakten ist hoch (55 Prozent der Millennials haben schon online ein »Selfie« gepostet), aber das Vertrauen in andere ist gering: Nur 19 Prozent der Millennials glauben, dass man anderen Menschen trauen könne, verglichen mit 31 Prozent in der Generation X und 40 Prozent der Babyboomer.

Angesichts von so viel Unsicherheit suchen die Millennials nach einem stärkeren Sinn- und Gemeinschaftsgefühl in der Arbeit. Und damit sind sie nicht alleine. In einem Gastkommentar in der *New York Times* hat der Wirtschaftswissenschaftler Jeffrey Sachs für diesen zeithistorischen Augenblick den Begriff des »New Progressivism«[24] geprägt – eine Antwort auf die mit Schulden erkaufte Überfülle jener neuen Belle Époque, die in der Krise zu Ende gegangen ist. Der veränderte Zeitgeist lässt überall neue Formen des Geschäftshandelns aufkommen. In den USA gibt es seit wenigen Jahren das Modell der »B Corps«, das sind profitorientierte Unternehmen, die ein Mandat haben, soziale oder Umweltprobleme zu lösen,[25] und anders als gemeinnützige GmbHs in Deutschland auch Gewinn ausschütten dürfen; sie bringen daher die Interessen der Anteilseigner und den Gemeinnutzen unter einen Hut. Non-Profit-Organisationen wie Ashoka tun sich mit einem DAX-Unternehmen wie SAP zusammen, um »sozialunternehmerischen Nachwuchs« zu fördern;[26] die Maker-Bewegung findet ihre größten Unterstützer in großen Einzelhandelsunternehmen;[27] erfolreiche »alternative« Kapitalisten wie Sir Richard Branson oder der frühere Puma-Chef Jochen Zeitz haben das B-Team gegründet – eine Gruppe, die Wirtschaftsführer zusammenbringen will, um hehre soziale und Umweltziele anzugehen;[28] der Mitgründer und Vorstandschef der Biomarktkette Whole Foods, John Mackey, predigt die Idee des »bewussten Kapitalismus«;[29] der Unternehmensberater und frühere Telekom-Vorstand Bernd Kolb versucht in seinem Netzwerk »Club of Marrakesh«, neue Wege für ein nachhaltiges und ethisches Wirtschaftshandeln zu beschreiben;[30] und das Energy Project des Journalisten und Unternehmensberaters Tony Schwartz wirbt für eine zielbewusstere Mitarbeiterbindung, die auf dem Konzept der »Energie« einer jeden Person aufbaut.[31]

Was läuft da ab?

Aaron Hurst ist ein Mann mit großer Erfahrung im Bereich der sozialen Innovation. 2001 hat er im reifen Alter von 16 Jahren an der University of Michigan sein erstes Projekt ins Leben gerufen, die Taproot Foundation. Die Idee war simpel, aber für ihre Zeit revolutionär: Businessprofis sollten Möglichkeiten gezeigt werden, wie sie Pro-bono-Arbeit leisten können. Während seiner vielen Jahre bei Taproot hat Hurst mehr als 25 000 Briefe von Wirtschaftsfachleuten aus aller Welt erhalten, die ihm alle erklärt haben, was sie aus der Erfahrung der Pro-bono-Tätigkeit zu ziehen hofften. Aber warum um alles in der Welt sollten anderweitig erfolgreiche Businessprofis händeringend nach Gelegenheiten suchen, ihre Zeit zu verschenken?

Würde man eine solche Frage im zivilgesellschaftlichen oder religiösen Bereich stellen, würde sie absurd wirken. Anderen zu dienen und sich engere, tiefer gehende Bindungen zu den Mitmenschen zu wünschen, liegt geradezu in der DNS dieser Lebensbereiche. In der Geschäftswelt wird uns hingegen beigebracht, uns selbst als Maschinen zu sehen, als Agenten von Eigeninteresse, Optimierung, Effizienz und Produktivität. Demgegenüber hat Hurst vier zutiefst menschliche Triebkräfte ausgemacht, die hinter der starken Nachfrage nach Pro-bono-Tätigkeiten stecken: (1) neue Leute kennenlernen; (2) besser werden in dem, was man macht; (3) wichtige gesellschaftliche Herausforderungen angehen; und (4) Beziehungen mit anderen pflegen.

Später hat Hurst seine Thesen in ein Buch und in ein Programm gegossen, das er *The Purpose Economy*[32], also »Wirtschaft mit Sinn«, genannt hat, und sich mit der Social-Design-Firma Imperative zusammengetan, um ein solches »sinnstiftendes Business« zu fördern. Die *Purpose Economy,* so behauptet Hurst, werde das nächste Paradigma nach dem Niedergang der Informationsökonomie. In seinen Worten versetzt sinnstiftendes Business »Menschen in den Stand, eine erfolgreiche Karriere und ein erfülltes Leben zu haben, indem sie für sich selbst einen bedeutsamen

Mehrwert schaffen«. Das klingt nach einem radikalen Wandel – weg von den Informationen, hin zu etwas noch Vagerem und möglicherweise Esoterischerem. Doch Hurst ist sich sicher, dass unternehmerische Sinnstiftung eine der stärksten Antriebskräfte für die nächste Generation sein werde.

Natürlich verdanken seine Vorstellungen dem Management-Guru Peter Drucker einiges, der schon vor zwei Jahrzehnten das Konzept des »purpose-driven business« etabliert hat, dem zufolge Unternehmen einen Daseinszweck, ein höheres Ziel brauchen, um im Wettbewerb bestehen zu können. Diese Ideen sind aber auch höchst aktuell.[33] Der demografische Wandel – mehr Frauen in der Arbeitswelt, mehr Zuwanderer und vor allem die wachsende Präsenz der Millennials, die 2020 bereits 50 Prozent der weltweiten Erwerbsbevölkerung stellen werden[34] – führt dazu, dass Arbeitnehmer zunehmend fortschrittlich eingestellt sein werden. In Hursts Worten »hat sich die Generation X für soziale Werte eingesetzt, aber für die Generation Y sind sie eine Notwendigkeit«.

Michael Norton, Professor für Managementlehre an der Harvard Business School und Koautor des Buchs *Happy Money*,[35] sagte mir: »In den Personalabteilungen ging es früher mal um Boni und Gehaltserhöhungen, um Hire and Fire und um die Auswahl neuer Mitarbeiter. Heutzutage aber hat die Personalabteilung Aufgaben wie › Wellness‹ oder › Wie machen wir unsere Mitarbeiter glücklicher?‹. Menschen sind zwar glücklicher, wenn sie mehr Geld bekommen, aber es ist zunehmend unsicher, dass harte ökonomische Anreize wirklich das Mittel der Wahl sind.«

Norton und seine Kollegen arbeiten aktuell an Experimenten, die einige alternative Anreize untersuchen. In einem dieser Experimente haben die Angestellten einer australischen Bank, denen man die Möglichkeit gegeben hatte, einer Wohltätigkeitsorganisation Geld zu spenden, anschließend von einer signifikant höheren Zufriedenheit und einem größeren Glücksgefühl bei der Arbeit berichtet. In einem anderen Experiment erbrachten die

Angestellten eines belgischen Pharmaunternehmens bessere Leistungen, nachdem sie ihren Teamkollegen Geld geschenkt hatten. Diese und andere »prosoziale« Anreize erweisen sich effektiver als monetäre Anreize, um die Produktivität zu erhöhen. Untersuchungen der *Harvard Business Review* und des Energy Project legen den Schluss nahe, dass Angestellte, die an die Mission ihres Unternehmens glauben, mit höherer Wahrscheinlichkeit ihrem Arbeitgeber treu bleiben, von einer höheren Zufriedenheit im Beruf berichten und stärker engagiert sind.[36] Einer Deloitte-Studie aus dem Jahr 2014 zufolge haben Führungskräfte und Arbeitnehmer, die für ein Unternehmen arbeiten, das ihnen in hohem Maße das Gefühl eines weiterführenden Sinns vermittelt, ein größeres Vertrauen in die Wettbewerbsfähigkeit und die Wachstumsperspektiven des Unternehmens als solche, denen dieses Gefühl fehlt.[37]

Die Social-Designerin und Mitgründerin von Imperative Kyla Fullenwider hingegen sagte mir, dass sie es als »antiquiert« empfinde, soziale Mission, Sinnstiftung, Glück und andere alternative Messgrößen durch betriebswirtschaftliche Argumente wie höhere Produktivität und größeres Wachstum zu rechtfertigen: »Die wahren Erneuerer und Early Adopter benutzen nicht mal mehr den Begriff ›Business Case‹«, sagte sie. »Es ist viel einfacher. Wir bemühen uns, unsere Angestellten glücklich zu machen, weil wir alle Menschen sind. Dieser Grund liegt doch auf der Hand. Oder er sollte es zumindest. Das ist das Ziel.«

Folgerichtig ist für aufgeklärte Wirtschaftswissenschaftler Glück kein Mittel zum Zweck mehr; es ist der Zweck. Die Vereinten Nationen haben eine Glücksresolution verabschiedet und einen Internationalen Tag des Glücks ins Leben gerufen;[38] die *Harvard Business Review* hat den »Glücks-Faktor« 2012 auf ihr Cover genommen,[39] Unternehmen wie der Online-Einzelhändler Zappos haben einen »Mitarbeiterglücksindex« eingeführt, der vom Bruttoinlandsglücksindex des Königreichs Bhutan inspiriert ist. Das

Unternehmen hat daraus ein komplettes Programm zur »Glücks-vermittlung« entwickelt, zu dem sogar ein »Chief Happiness Officer« gehört.[40]

Aber die Debatte geht über bloßes Glück hinaus und verweist auf etwas, das noch hochfliegender klingt: Sinn. Sinnsuche unterscheidet sich in bemerkenswerter Weise vom Streben nach Glück, wie Forschungen von Roy F. Baumeister und anderen belegt haben.[41] Man kann ein glückliches Leben führen, dem es an jedem höheren Sinn fehlt, und man kann ein sinnerfülltes Leben führen, ohne sich glücklich zu fühlen. Glück ist zart, individualistisch und episodenhaft; Sinn ist tiefgründig, gemeinschaftsorientiert und transzendent. Letzten Endes suggeriert Sinnhaftigkeit fast immer eine Verbindung zu einem größeren Gemeinschaftsgefühl, sei es real oder nur imaginiert. Sinnhaftigkeit ist spirituell unterfüttert.

Und sie hat längst auch im wirtschaftlichen Mainstream Einzug gehalten. In der Technologiebranche wird von »Heilung« gesprochen, Führungskräfte greifen das Konzept der *Mindfulness* auf, und das offizielle Programm des Weltwirtschaftsforums in Davos umfasste zuletzt sogar frühmorgendliche Meditationssitzungen, zu denen ein buddhistischer Mönch geladen hatte. Das Konferenznetzwerk Wisdom 2.0 verbindet technologische Innovationen mit den neuesten Erkenntnissen über den menschlichen Geist und bringt einen anregenden Dialog über die Frage in Gang, wie man spirituelle Einsichten, Meditationen, emotionale Intelligenz und andere Formen der »Seelennahrung« in die Agenden von Unternehmen einbinden kann. Firmen wie SAP, Nike, Adidas und Target beginnen ihre Arbeitstage mit Meditation oder Yoga, und Google bietet seinen Mitarbeitern regelmäßig ein Seminar über die »Suche in dir selbst« an, das stets sofort ausgebucht sein soll. Eine neue Generation von Führungskräften lotet derweil die »dritte Messgröße« aus – alternative Methoden, mit denen man ein erfolgreiches oder besser gesagt sinnerfülltes Leben erfassen kann, das sich durch Freigiebigkeit und Dankbarkeit, durch die Fähigkeit zu staunen, durch Wohlgefühl und Weisheit auszeichnet.[42]

Mehr als sechzig Jahre nach dem Erscheinen von Viktor Frankls bahnbrechendem Werk *Der Mensch auf der Suche nach Sinn*[43] scheint »Sinn« zum größten gemeinsamen Nenner einer ganzen Generation geworden zu sein. Eine 2011 vom Career Advisory Board der DeVry University herausgegebene Studie kam zu dem Schluss, dass für die Generation Y ein »Sinngefühl« der wichtigste Indikator einer erfolgreichen Karriere sei. Diese Sehnsucht nach mehr Sinn steht in Zusammenhang mit einem neuen Optimismus. In einer Telefonica-Umfrage unter 12 000 Millennials in 72 Ländern fanden 62 Prozent der Befragten, dass sie dort, wo sie leben, etwas verändern könnten, und 40 Prozent glaubten, auf globaler Ebene etwas verändern zu können.[44] Während ihre Vorgänger aus der Generation X sich über Bürokratie und über die Korrumpierung von Firmen und Institutionen beklagten, tun die Millennials sie einfach als irrelevant ab. Ihre Generation macht sich das zu eigen, was der Zukunftsforscher Alvin Toffler einmal als »Adhocracy«[45] beschrieben hat: nach dem Baukastenprinzip aufgebaute und bewegliche Netzwerkstrukturen, die leicht zueinanderfinden und auch wieder auseinandergehen. Das Schwergewicht des Einflusses verschiebt sich dynamisch innerhalb des Netzwerks, anstatt in einer einzelnen Institution oder Organisation statisch zu bleiben.

Aber in welchem Verhältnis steht nun die Romantik zu diesen Netzwerkkonzepten von Bedeutung, Glück und Sinn? Kann ein sinnorientiertes Leben romantisch sein? Ist Romantik eine Voraussetzung für Sinn? Bedeutet mehr Romantik mehr Glück? Bevor ich fortfahre, müssen wir einige wichtige Unterscheidungen zwischen den Grundlagen dieser breiteren kulturellen Strömungen und den Themen dieses Buchs treffen. Business-Romantiker streben sicherlich nach einem größeren Sinngehalt in ihrer Arbeit, und sie finden auch, dass materielle Anreize nur einen kleinen Teil dessen ausmachen, was Arbeit bereichernd macht. Aber ihr Wertegerüst ist ein grundsätzlich anderes. Wo ein missionsgetriebenes Unternehmen nur dann Erfolg haben wird, wenn es das klar bestimmte »Gute« in der Welt identifiziert, messen die Business-Romantiker dem Prozess genauso viel Wert bei wie dem Endprodukt. Um mit Konfuzius zu sprechen: »Der Weg ist das Ziel.« Und so geben Romantiker dem Erlebnis selbst den Vorrang vor der Erfüllung des institutionellen Ziels. Ein guter Freund von mir arbeitet zum Beispiel für eine Firma, bei der soziale Verantwortung ganz zentral ist, und hat mir von seinem überraschenden – wenn auch rein privaten – Frust berichtet: »Manchmal merke ich, dass ich demoralisiert bin. Ich liebe die Marketingwelt, aber diese Firma bestraft mich geradezu für meine Leidenschaft. Mir wird auf subtile Weise signalisiert, dass ich unsere Produkte gar nicht verkaufen soll. Ich fühle mich, als säße ich in einem Provinznest voller ›Weltverbesserer‹ fest: Alles, was innovativ und aufregend ist, findet auf stärker konkurrenzorientierten Feldern statt.«

Eine romantische Firma zu sein ist nicht gleichbedeutend damit, zweckgeleitet oder sozial verantwortungsvoll zu handeln. Für einen Romantiker ist ein gesellschaftlicher Zweck wichtig, aber Lernerfahrungen, Aufregung und Abenteuer sind es ebenfalls, wenn nicht noch wichtiger. Romantik ist auch nicht unbedingt mit Moral gleichzusetzen. Wir werden sogar feststellen, dass Romantik manchmal, in Momenten höchster Intensität, größter Ungewissheit, stärksten Konflikts und größter Unruhe, ihre dunkle Seite offenbaren kann. Vielleicht arbeiten Sie für eine allseits angesehene Firma und widmen sich einer bedeutsamen sozialen Mission, aber verspüren doch einen völligen Mangel an Romantik. Und andererseits finden Sie vielleicht mehr Romantik in der Arbeit bei Goldman Sachs als bei einer humanitären Hilfsorganisation. Man kann Gutes tun, ohne sich gut zu fühlen. Und umgekehrt. Business-Romantiker haben Verständnis für das Streben nach Glück und Sinn, aber sie sind letzten Endes auf der Suche nach etwas anderem, nach etwas, das schwerer fassbar ist und potenziell brandgefährlich sein kann. Eine noble Mission, bei der man sich einer sozialen Aufgabe verschreibt, ist nur einer von vielen Wegen, außergewöhnliche Erfahrungen zu machen. Wenn ich an meine Arbeit beim olympischen Fackellauf in Kairo zurückdenke, dann war das eine romantische Erfahrung, gerade weil ich von ihr so hin- und hergerissen war inmitten all der Widersprüche. Ich hatte das starke Gefühl, einem höheren Zweck zu dienen, auch wenn mir dabei die Sponsoren im Nacken saßen. Wir waren konfrontiert mit dem Heiligen wie mit dem Profanen und mussten dabei stets dafür sorgen, dass die Flamme weiterlodert. Diese Aufgabe hatte eine Intensität, die meinem Leben einen unauslöschlichen Stempel aufgedrückt hat. Hat das die Welt zu einem besseren Ort gemacht? Wer weiß. War es eine Erfahrung, bei der ich mich in jeder Sekunde ganz und gar lebendig fühlte? Absolut.

Selbstquantifizierung

Zu Beginn des vergangenen Jahrhunderts prägte der Soziologe und Nationalökonom Max Weber den Begriff von der »Entzauberung der Welt«, um die vorherrschende Ordnung der modernen Industriegesellschaft zu beschreiben, die einen bürokratischen, intellektualisierten und säkularisierten Blick auf die Welt einnahm.[46] Weber bedauerte, dass wissenschaftliches Verständnis und technische Rationalität einen »eisernen Käfig« geschaffen hätten, der die Spiritualität in die Randbereiche unseres Lebens verdrängt habe. Er beobachtete, »dass gerade die letzten und sublimsten Werte zurückgetreten sind aus der Öffentlichkeit, entweder in das hinterweltliche Reich mystischen Lebens oder in die Brüderlichkeit unmittelbarer Beziehungen der Einzelnen zueinander«. Im Rückblick erscheint einem Webers Beschreibung der Menschheit in seinem wegweisenden Werk *Die protestantische Ethik und der Geist des Kapitalismus* so düster wie prophetisch: »Fachmenschen ohne Geist, Genussmenschen ohne Herz: dies Nichts bildet sich ein, eine nie vorher erreichte Stufe des Menschentums erstiegen zu haben.«

Über ein Jahrhundert später durchläuft die Menschheit erneut eine Phase der Entzauberung – die aber diesmal nicht von der Industrialisierung vorangetrieben wird, sondern von der Datifizierung unserer Märkte, Gesellschaften, Arbeitsplätze und Beziehungen. Sie haben die verblüffenden Zahlen vermutlich schon einmal gehört: Die Menschheit produziert heute in zwei Tagen so viele Daten, wie sie es in ihrer gesamten Geschichte bis zum Jahr 2003 getan hat. Und die gesamte Datenmenge verdoppelt sich alle zwei Jahre, so dass sie im Jahr 2020 bei 40 000 Exabyte (40 Billionen Gigabyte) liegen wird. (Nur um Ihnen eine Bezugsgröße zu geben: Ein einzelnes Exabyte entspricht dem Speicherplatz von 250 Millionen DVDs.) In der Zeit, die Sie brauchen, um dieses Kapitel zu lesen, wird die Menschheit die gleiche Datenmenge produzieren, die derzeit in der amerikanischen Kongressbibliothek gelagert wird. Das ist Big Data im wahrsten Sinne des Wortes.

Im Herbst 2012 habe ich eine Stunde mit Yossi Matias, dem geschäftsführenden Direktor von Googles Forschungs- und Entwicklungszentrum in Israel, verbracht. Unser Gespräch drehte sich um Algorithmen und Intuition. »Die Intuition ist selbst ein Algorithmus«, behauptete der Google-Manager, ein bestens ausgebildeter Ingenieur. »Sie besteht aus den Millionen von Eindrücken, mit denen wir unser Gehirn füttern.« Er empfahl, diesen Prozess nachzubilden und nachzuahmen. Das Ziel war es seiner Ansicht nach schlicht, bessere Algorithmen zu schaffen. Seine Argumentation klang überzeugend und entwaffnend, aber als ich mich verabschiedete, spürte ich eine gewisse Leere.

Von zahlenfressenden Kolossen wie Google und Amazon, die gigantische Depots von Nutzerdaten generieren, um maßgeschneiderte Transaktionen anbieten zu können, bis zur »Quantified Self«-Bewegung, die durch eine Palette neuer Geräte und

Apps angetrieben wird, die Konsumenten helfen sollen, ihre Produktivität, Gesundheit und Fitness zu verbessern: Die großen und kleinen Datenlieferanten versprechen uns, unser Leben besser zu machen. Und sie tun es auch. In gewisser Weise. Es ist schon bemerkenswert, dass wir heutzutage präzise katalogisieren können, wann genau wir am besten schlafen und welche Proteinriegel uns zu den schnellsten Splits beim Lauftraining verhelfen. Und noch wichtiger ist es, dass technologische Durchbrüche an Fronten wie denen der personalisierten Medizin und des Katastrophenmanagements bereits jetzt Leben retten. Aber die Fixierung auf Daten lässt auch eine gewisse Wehmut, vielleicht sogar ein wenig Melancholie aufkommen. Wenn die Algorithmen erst in den letzten Winkel unseres Lebens eingedrungen sind, bis nichts Unerklärliches mehr übrig ist, dann wird das einen immensen Verlust bedeuten. Je rascher wir von der automatisierten Produktion zur automatisierten Entscheidungsfindung übergehen, desto mehr menschliche Handlungsfähigkeit riskieren wir dabei aufzugeben. Je stärker wir unsere Erlebnisse – ob von Transzendenz, Anspannung, Freude oder Furcht – auf eine Reihe von nüchternen Datenpunkten und technisierten Touchpoints reduzieren, umso mehr treiben wir ihnen ihre so schwer fassbare Magie aus.

Als 2014 der Malaysia-Airlines-Flug 370 auf mysteriöse Weise vom Radar verschwand und die Angehörigen der Passagiere sowie die ganze Weltöffentlichkeit über das Schicksal des Flugs im Dunkeln tappten, schrieb der Essayist und Autor Pico Iyer eine scharfsinnige Kolumne, in der er uns an den »Wahn des Wissens« erinnerte: »Egal, was unser jeweiliges Fachgebiet ist: Die meisten von uns erkennen doch, dass wir oft immer weniger wissen, je mehr Daten wir sammeln. Das Universum ist keine feststehende Summe, bei der wir einfach die Menge dessen, was wir wissen, von dem abziehen können, was wir nicht wissen.«[47] Trotz Big Data, trotz immer weiter ausufernder Überwachung und unseres brennenden Drangs, alles zu wissen, rät uns Iyer, uns in aller

Bescheidenheit mit den Grenzen unseres Wissens abzufinden und dem Unbekannten seinen Raum zu lassen: »Selbst wenn wir mehr über das Schicksal des Fliegers erfahren sollten, ist es unwahrscheinlich, dass jemals alle unsere Fragen beantwortet werden. Und die Erinnerung daran, wie viel wir nicht wussten – und wie lange wir es nicht wussten –, sollte etwas ernüchternd auf uns wirken, wenn wir uns für die nächste Heimsuchung durch das Unerklärliche wappnen.«

In der Geschäftswelt gibt es kaum Platz für Unerklärliches. Wissen wird oft mit exakten Messwerten gleichgesetzt, und das herrschende Mantra lautet: »Man kann nur managen, was man misst.« Big Data hat inzwischen auch am Arbeitsplatz Einzug gehalten. Nicht nur die Produktivität der Mitarbeiter wird kontrolliert, sondern auch ihre sozialen Interaktionen werden überwacht – »Sozialphysik« nennt der Computerwissenschaftler Alex Pentland diese neue Gattung soziometrischer Daten.[48] Er bezieht sich damit zum Beispiel auf eine Smartphone-App namens Meeting Mediator[49], die zeigen kann, wer in einer Besprechung das Gespräch dominiert. Es überrascht nicht, dass manche Forscher angesichts solcher neuen Möglichkeiten der Mitarbeiterüberwachung besorgt sind und sogar von einem »digitalen Taylorismus« sprechen.[50]

Gewiss werden die Messungen der Algorithmen dem Management neue Erkenntnisse liefern. Aber wir müssen ja nur auf die jüngste Finanzkrise blicken, um festzustellen, wie schlecht wir das managen, was wir glauben messen zu können. Gescheiterte Fusionen, verpatzte Produkteinführungen, Imagekrisen und Social-Media-PR-Desaster – gerade solche kulturellen Schaltfehler und Brüche zwischen Organisationen und ihren Stakeholdern, zwischen Marken und ihren Zielgruppen zeigen uns, wie wichtig es ist, das besser zu managen, was wir *nicht* messen können.

Wir haben damit begonnen, alternative Definitionen und Messgrößen für Wertschöpfung wie Glück und Sinn zu betrachten, und nun nutzen wir unsere Analysetools dazu, sie zu quantifizie-

ren und auszubeuten. Ich begrüße es, dass wir andere Arten von
Werten messen, aber nur dann, wenn wir nicht den Wert dessen
vergessen, was *nicht* messbar ist.

Es muss neben dem Erklärbaren auch Platz für das Unerklärliche
geben und Raum für das Implizite neben dem Expliziten. Gerade
die größten Führungspersönlichkeiten müssen im Herzen Business-Romantiker sein. Man kann es kaum besser formulieren als
F. Scott Fitzgerald, der einen scharfen Intellekt als die Fähigkeit
definiert hat, »zwei einander widersprechende Gedanken gleichzeitig im Kopf zu haben und dabei immer noch zu funktionieren«.[51] Führungspersönlichkeiten brauchen dieses Weite im Denken, um die unvermeidliche Unordnung des Wirtschaftslebens
begreifen zu können – die konkurrierenden Realitäten, die die
zunehmende Komplexität unserer Gesellschaften widerspiegeln.
Wir müssen der Versuchung widerstehen, diese Unordnung auf
rein quantitative Größen zu reduzieren.

Erst die Fähigkeit, die Ungewissheit unserer Alltagsexistenz zu
ertragen, erlaubt es uns, unsere bedeutsamsten Arbeitsbeziehun-
gen aufzubauen. Als Romantiker sehen wir menschliche Irrtü-
mer als Werkzeuge der Selbsterforschung an, und wir wissen die
Launenhaftigkeit des nichtquantifizierten Selbst zu schätzen.
Wir freuen uns über Nuanciertheit; wir wissen Absichten ebenso
sehr (und vielleicht sogar mehr) zu schätzen wie Resultate; wir
akzeptieren die Unausweichlichkeit des Unvorhersehbaren – und
des Scheiterns. All diese Glaubenssätze entziehen sich der Formulierung in Algorithmen, und doch bilden sie die Grundlage
für einige der genialsten Handlungen von Managern. Wir *können*
das managen, was wir nicht messen können. Wir tun das jeden
Tag.

Eine Freundin von mir ist Schriftstellerin und hat vor kurzem
vor der Küste von Panama an einer Art Gastprogramm teilge-
nommen. Sie gehörte zu einer ausgewählten Gruppe von Künstlern und Wissenschaftlern, die eine österreichische Kunstsamm-
lerin auf ihre Jacht eingeladen hatte, um eine Woche lang den

kulturellen Austausch zu pflegen. Ziel war es, eine Brücke von Dialog und Verständigung zwischen den Geistes- und den Naturwissenschaften zu bauen, zwischen den Bereichen, die der britische Wissenschaftler und Schriftsteller C. P. Snow einmal als »Die zwei Kulturen« bezeichnet hat.[52] Meine Freundin hatte man mit einer Gruppe von Ingenieursstudenten des Massachusetts Institute of Technology (MIT) zusammengebracht, und sie beschrieb mir den Drang der Ingenieure, selbst in Gesprächen über Ethik, Identität und Kultur »Problemlösungen« zu finden. »Sie hatten ihre Antworten immer parat, bevor die anderen Teilnehmer überhaupt ihre Fragen formuliert hatten«, erzählte sie mir. Scheitern? Ein »Pivot« auf dem Weg zum schlussendlichen Erfolg. Moral? Eine Kontextfrage und eine Sache der besseren, datengestützten Entscheidungsfindung. Liebe? Ein Algorithmus, wenn es klappt – eine sentimentale Ablenkung, wenn nicht. Meine Freundin fröstelte es angesichts der laserscharfen Rhetorik der Studenten und ihrer an Arroganz grenzenden Selbstsicherheit, die analytischen Grips mit Intellekt verwechselte. Das Erlebnis rief ihr eine Zeile des spanischen Philosophen und Essayisten José Ortega y Gasset ins Gedächtnis: »Ich wünschte, es würde den Ingenieuren aufgehen, dass es nicht genügt, ein Ingenieur zu sein, um ein Ingenieur zu sein.«

Dass die Chemie zwischen den beiden Gruppen auf der Jacht so gar nicht stimmte, verweist auf einen tiefer liegenden Antagonismus in der Gesellschaft: Technologen wissen nicht, was sie nicht wissen, bis sie es wissen. Im Gegensatz dazu leben Künstler – und Romantiker – gerade durch den Charakter ihrer Arbeit mit den Spannungen, die durch Vieldeutigkeit, Konflikt, Zweifel und Zögern entstehen. Die Geisteswissenschaften sind unsere entscheidende Bastion im Abwehrkampf gegen die rein utilitaristische Geisteshaltung der Ingenieure. Sie helfen uns dabei, das zu feiern und hochzuhalten, was wir nicht wissen. Sie geleiten uns, wenn wir uns den existenziellsten aller Fragen stellen: Wer sind wir im Angesicht der Naturgewalten? Wer sind wir im Angesicht unterdrückerischer Regimes? Wer sind wir mit Blick auf unsere berufliche Bestimmung? Was bedeutet die Arbeitsleistung unseres Lebens wirklich?

Bei seiner Rede zur Graduierungsfeier der Brandeis University im Jahr 2012 sprach Leon Wieseltier, der Literaturredakteur des Magazins *New Republic,* den Absolventenjahrgang als »Mithumanisten« an.[53] In der Begegnung mit großer Kunst – Texten, Bildern und Objekten – machte er ein »Bollwerk gegen die twitternde Beschleunigung des Bewusstseins« aus. Die Kultur, so verkündete er trotzig, sei zur neuen Gegenkultur geworden. Die romantische Tradition – ihre Kunst, Literatur, Philosophie und Geschichte – hatte das Ich einst als eine so launenhafte wie unberührte Seele begriffen. Während wir uns Gedanken über den schleichenden Rückzug der Geisteswissenschaften machen, haben sich die existenziellen Fragen verschoben. Die Harvard University gab kürzlich bekannt, dass die Zahl von Abschlüssen in den Geisteswissenschaften in der Universität massiv gefallen sei – wie ihr Anteil auch in den USA insgesamt zwischen 1966 und 2010 von 14 auf 7 Prozent zurückgegangen sei.[54] Zwar blieben diese Zahlen nicht unwidersprochen[55], doch die Debatte, die folgte, illustriert das grundsätzliche Dilemma: Was die Relevanz der Geisteswissenschaften betrifft, befinden sie sich in einer handfesten Vertrauenskrise. Viele von uns blicken heutzutage erwartungsvoll auf Experten in Laborkitteln; wir suchen nach wissenschaftlichen Gütesiegeln; wir schauen nach Korrelationen, nicht nach Ursachen. Die Fixierung unserer Kultur auf die Wissenschaft hat ältere, romantischere Vorstellungen vom düsterstürmischen Geist durch eine sozusagen keimfreie Version ersetzt; was einst rätselhafte Temperamente und Launen waren, ist durch die Spezifika von Zellen, Neuronen und Synapsen ersetzt worden. Im Windschatten der Quantifizierung ist es so weit gekommen, dass die Geisteswissenschaften heute als ehrenwert, aber unbedeutend gelten. Mag sein, dass sie etwas über unsere Vergangenheit wissen, aber sie haben uns über unsere Zukunft nichts zu sagen. In Deutschland und Europa spiegelt sich die Krise der Geisteswissenschaften zwar bislang nicht in fallenden Studentenzahlen wider. Doch die geisteswissenschaftlichen Fächer haben besonders hohe Abbrecherquoten, ihre Absolventen tun sich beim Berufseinstieg oft schwerer und bekommen weitaus niedrigere Einstiegsgehälter als etwa Ingenieure.[56] Die Professoren wiederum sehen sich im von der Politik angeheizten Wettbewerb um Drittmittel, der das akademische Leben inzwischen bestimmt, dauerhaft als die »armen Verwandten« der Naturwissenschaftler abgestempelt.[57]

Weit weg erscheint einem da die noch vor wenigen Jahrzehnten so stolze Selbstverständlichkeit, mit der das Bildungsbürgertum – mit seinen Säulen im humanistischen Gymnasium und in den geisteswissenschaftlichen Fakultäten – seine kulturelle Vorherrschaft beanspruchen konnte, indem es sich auf einen Kanon der Klassiker stützte; auf eine Bildung, die gleichbedeutend damit schien, jene hundert bis hundertfünfzig Bücher zu kennen, die als das moralische Gerüst der westlichen Welt galten. Dieser Kanon wurde längst ausgehöhlt – nicht zuletzt, weil an den Universitäten während der achtziger und neunziger Jahre mit solchem Furor Konzepte von Autorenschaft und geistigem Eigentum dekonstruktivistisch in Frage gestellt wurden. Was einst als Herz und Seele der Bildung galt, was das Fundament für den Begriff war, den wir uns von unserem Menschsein machen, ist nun zu einem Studienfach geworden, dem sich nur Träumer und Rebellen widmen. Diese Studenten – Wieseltiers Gegenkultur – machen ihre Abschlüsse, ohne irgendwelche handfesten Qualifikationen erworben zu haben. Und selbst die Zusicherung, dass sie über ein größeres kulturelles Verständnis verfügten, gilt außerhalb der Seminarräume als dubios: Die einzige Kultur, die noch in der Lage zu sein scheint, die moderne Gesellschaft dauerhaft zu fesseln, ist das kulturelle Milieu der mit Hightech und Geld vollgestopften Flure von Silicon Valley & Co.

Die dramatischen Konsequenzen, die eine hochentwickelte digitale Technologie auf unser Bildungswesen haben wird, werden in dem jüngst erschienenen Buch *The Second Machine Age* beschrieben, das die MIT-Wirtschaftswissenschaftler Erik Brynjolfsson und Andrew McAfee geschrieben haben.[58] Die Autoren legen dar, dass das exponentielle Innovationswachstum im Computerbereich nunmehr im Begriff sei, nicht mehr nur unsere körperlichen, sondern auch unsere kognitiven Möglichkeiten weit zu übertreffen. Ist damit Ray Kurzweils »technologische Singularität« endlich eingetroffen? Werden wir uns – und die Aura des Menschlichen – in diesem neuen Zeitalter des Quantified Self verlieren?

Brynjolfsson und McAfee sprechen sich für einen dritten Weg aus, einen gemäßigten Ansatz, der die entscheidende Rolle würdigt, die gute Bildung spielen kann: »Es gab nie eine bessere Zeit, um ein Arbeitnehmer mit besonderen Kenntnissen oder der richtigen Ausbildung zu sein, weil diese Menschen Technik dazu benutzen können, um Werte zu schaffen und zu erkennen. Aber zugleich gab es auch nie eine schlechtere Zeit, um ein Arbeitnehmer mit bloß ›gewöhnlichen‹ Kenntnissen und Fähigkeiten zu sein, weil Computer, Roboter und andere digitale Technologien sich diese Kenntnisse und Fähigkeiten in einem außergewöhnlichen Tempo aneignen.« »Zahlenfressende Computer werden zahlenfressende Manager ersetzen«, sagt Tim Laseter in einem thematisch ähnlichen Artikel über das »Management im zweiten Maschinenzeitalter« voraus.[59]

Der Romantiker setzt sich mit Leidenschaft für die Fundamente unserer Bildung ein. Die Geisteswissenschaften sind jene »Fachkenntnisse«, die uns am wichtigsten sind – und zugleich die nutzlosesten. Und gerade ihre Nutzlosigkeit – ihre Entschlossenheit, sich von Effizienz- und Optimierungsmodellen nicht ruinieren zu lassen – ist ihre Rettung. Dasselbe Marktsystem, das sie zurzeit aussaugt, wird ihre Notwendigkeit offenbaren.

Die gute Nachricht ist: Wir haben all das schon einmal erlebt. Die ursprüngliche romantische Bewegung gegen Ende des 18. und zu

Beginn des 19. Jahrhunderts entstand in Reaktion auf die Industrielle Revolution und die Aufklärung. Als das Pendel extrem in Richtung Rationalismus und Empirismus ausschlug, verlangte die Gesellschaft – besonders die Künstler und Philosophen –, dass das Pendel wieder zurückschwingen müsse. Und genau das tat es.

Wild und wundersam

Im Juni 1816 zog am Genfersee in der Schweiz wieder einmal schlechtes Wetter auf. Ein Jahr zuvor war in Indonesien ein gewaltiger Vulkan ausgebrochen, und eine riesige Aschewolke war über die Nordhalbkugel gezogen. 1816 wurde in Europa das »Jahr ohne Sommer« genannt, weil der Kontinent während der gesamten Jahreszeit von kalten Winden und ständigen Regenfällen heimgesucht wurde. In den üblichen Reigen der englischen Touristen, die die Schweizer Alpen rund um den Genfersee besuchten, mischte sich in jenem Jahr eine ganz andere Gruppe von Menschen – die wichtigsten Ikonen der europäischen Romantik: Lord Byron, Percy Shelley, seine Geliebte Mary Wollstonecraft Goodwin (bald darauf Mary Shelley) und deren Stiefschwester, die »anmutige« Claire Claremont. Sie alle waren gekommen für eine romantische Zusammenkunft, für einen Sommer voller Leidenschaft, Transzendenz und Delirium – Eigenschaften, die in starkem Widerspruch standen zu den vorherrschenden Tugenden der damaligen Zeit: Effizienz und Pragmatismus. Die Künstler und Schriftsteller trotzten »einem beinahe ununterbrochenen Regen«, wie Mary Shelley später schrieb,[60] verkrochen sich in eleganten Villen am Seeufer, tranken Wein, nahmen Drogen und lasen sich gegenseitig Geistergeschichten vor – wobei sie ihre Stimmen heben mussten, um gegen den trommelnden Klang des Regens auf den Dächern durchzudringen. Verwundert es bei einer solchen Atmosphäre, dass dieses kreative Brüten Mary Shelley zu einem epochalen Werk inspirierte: *Frankenstein?*

47

Der Sommer von 1816 war vom Geist des Carpe Diem erfüllt. Das Europa jener Zeit war geprägt von dem revolutionären Gedanken der individuellen Souveränität, der im Gegensatz zur monarchischen Herrschaft stand. Doch inspiriert von ihrem geistigen Helden, dem französischen Philosophen Jean-Jacques Rousseau, konzentrierten sich die Romantiker auf das Primat ihrer eigenen emotionalen Zustände. Die Künstler waren auf der Suche nach einer Begegnung mit dem Erhabenen, und sie verbrachten in jenem Sommer viel Zeit damit, ihren Gefühlen des Erschauderns und der Ehrfurcht beim Anblick der schneebedeckten Berggipfel und des lichtdurchdrungenen Sees nachzuhängen, den Mary Shelley als so »blau, wie der Himmel, der sich in ihm spiegelt« beschrieb.[61] Lord Byron organisierte Wanderungen in die Alpen, bei denen ihnen niemand außer ein paar Maultieren als Führer diente. Er und Shelley umsegelten trotz heftigster Winde und sturzflutartiger Regenfälle den ganzen See. Und die gesamte Entourage saß nachmittags auf der Terrasse von Byrons Villa und versank genüsslich in der sie umgebenden Schönheit.

Verbrachten die Romantiker die Tage in religiöser Gemeinschaft mit der Natur, so widmeten sie ihre Nächte der ekstatischen Gemeinschaft miteinander. Mit Hilfe großer Mengen Alkohol und verflüssigten Opiums suchten sie nach einer innigeren Verbundenheit. Und im Namen der freien Liebe missachteten sie alle Schranken einer bürgerlichen Gesellschaft – dass das am Ende für die Männer ein deutlich besseres Geschäft war als für die Frauen, verdeutlicht Byrons rhetorische Gegenfrage auf die Ankündigung eines weiteren unehelichen Kindes: »Ist der Balg von mir?«

Tatsächlich hat Lord Byron als wohl berühmtester Romantiker der abendländischen Kultur die bis heute üblichen Maßstäbe für diesen Archetyp gesetzt. Als »verrückt, übel und gefährlichen Umgang« bezeichnete ihn die bessere Gesellschaft Englands wegen seiner berühmt-berüchtigten Affären mit Männern wie Frauen – unter ihnen seine eigene Stiefschwester. Zugleich bewunderte man ihn für sein gutes, finster-attraktives Aussehen, seine geheimnisvoll-charmante Ausstrahlung und seine unwiderstehliche Aura der Rebellion. Byron verkörperte den sich wandelnden Zeitgeist der Epoche. Während der neoklassische Held des 18. Jahrhunderts – des Zeitalters der Aufklärung – sich durch seine Fähigkeit zu *denken* auszeichnete, die feine Gesellschaft in der aufblühenden Kaffeehauskultur mit seinem Scharfsinn überwältigte sowie hieb- und stichfeste, so rationale wie lineare Argumente verfocht, war der romantische Held *emotional:* launisch, vergrübelt und unberechenbar.

Rousseaus Entgegnung auf Descartes lautete bekanntlich: »Ich habe gefühlt, bevor ich gedacht habe.« Der romantische Held – oder gewissermaßen Antiheld – war eine direkte Antwort auf den Druck des rationalen Denkens, das die Philosophen der Aufklärung ausgezeichnet hatte. Die romantischen Dichter – und die byronischen Helden, die ihnen folgen sollten – schwankten zwischen einer Ekstase und einer Verzweiflung, die jeder Form der Vernunft abhold waren; sie hielten sich abseits der Gesellschaft, und nicht selten hüteten sie irgendein Geheimnis oder verheimlichten eine dunkle Vergangenheit, die den Rest der Welt daran hinderte, sie wirklich zu verstehen. Aus dem Interesse der Romantiker an Gefühlszuständen – am Vorrang der subjektiven Erfahrung vor objektiver Wahrheit – ergab sich ganz natürlich ihr Hang zum Nostalgischen und zum Unheimlichen.

Solch düstere Gemütszustände – zu ihnen gehören etwa auch Leiden und Qual – wurden zu Erkennungszeichen der Romantiker. Dafür steht (als ein Vorläufer aus der Zeit des Sturm und Drang und Vorbild der Romantiker) Goethes *Leiden des jungen Werther,* oder auch die Gestalt des »suffering traveller«, des gequälten Reisenden, die von Wordsworth, Byron und anderen Schriftstellern der Zeit verkörpert wurde. Gram und Leid waren ein fester Topos der romantischen Lyrik. *Junge Leiden* betitelte Heinrich Heine einen ganzen Zyklus in seinem *Buch der Lieder.*

Heute sehen wir im Leiden eine Unzulänglichkeit, einen »Defekt« im offenbar schlecht funktionierenden System (den man mit Hilfe von Pillen oder Psychologen beseitigen muss); die Romantiker hingegen priesen das Leiden als eine notwendige Erfahrung im Leben: Ich leide, also bin ich. Das Wort *Weltschmerz* bezeichnet genau dieses Gefühl. Der britische Philosoph Isaiah Berlin sah in ihm die Folge eines »unstillbaren Verlangens nach unerreichbaren Zielen«.

Dieses Verlangen versetzte den Romantiker in den Zustand andauernder Opposition gegen Normen und Konformität. In den extremsten Fällen zog sich der Romantiker von der Gesellschaft völlig zurück und wandte sich einem Leben als Eremit zu. Und wenn sich herausstellte, dass ein solch radikaler Entschluss auf Dauer nur schwer durchzuhalten war, wurde der Job von reicheren Romantikern einfach an das Personal outgesourct. Britische Aristokraten begannen, auf den Ländereien ihrer Landsitze Einsiedeleien zu errichten und für diese einen Einsiedler in Residence anzustellen.

Ein zeitgenössischer Bericht beschreibt, von dem Einsiedler sei erwartet worden, dass er in »angemessenem Abstand« zum Haupthaus lebte, dass er »seinen Bart nicht schnitt und einen Zustand pittoresker Schmutzigkeit beibehielt ... und mit einem gewissen Schauer der Verwunderung und Erregung ins Halbdunkel starrte«.[62] Einsiedler wurden zu Sinnbildern eines authentischen, von den verderblichen Einflüssen der Welt unbefleckten Lebens. Zwei Jahrhunderte später hat es der amerikanische Komiker, Schauspieler und Autor Steven Wright treffend so formuliert: »Einsiedler kennen keinen Gruppenzwang.«

Überbleibsel dieser und anderer Elemente der Romantik begleiten uns bis heute. Man muss nur an die jüngste Vampirmanie denken: Die zerwühlten Haare von Robert Pattinson, dem Star der *Twilight*-Filme, haben mehr als nur ein bisschen was von Byrons berühmtem Lockenschopf. Oder man blicke auf die Ikonen der Rebellion, von James Dean über Jim Morrison und Kurt

Cobain bis zu Julian Assange und Edward Snowden, wenn man Spuren des romantischen Helden in unserer Gegenwartskultur finden will.

Alle bekannten Figuren unserer Kultur können wir entweder in das eine oder in das andere Lager einordnen: Wenn James Bond ein romantischer Held ist, so ist es Sherlock Holmes mit seiner messerscharf deduzierenden Logik nicht. Humphrey Bogart ist ganz klar eine byronhafte Figur; Tom Cruise eher weniger. In der Wirtschaft könnte man mit einigem Recht Virgin-Gründer Sir Richard Branson oder Steve Jobs von Apple als romantische Helden bezeichnen, während solche Führungspersönlichkeiten wie Bill Gates, Warren Buffett, Deutsche-Bank-Chef Anshu Jain oder Siemens-Chef Joe Kaeser ganz entschieden keine sind. Jürgen Klopp ist gewiss ein Romantiker, auf Joachim Löw trifft das wohl nicht zu. Joschka Fischer hatte romantische Züge, Angela Merkel gehen sie hingegen völlig ab. Im weitesten Sinne gehört zur Familie der romantischen Helden jede Persönlichkeit, die sich etwas abseits der Gesellschaft hält und die sich durch eine Aura des Geheimnisvollen und der vergrübelten Emotionalität auszeichnet statt durch Klarheit und rein rationale Artikulation.

In diesem Sinne ist das Wort »romantisch«, das Mitte des 19. Jahrhunderts in erster Linie eine künstlerische Bewegung bezeichnete, in unsere Umgangssprache eingegangen. Heute können wir in allen möglichen Zusammenhängen das Wort »romantisch« benutzen, und unsere Mitmenschen werden kollektiv verständnisvoll nicken.

Wenn wir an romantische Erfahrungen denken, dann stellen sich die meisten von uns etwas vor, das uns aus unserem trübsinnigen Alltag herausreißt. Wir denken an den Tadsch Mahal, an Tango in Buenos Aires, an ein Dinner am Strand bei Kerzenlicht. Wir malen uns aus, wie wir durch das Quartier latin in Paris schlendern; wir denken an Audrey Hepburn und Gregory Peck in *Ein Herz und eine Krone,* an einen Heiratsantrag auf der Golden-

Gate-Brücke oder an einen unerwarteten Blumengruß. Die romantischen Klischees sind uns so geläufig, dass ganze Genres und Untergenres der Unterhaltungsindustrie auf ihnen aufbauen – von schlüpfrigen Groschenromanen über anspruchsvollere Werke wie *Manhattan,* Woody Allens Liebeserklärung an New York, bis hin zu den berühmten Hollywood-Liebeskomödien der Dreißiger und Vierziger, wie *Leoparden küsst man nicht* oder *Die Nacht vor der Hochzeit.* Die Franzosen, die unbestrittenen Meister der Romantik, haben dafür den perfekten Ausdruck: das *je ne sais quoi* – ein unerklärliches »gewisses Etwas«, das man nicht greifen und nicht quantifizieren kann, das aber unsere Wahrnehmung der Welt verändert.

Von den romantischen Dichtern der Vergangenheit bis zu den romantischen Antihelden unserer Gegenwart sind die entscheidenden Merkmale des Romantikers über die Jahrhunderte hinweg mehr oder weniger dieselben geblieben: ein Vorrang des Gefühls vor der Vernunft und der Sinne vor dem Intellekt; eine Orientierung nach innen und eine Faszination mit dem eigenen Ich; Hypersensibilität und ein erhöhtes Bewusstsein für Stimmungen und Gemütszustände; ein starkes Interesse an Fremden und an Fremdheit; die Pose des Widerspruchsgeists; ein Gemeinschaftsglaube, der zugleich mit einem Bedürfnis nach Einsamkeit einhergeht; eine Wertschätzung für das Erhabene, Geheimnisvolle und Heimliche; ein Gefühl der Ehrfurcht für die Natur; der Glaube an Vorstellungskraft und Schönheit als Wege zu spiritueller Wahrheit – und der Wunsch danach, das gesamte Ich in tiefgründige Erfahrungen einzubringen. All diesen Charakterzügen ist das Streben nach einem erfüllteren Leben gemeinsam, das die Grenzen der Rationalität, der sozialen Normen und der kognitiven und emotionalen Kohärenz hinter sich lässt; ein Leben, bei dem alles und jeder von Sinn erfüllt ist.[63]

Das klingt nach einem großartigen Projekt. Und doch haben wir damit unsere Schwierigkeiten. Wie sollen wir bloß die Vorstellung von einem derart ereignisreichen Leben in unsere Marktwirtschaft übertragen, in unsere alltägliche transaktionale Geschäftskultur? Wo soll man beginnen?

Wie bei jeder Reise beginnt man am besten ganz am Anfang. Was hat denn ursprünglich unsere Lust auf dieses Leben geweckt? Was hat uns begeistert, bevor wir die Kriterien von Geld und Macht kennengelernt haben? Wie haben uns unsere ersten Arbeitserfahrungen mit dem Romantiker in uns in Berührung gebracht? Was war es bei Ihnen? Der Geruch des Morgenkaffees während der Frühschicht? Das Sausen der Drehtür, als Sie zum allerersten Mal ins Büro gingen? Oder die Klimaanlagenkühle auf Ihrer Stirn, als Ihnen die erste Beförderung angeboten wurde? Für viele von uns liegen solche frühen Wonneschauer lange zurück. Aber tief in uns drin können wir sie noch finden, wenn wir es schaffen, unsere Erinnerungen wachzurufen. Schließen Sie die Augen und lassen Sie Ihren Geist zurückwandern: wie sich die Arbeit anfühlte, wie sie sich anhörte, wie sie Ihr Herz schneller schlagen ließ.

Erster Job, erste Liebe

Ich habe im Laufe der letzten Jahre bei Partys, auf Reisen, bei Konferenzen und in beiläufigen Unterhaltungen Menschen immer wieder dieselbe Frage gestellt: Was sind Ihre frühesten Erinnerungen an die Arbeit? Manche haben sehr knapp geantwortet, manche abwehrend, aber die meisten Menschen haben gründlich über meine Frage nachgedacht und dann angefangen zu lächeln. Ich musste beim Zuhören auch lächeln. Es war unmöglich, von diesen persönlichen Geständnissen nicht gerührt zu sein. Denn immerhin verrieten mir diese Menschen die Geschichte ihrer ersten Liebe.

»Das Geräusch der Registrierkasse: da-ding!«
»Die Kühle des Eisportionierers«

»Der Geruch von Rauch und Schmierfett auf meiner Kleidung«

»Meine Fingernägel waren immer schmutzig.«

»In der Zeitungsredaktion roch es nach Druckerschwärze.«

»Diese winzig kleinen Zeilen in meinen Grundbüchern«

»Habe alles mit Tinte verschmiert.«

»Immer hatte ich Heu in den Haaren.«

»Müde – so müde, dass man nur noch ins Bett kriechen will«

»Popcorn mit Butter«

»Ich war vom vielen Rumsitzen am Kai so komisch gebräunt.«

»Wie ich den Wagen mit nur drei Rädern den Strand auf und ab schiebe«

»Kann ich Ihnen helfen? Einen Moment bitte.«

Ein Investmentbanker, den ich bei einer Party in New York getroffen habe, begann mit einer schlichten Antwort auf meine Frage: »Ich erinnere mich daran, dass ich mich dafür interessierte, was mein Vater machte.« Unser Gespräch wurde unterbrochen, und ich rechnete gar nicht mehr damit, noch mehr von ihm zu dem Thema zu hören. Aber später kam er noch einmal auf mich zu: »Ich habe über Ihre Frage nachgedacht«, sagte er, »sie hat bei mir viele Erinnerungen wachgerufen.« Einige Tage später telefonierten wir, und er erzählte mir seine Geschichte:

Als ich ein Kind war, konnte ich es gar nicht abwarten, einen Anzug anzuziehen und genau wie mein Papa ins »Büro« zu gehen. Jeden Morgen sah ich ihm zu, wie er in einem weißen T-Shirt vor dem Badezimmerspiegel stand, sich die Haare mit Haarwasser zurück-kämmte und dann einen seiner zehn Anzüge aus dem Schrank nahm. Die meisten seiner Anzüge sahen für mich völlig gleich aus, aber ich wusste, dass er jeden einzelnen mit »unsichtbaren«, maß-geschneiderten Details an den Ärmelaufschlägen und den Taschen hatte verzieren lassen. Innen, wo es keiner sehen konnte, prangte ein schönes Seidenfutter in leuchtenden Farben. Er nannte das sein »heimliches Lächeln«.

Wenn er sich angezogen hatte, begleitete ich ihn zur Haustür und drückte ihm dort seine Aktentasche in die Hand. Er zog seinen Mantel an und streifte Gummistiefel über seine »guten« Schuhe. An fast jedem Morgen meiner Kindheit erlaubten wir uns denselben Scherz – einen kurzen »High Five«-Handschlag –, und dann blickte ich ihm hinterher, wie er in den kalten, dunklen Morgen verschwand. Was mochte dieses »Büro« bloß für ein Wunderland sein? Welch magischer Ort konnte ein derart präzises Kleidungs- und Verhaltensritual erfordern? Ich versprach mir selbst, dass auch ich eines schönen Morgens aufwachen und in ein »Büro« gehen würde. Ich würde dann der Geheimgesellschaft der Erwachsenen angehören, mit den uniformen Reihen von Anzügen in ihren Schränken. Jeden Morgen würde ich in den magischen 7:52-Zug steigen, der mich und meinen Vater zu den Treffpunkten der ehrenwerten Gilde der Geschäftsleute befördern würde.

Und genau so ist es auch gekommen. Ich wache jeden Morgen auf und mache mich auf die gleiche Weise fertig, um zur Arbeit zu gehen. Mein Vater ist vor fünf Jahren gestorben, aber noch immer denke ich fast jeden Morgen an ihn. Ich denke noch immer daran, wie ich etwas weitertrage, das ihm an seinen Traditionen und Werten wichtig war. Das Büro hat für mich längst nichts Magisches mehr an sich, aber mein Morgenritual – und die Art und Weise, wie es den Geist meines Vaters lebendig hält – hat es auf jeden Fall. Noch immer machen wir uns jeden Morgen gemeinsam fertig. Wir sind beide Geschäftsmänner.

Eine ältere Frau, der ich einmal begegnet bin – die Personalchefin einer Technologiefirma –, fing plötzlich an zu kichern, als sie mir davon erzählte, welche Freude ihr die ersten Jahre als Babysitterin bereitet hatten:

Ich erinnere mich bloß an den Nervenkitzel, den ich verspürt habe, sobald alle drei Nachbarskinder endlich im Bett waren. Ich schloss dann immer die Tür, wartete ein paar Minuten, ging wieder zurück, um ganz sicherzugehen, hörte ihre Atemgeräusche, und dann war es schlagartig – wumms – wie ein Rausch. Die ganze Nacht lag vor mir: ein ganzer Abend »Erwachsenenleben«. Wenn ich im Wohnzimmer meiner Nachbarn saß, mich auf ihrer Couch ausstreckte, die Füße nach oben reckte, dann hatte ich das Gefühl, als würde mir alles offenstehen, als wäre das Leben voller Möglichkeiten. Ich hatte meine Arbeit gut gemacht, die Nacht war ein einziges Versprechen. Das war so befriedigend.

Sie machte eine kurze Pause, bevor sie fortfuhr.

Das war damals so eine simple Arbeit, aber ich wurde dafür mit etwas belohnt, das mich so tief berührte. Wie kann das sein?

Auf einer Reise kam ich einmal mit dem Besitzer einer Autowerkstatt ins Gespräch. Er erzählte mir davon, wie ihn sein Vater zum ersten Mal auf dem Rollbrett »unter das Chassis« geschickt hatte:

Ich war wirklich klein – fünf oder sechs. Es war da drunter so dunkel und auf einmal so still. Ich fühlte mich einfach so im Einklang mit allem. Es war, als wäre ich auf einem anderen Planeten gelandet und könnte nun ganz nach Belieben herumspazieren und ihn mir ansehen. Ich wollte verstehen, wie ich mich hier bewegen musste. Ich wollte verstehen, was ich da sah. Ich erinnere mich an das Gefühl, unbedingt mehr lernen zu wollen.

Ein früherer Polizist, der inzwischen in Texas als Privatdetektiv arbeitete, erzählte mir von seinem Vater, einem Marineinfanteristen, und seinem Onkel, einem Polizisten aus Chicago:

Cops, Marines – wo ich hinschaute, sah ich Uniformen. Das waren meine Vorbilder. Ich wusste nicht genau, was ich werden wollte. Ich wusste nur, dass ich eine Uniform tragen wollte.

Ein Bergarbeiter, dem ich in Kalifornien begegnet bin, erinnerte sich zurück an das erste Mal, als er mit seiner Familie auf Goldsuche ging. Obwohl er bis heute im Bergbau sein Geld verdient, hat er nie versucht, die Goldnuggets zu verkaufen, die er als Kind gefunden hatte.

> Ich war da draußen und hatte meinen Spaß. Es war nie als ein Mittel zum Zweck gedacht. Das war selbst der Zweck. Und dieses Gold zu besitzen ist für mich der Beweis, dass ich das erlebt habe. Ich hole manchmal gerne jedes einzelne Nugget hervor, schaue es an und erinnere mich daran, wie ich es gefunden habe. Ich sehe mir mein Gold an und durchlebe jedes einzelne Erlebnis noch einmal.

Diese allerfrühesten Erinnerungen an die Arbeit können uns als eine Art Totem dienen. Die Vorstellungen von der Arbeit, die wir hatten, als wir jünger waren und sie uns noch viel mehr bedeutet hat, sollten wir als etwas Heiliges ansehen und bewahren. Wir sollten uns daran erinnern, wie sehr wir uns während unserer frühen Arbeitserfahrungen nach mehr gesehnt haben, wie sehr uns das Versprechen auf mehr begeistert und bei der Stange gehalten hat.

Dieser Geist des Unerfülltseins nimmt sich in unserer heutigen Arbeitswelt anders aus. Wir jagen einem Job bei einem »sexy« Start-up hinterher oder einem kurzen Gastspiel auf der nächsten Karrierestufe, das mehr von einem One-Night-Stand hat. Wir treiben einen immensen Aufwand, um solche Dinge zu erreichen; wir wollen sie, und wir bekommen sie schließlich. Und doch fühlen sich solche Erfolge letzten Endes oft schal an. Wie ein Schürzenjäger, der sich Kerben in den Bettpfosten ritzt, fangen wir an, Dinge zu quantifizieren, die für uns eigentlich besonders magisch und unbegreiflich sein sollten. Sex verschafft uns unmittelbare Befriedigung. Romantik hingegen gleicht eher Don Quijotes »unmöglichem Traum« oder Kapitän Ahabs besessenem Drang, den Weißen Wal zu fangen: Es ist die Jagd nach einer immerwährenden Nichterfüllung, und die Ziellinie verschiebt sich dabei ständig.

Die Unterscheidung zwischen Sex und Romantik erinnert mich daran, wie leidenschaftlich die französische Journalistin Sophie Fontanel das Konzept einer keuschen Liebesaffäre mit der Welt vertreten hat. In ihrem Buch *Das Verlangen* gibt uns Fontanel zu verstehen, dass die romantischsten Beziehungen der Welt platonisch bleiben.[64] Für Platon war die Liebe das machtvollste Mittel, das der Mensch besitzt, um dem Göttlichen nachzuspüren. Das heißt aber nicht, dass platonische Liebe erosfeindlich sein muss. Platon unterschied vielmehr zwischen dem »vulgären Eros« und dem »göttlichen Eros«, zwischen einer selbstverliebten, dinglichen und auf Anziehungskraft fokussierten Sexualität zum Zwecke des körperlichen Vergnügens und der Fortpflanzung einerseits und einer erhabeneren, erotischen Empfindsamkeit andererseits, die über die Fleischeslust hinaus ein geistiges Reich betritt. Sigmund Freud hatte in einem ähnlichen Sinne die Libido als Lebenslust, nicht als Lust auf Sex definiert. Diese Konzepte stecken auch hinter den Offenbarungen, die Fontanel in ihrem sexlosen Liebesleben gehabt hat. Sie schreibt, dass sie während dieser Zeit viel über ihren Körper und die Kraft ihrer Träume gelernt hat. Sie begriff plötzlich, sagt sie, wie die meisten Menschen Sex haben, um vor allem eines zu beweisen: dass sie sexuell funktionsfähig sind.

Ich würde dasselbe über unser Arbeitsleben behaupten. Wir wollen uns beweisen, dass wir so gut, wenn nicht sogar besser »funktionieren« als die Maschinen, von denen wir in unseren Büros umgeben sind. Doch diese Sichtweise wird uns nur dazu bringen, outgesourct zu werden oder uns vollständig selbst zu automatisieren. Dabei ist doch eigentlich das größte Kapital, das wir in unsere Jobs einbringen, unsere menschliche Vorstellungskraft.

Untersuchungen zum Zeitmanagement zeigen, dass Amerikaner

durchschnittlich nur vier Minuten pro Tag mit Sex verbringen, aber sich mehr als vier Stunden in imaginären Welten aufhalten, indem sie sich in Bücher, Filme, Videospiele oder ins Fernsehen versenken oder einfach nur Tagträumen und Fantasien nachhängen.[65] Der Psychologe Paul Bloom sagt in seinem Buch *How Pleasure Works:* »Unsere mit Abstand wichtigste Freizeitaktivität besteht aus Erfahrungen, von denen wir wissen, dass sie nicht real sind.«[66] Unsere Vorstellungskraft versetzt uns in andere Leben und andere Welten. Friedrich Nietzsche beschreibt den Romantiker als eine Person, die immer woanders sein will.

Nach meinem Coming-out als Business-Romantiker – nachdem ich angefangen hatte, für die genannten Freuden des Unerfülltseins einzustehen – bin ich immer mehr Geschäftsleuten begegnet, die auch »woanders sein wollten«, aber zugleich ganz dem Hier und Jetzt verpflichtet waren. Einige von ihnen waren entschlossen, die Geschäftswelt zu nutzen, um ihren Passionen zu frönen. Andere schöpften große Energie und Inspiration daraus, vom Business zu verlangen, dass es Kunden und Profis gleichermaßen herausragende Erlebnisse verschafft. Wieder andere nutzen das Geschäft dazu, grundsätzlichen Fragen nach dem Wesen unserer Existenz und unseren gemeinschaftlichen Zielen nachzugehen.

Im folgenden Kapitel werde ich Ihnen acht Business-Romantiker vorstellen, die in ganz unterschiedlichen Teilbereichen der Wirtschaft arbeiten. Der prototypische Romantiker des 19. Jahrhunderts ging jeder Form von Mainstreamkultur und -normen aus dem Weg – er stand in grimmig verteidigter Einsamkeit allein auf seinem Berggipfel. Die Business-Romantiker von heute hingegen krempeln ihre Ärmel hoch und machen sich an die Arbeit; sie münzen ihren rebellischen Geist und ihre Leidenschaft in Initiativen und Provokationen um, die ihre Wirkung im Vorstandszimmer, beim Kunden und weit darüber hinaus entfalten.

Vielleicht erkennen Sie sich in einigen dieser Porträts wieder, wenn nicht sogar in allen. Das Paar, die Stimme, der Patron, der Stimmungsmacher, die Vermittlerin, der Dauerbrenner oder der Gläubige – all diese Business-Romantiker suchen nach mehr. Und sie alle sind um der Romantik willen im Business.

2

Begegnung mit Business-Romantikern

Das Paar

Gastón Frydlewski und Mariquel Waingarten sind verliebt. Sie lieben einander, das sieht man, aber sie sind auch Hals über Kopf ins Business verliebt. »Alles hat damit angefangen, dass mir meine Schnürsenkel nicht gefallen haben«, erzählt mir Gastón. Es war 2002, und dem 21-jährigen BWL-Absolventen fiel auf, dass er sich ständig über seine Schuhbänder beklagte: darüber, wie hässlich seine »Treter« wegen der unansehnlichen Knoten aussähen; wie mühselig es sei, sie zu binden und aufzuknoten; wie gleich sie alle aussähen, obwohl doch persönlich gestaltete Turnschuhe gerade der letzte Schrei waren. Erst wurmte ihn der Ärger über das allgegenwärtige Design nur, dann fraß er sich tiefer in ihn rein.

Zu jener Zeit versuchte Gastón, der aus Buenos Aires stammt, gerade, sich für einen Karriereweg zu entscheiden: »Ich bin einigen Unternehmensgründern begegnet, und deren Kreativität hat mich dazu animiert umzudenken. Sie haben mir gesagt: ›Wenn du eine gute Idee hast, kommt das Geld von alleine.‹ Ich wusste gar nicht, dass das geht. Mir ist bewusst geworden, dass ich wirklich dafür brannte, den Schnürsenkel neu zu gestalten, und ich habe mich entschlossen, mich ganz diesem Ziel zu widmen.« Gastón entwarf erste, vorläufige Businesspläne und -strategien für ein ganz neues Produkt. Er heuerte Industriedesigner an, um Prototypen eines besseren Schnürsenkels zu designen. Aber mit Anfang zwanzig fehlte ihm noch die nötige Gravitas, um Investoren zu überzeugen.

»Sie sagten mir, ich sei zu jung, zu unerfahren«, erzählt Gastón.
»Sie hielten die Idee für verrückt und fühlten sich nicht wohl bei
dem Gedanken, mir Geld in die Hand zu geben. Ich bräuchte
Geschäftserfahrung.«

Anstatt seinen Traum aufzugeben, machte er erst seinen Master
in Finanzwissenschaft und fing dann bei der Bank JPMorgan in
Buenos Aires an.

»Ich war bei JPMorgan fünf Jahre lang in der Abteilung Mergers
& Acquisitions – ich habe alle möglichen verrückten Deals auf der
ganzen Welt abgewickelt und Geschäftserfahrung in der realen
Welt gesammelt. Am Ende jedes Monats habe ich fast meinen
ganzen Verdienst in meine Schnürsenkel-Prototypen reinvestiert,
in mein »Forschung und Entwicklung«-Projekt. Ich hatte kleine
Ziele, denen ich mich ganz gewidmet habe: In meiner Freizeit
habe ich versucht, jede Woche ein bisschen was zu tun, um das
Geschäft weiterzuentwickeln.«

Während dieser Zeit traf Gastón Mariquel. Sie war damals Tän-
zerin und Fotografin; davor war sie als Immobilienentwicklerin
tätig gewesen und betrieb obendrein noch ein kleines Boutique-
Hotel. Mit nur fünf Suiten war Mariquels Hotel zwar klein, aber
ausgesprochen beliebt. Nur ein Jahr nach seiner Eröffnung wurde
es bei TripAdvisor als das beste Boutique-Hotel von Buenos Aires
bewertet. Gastón und Mariquel verliebten sich ineinander und
zogen bald danach zusammen. Beide waren in ihren jeweiligen
Karrieren auf dem Weg zu großem Erfolg und hätten gut und
gerne auf dem eingeschlagenen Kurs bleiben und ein Leben in
Wohlstand mit vielen Privilegien genießen können. Aber irgendetwas fehlte ihnen. Wie Mariquel sagt, wollten sie »etwas nach
draußen in die Welt tragen«. Sie fühlten sich auch fremd in der
Kultur der Großunternehmen und den – im digitalen Zeitalter –
immer komplizierteren Methoden von Forschung, Entwicklung
und Kapitalbeschaffung. Sie hatten das Gefühl, dass es eine auf-
regendere Seite des Business geben müsse, aber sie waren sich
nicht sicher, dass die auf den Fluren von JPMorgan und anderen

Aktiengesellschaften zu finden war. Sie wollten, dass ihr Geschäft ihre persönlichen Werte und Lebensentscheidungen widerspiegelt, nicht die eines Konzerns.

»Nach einem Jahr waren Gastón und ich immer frustrierter«, erinnert sich Mariquel. »Wir waren die meiste Zeit des Tages getrennt. Warum muss Arbeit bedeuten, von seiner Familie weg zu sein? Warum ist die Gesellschaft so strukturiert? Wir haben beide gedacht: ›Wir sollten das ändern.‹«

Zur gleichen Zeit nahmen Gastóns Entwürfe für einen besseren Schnürsenkel nach zehn Jahren Prototypenentwicklung langsam Form an. Mit Hilfe professioneller Designer entwickelte er eine Abfolge von gummibandähnlichen Schlaufen mit Einkerbungen auf beiden Seiten. Wenn man sie in die Löcher steckte, die für die Schnürsenkel vorgesehen sind, verwandelten sie Turnschuhe automatisch in Slipper. Das Ergebnis dieses Prototyps war ein Turnschuh mit fünf kleinen, flotten, bunten Bändern, die Brücken zwischen den Senkellöchern schlugen – ganz ohne hässliche Schleifen.

Nachdem sie auf diese letzten Entwürfe ein begeistertes Feedback bekommen hatten, entschieden sich Gastón und Mariquel, ihre Jobs zu kündigen und ein Unternehmen zu gründen. Nach ihrer Hochzeit packten sie ihre Sachen, um für den offiziellen Start ihrer neu entstehenden Lifestyle-Marke in einen anderen Teil von New York zu ziehen. Statt direkt Manhattan anzusteuern – angeblich ja die »Modehauptstadt der Welt« –, entschieden sie sich für die andere Seite des East River, wo sich gerade die Energie einer neuen Business-Bewegung ausbreitete. »Brooklyn war voller Leute mit neuen Ideen, wie sie ihre Unternehmen in Gang kriegen wollten«, erzählt Mariquel. »Diese Leute bauten mit neuen Tools an einer neuen Gesellschaft, und wir wollten dazugehören.«

Die beiden erkundeten das Flussufer des Brooklyner Viertels Williamsburg – eine Abfolge einst heruntergekommener Fabriken aus dem 19. Jahrhundert, die gerade in schicke Co-Working

Spaces und Ateliers im Industrial Look verwandelt wurden – und wussten sofort, dass sie ein Zuhause gefunden hatten.

Im Jahr 2011 kam die neue Marke auf den Markt; eine Marke, in der Inspiration und zehn Jahre harter Einsatz, vor allem aber Romantik steckte. Das Paar taufte sie HICKIES.

Wenn aus einer Idee ein Geschäft werden soll, dann ist das nichts für Leute mit schwachen Nerven. Die beiden Firmengründer arbeiteten in diesem ersten Jahr ununterbrochen, und sie versuchten es sogar mit einigen Lektionen aus dem Handbuch des »guten alten« Unternehmertums. Sie vereinbarten Treffen mit unzähligen Einzelhändlern, um mit ihnen darüber zu reden, ob sie HICKIES in ihren Läden verkaufen könnten. Aber die begegneten ihnen entweder mit Desinteresse oder schlugen ihnen völlig unhaltbare Geschäftsmodelle vor.

»Die Händler sagten uns: ›Das wird nicht funktionieren.‹ Oder sie sagten: ›Gebt mir 70 Prozent eures Gewinns‹, erinnert sich Mariquel ungläubig lachend. Wir dachten: Warum will uns einer aus einem konventionellen Ladengeschäft – aus der alten Welt – erklären, wie die Dinge laufen sollen?«

2011 wurde gerade Kickstarter populär – eine Crowdfunding-Plattform, die es Künstlern und Unternehmensgründern ermöglicht, Geld für ihre Projekte einzusammeln. Die beiden entschieden sich nun für diese neue Form der Finanzierung und verbrachten drei Monate damit, ihre Kampagne für den Online-Launch ihres Projekts vorzubereiten.

HICKIES hatte seinen Start auf Kickstarter im Mai 2012. Der erste Tag brachte 25000 US-Dollar ein. Als sie die Kampagne 45 Tage später beendeten, waren 160000 Dollar zusammengekommen. Insgesamt 4000 Unterstützer – die 10000 Packungen HICKIES erwarben – hatten sich bereit erklärt, das Geschäftsmodell von HICKIES zu unterstützen. Nun, nach dem Erfolg des Launchs, lud die Einzelhandelskette Brookstone HICKIES ein, mit dem Verkauf in ihren Läden zu beginnen. Zwischen Oktober und Dezember 2012 – also in weniger als drei Monaten –

verkauften sie 200 000 Packungen. Schon im ersten Jahr seiner Existenz schrieb HICKIES schwarze Zahlen.

Bis heute, nur gute zwei Jahre später, hat das Unternehmen 4,2 Millionen Dollar Kapital eingesammelt, sein operatives Geschäft um eine europäische Tochter erweitert und eine Million Packungen seines charakteristischen Schnürsystems in vierzehn verschiedene Länder geliefert.[67]

»Ich lebe durch die Firma meine Kreativität aus; da kann ich mich ausdrücken«, sagt Gastón. »Denn letzten Endes ist Wirtschaft auch nur eine ›Ausdrucksform‹.«

Die Stimme

Als redaktionelle Leiterin von Twitter ist Karen Wickre die offizielle Wortakrobatin des Unternehmens – und seine Stimme. Ihre Stelle erfordert ein gutes Gehör für Sprache, aber auch ein angeborenes Stilgefühl. Karen weiß, wie man der Twitter-Kultur die Temperatur fühlt und jeweils angemessen reagiert.

»Ich habe im Allgemeinen ein gutes Gespür dafür, worauf es bei jeder einzelnen Kommunikationsform in welchem Format auch immer ankommt«, sagt sie. »Manche Mitteilungen sollen inspirieren, manche zu konkretem Handeln auffordern, manche sollen technische Informationen verständlich vermitteln, und andere sind nur Frotzeleien. Ich weiß, wo die Unterschiede liegen, und ich arbeite dafür, dass man das unserer Kommunikation in all ihren Varianten auch anmerkt.«

Karen hat die neu geschaffene Stelle der redaktionellen Leiterin im Oktober 2011 übernommen. Die Firma hatte damals rund 700 Mitarbeiter, und es »fehlte ihr eine einheitliche Stimme«, wie sie sagt. Es war ihre Aufgabe, dafür zu sorgen, dass alle Interaktionen wie aus einem Guss wirkten, ohne dabei Twitters unorthodoxe, unhierarchische Kultur zu beschädigen. Zu dieser Arbeit gehört es, ein Netzwerk von mehr als fünfzehn Blogs zu mana-

gen und dabei stets das richtige Format zu finden, um über Neuigkeiten aus der Firma und über ihre Produkte zu berichten.
In Katastrophenfällen, wie etwa während des Super-Taifuns
Haiyan, der im Herbst 2013 die Philippinen verwüstete, nutzte sie
beispielsweise Twitters »International Services«-Blog, um lebens-
wichtige Informationen über kostenlose Datenpakete von Mobil-
funkanbietern an die Überlebenden weiterzuleiten.
»Kein Tag gleicht dem anderen«, erzählte mir Karen. »Mein
Team hat verschiedene Aufgabenfelder, zu denen das Redaktionelle gehört, unsere eigenen Social-Media-Aktivitäten, die interne Kommunikation, Vorträge innerhalb der Firma und Guerril-
la-Projekte.« Karens Arbeit als »einheitliche Stimme« bedeutet
also nicht, dass sie im Alleingang Regeln festsetzen würde oder
als offizielle Gatekeeperin zu den diversen Kommunikations-
kanälen wirken würde. »Das wäre nicht möglich, es wäre aber
auch gar nicht wünschenswert«, sagt sie. Wenn man ihre Arbeit
mit irgendetwas vergleichen kann, dann mit den Aufgaben einer
guten Restaurant-Chefköchin, die andere bei der Zubereitung
der Spezialitäten des Hauses anleitet.
Das könnte Karen nicht mit so viel Spontaneität und Einfalls-
reichtum machen, wenn sie kein geisteswissenschaftliches Studium absolviert hätte. »Es gibt keinen Tag, an dem ich nicht meine
geisteswissenschaftliche Vorbildung auf den Job übertrage«, sagt
sie. Karen ist davon überzeugt, dass ihr Studium der Literatur,
Kunst und Geschichte ihre Sichtweise auf die menschliche Natur
entscheidend geprägt hat. Nicht zuletzt setzt ihre Arbeit eine hervorragende Ausdrucksfähigkeit voraus. Dem Studium verdankt
sie auch ihre Vorliebe für literarische Motive und ihre Sensibilität
für den Wechsel von Stimmungen und Perspektiven. »Geistes-
wissenschaftler können aus sehr, sehr tiefen Quellen schöpfen,
von literarischen Anspielungen bis zu historischen Vergleichen«,
hebt sie hervor. »Es werden immer Leute gebraucht werden, die
schreiben, denken und fühlen können.«
Karens persönlicher Twitter-Feed (@kvox), der überbordet vor

Kuriositäten, Schrulligkeiten und künstlerischer Empfindsamkeit, gibt ein sehr gutes Bild von der Geisteswissenschaftlerin, die es in die Tech-Branche verschlagen hat. Sie sagt »Amen«, wenn jemand daran erinnert, dass man nicht »Blog« sagen solle, wenn man »Blog-Post« meint, sie kommentiert sich zu *House of Cards* und anderen TV-Hits geradezu in einen Rausch, und sie hat einen scharfen Blick dafür, wie vielseitig andere User Twitter nutzen (»Ich liebe es, wie du selbst in deinen Tweets Networking betreibst.«).

Karen, die jetzt 62 Jahre alt ist und während der letzten dreißig für die Tech-Industrie so turbulenten Jahre als eine Art Wandergesellin durch die Branche zog, ist dankbar für ihre ganz besondere Perspektive auf die Technologiekultur. »Einer der größten Vorteile des Alters ist es, dass ich staunen darf. Ich kann mich an bestimmten Dingen in der Branche erfreuen, die meine jüngeren Kollegen nicht wirklich zu schätzen wissen.« Und wie jede echte Romantikerin spricht sie davon, wie beglückt und überrascht sie darüber ist, wie sich ihr Leben entwickelt hat. »Ich hätte nie gedacht, dass ich so lange in der Tech-Branche arbeiten würde«, sagt sie mit einem Lachen. »Ich habe Geisteswissenschaften als Hauptfach belegt: Ich hatte gar keinen Plan!«

Begonnen hat sie ihre Karriere bei der Non-Profit-Organisation Media Alliance und gab dann in den Neunzigern Printpublikationen heraus, organisierte Konferenzen und lotete die Möglichkeiten der damals neuen Internet-Technologie aus. Nach Stationen als Autorin und Redakteurin bei Verbrauchermagazinen wie *PC World* und *Computer Life* und einer Beraterinstelle bei Sun Microsystems hörte sie von einer aufregenden neuen Internetfirma, die dabei war, die Onlinesuche zu revolutionieren. Karen war sofort fasziniert, und als das damals vor dem Börsengang stehende Unternehmen Google ihr 2002 eine Stelle anbot, ergriff sie die Gelegenheit beim Schopf. Sie beschreibt die Firma noch heute als »beeindruckend« und »lebensverändernd«. Starke Worte für eine Frau, die sich nicht so leicht von den Sirenengesängen der

Tech-Kultur verführen lässt. Karen fand es aufregend, wie dramatisch weit gespannt Googles Ambitionen waren. Sie war fasziniert von der Abenteuerlust, die die Firmenkultur prägte, und von dem Drang, etwas Herausragendes zu leisten.

Neun Jahre verbrachte sie bei Google als eine Art künstlerische »Auteure« der digitalen Landschaft. Sie hatte die Oberaufsicht über 150 Blogs und später auch den offiziellen Auftritt des Unternehmens bei Twitter inne. Doch weil ihr Drang nach neuen Abenteuern und Überraschungen ihr letztendlich keine Ruhe ließ – sie geht allein deswegen so gerne morgens zur Arbeit, damit sie »herausfinden kann, was während der Nacht passiert ist« –, wechselte sie schließlich auf ihre aktuelle Stelle bei Twitter. Hatten sie bei Google der Expansionsdrang und die schieren Dimensionen der dort waltenden kreativen Zerstörungskräfte inspiriert, so brachte Twitter sie dazu, die unermessliche Schönheit einer Unterhaltung auf 140 Zeichen zu schätzen.

Karen nennt das die »Nur-auf-Twitter-Momente«: Wenn Menschen und ihre sonst voneinander getrennten kulturellen Sphären durch die Plattform unerwartet zusammenstoßen. Diese sozialen Kollisionen sind typisch für das, was Linguisten »phatische« Kommunikation nennen: Twitter-Nutzer kommunizieren um der Kommunikation willen. Manchmal verbreiten sie so auch Informationen – im Fall der Katastrophenhilfe zum Beispiel –, aber im Regelfall führen sie die hohe Kunst der Plauderei vor. Twitter zelebriert das Vergnügen am geistreichen Schlagabtausch, an Provokationen und sich blitzartig ergebenden Momenten der Intimität. Die Plattform ist deswegen so beispiellos, weil dieses ganze Geplauder auf der Weltbühne stattfindet. Wenn Bill Gates Warren Buffett bei Twitter willkommen heißt, indem er ihm eine Bridge-Partie anbietet und Bill Clinton sofort mit der Frage dazwischenfährt: »Warum hast du so lang gebraucht?«, dann spielen sich diese privaten Frotzeleien in der Öffentlichkeit ab. »Es hat noch nie ein vergleichbares Vehikel zur Selbstdarstellung, für Echtzeitinformation und Rätselhaftes gegeben«, sagt Karen.

»Und dafür ist eine einzige Ursache ganz zentral: Twitter wird von Menschen angetrieben – und Menschen sind geheimnisvoll, ernsthaft, endlos kreativ, und sie sind gemeinschaftsorientierte Wesen«, sagt sie. Twitter bietet mehr als 250 Millionen von ihnen eine Plattform, über die sie sich Gehör verschaffen können. Da ist es nur folgerichtig, dass eine Humanistin wie Karen an der Spitze steht und dafür sorgt, dass auch die Stimme des Unternehmens menschlich klingt.

Auch wenn Twitter zweifellos das Medium der Stunde ist, ist Karen nicht versucht, Prognosen abzugeben. Wer weiß schon, was die Zukunft bringt? »Internetfirmen machen keine Fünfjahrespläne!«, scherzt sie. Im ständigen Wandel der Tech-Industrie, einem ihrer Markenzeichen, hat Karen ein ganz unwahrscheinlich scheinendes Zuhause gefunden. Kulturell neigt die Branche nicht dazu, sich lange mit der Vergangenheit aufzuhalten (»Hier gibt es keine Nostalgie für die gute alte Zeit. Solange ich schon im Tech-Bereich arbeite, war dessen Geschichte noch nie auserzählt – wie auch, sie ist ja noch weit von ihrem Ende entfernt.«), und doch gibt es auch unerwartet wehmütige Momente. Wenn Karen über das Tempo der technologischen Errungenschaften nachdenkt, dann ergreift sie ein Gefühl des Erstaunens. Sie erkennt das menschliche Drama dahinter, und sie weiß, dass die pausenlosen technologischen Innovationen uns über alles hinausdrängen, was wir eben noch für unsere Grenzen hielten, und uns in eine Zukunft treiben, von der wir bislang gar keinen Begriff haben.

»Ich war bei einer Veranstaltung zum dreißigsten Geburtstag des Macs, und man sah da viele graue Haare. Es gab nostalgische Gefühle – ›Wir waren dabei, als alles anfing‹ –, aber das war keine Sehnsucht nach der Vergangenheit. Denn das andere Gefühl, das in dem Raum vorherrschte, war: ›Damals war alles so primitiv!‹ Es ist unglaublich, wie weit wir es gebracht haben, einfach unglaublich. Da kann man doch einfach nur staunen.«

Der Patron

Ansgar Oberholz ist einer dieser Menschen, bei denen man den Eindruck hat, man sei ihnen schon einmal begegnet. Jemand, der einem sofort das Gefühl gibt, zu Hause zu sein. Mit seinen 42 Jahren ist er einer der geistigen Schutzpatrone des Berliner Start-up-Booms der jüngsten Zeit und im wahrsten Sinne des Wortes das Herz von dessen Kultur. Ansgar war bereits mehrfacher Unternehmensgründer mit großer Erfahrung in der Kreativindustrie, als er vor neun Jahren das St. Oberholz, ein Café in Berlin-Mitte, gründete. Die Tatsache, dass das Café seinen Nachnamen trägt, zeigt, wie persönlich wichtig ihm dieses Projekt ist. Auf einem Schild an der Fassade des Cafés steht NICHT JEDE KUH LÄSST SICH MELKEN, und zu Beginn des Rundgangs, den er mit mir macht, besteht er darauf, dass es der Berliner Gründerszene nicht ums Geld gehe. »Es geht ihnen um die Möglichkeit, mit gleichgesinnten Unternehmensgründern in Kontakt zu kommen, eine Kultur zu schaffen, *ihre* Kultur«, sagt er. Im Gegensatz zu solchen Start-up-Schwerpunkten wie dem Silicon Valley, der Silicon Alley (New York), dem Silicon Roundabout (London) und dem Silicon Beach (Los Angeles) hat sich Berlin keinen griffigen Markennamen einfallen lassen (sieht man einmal von dem gelegentlichen und eher persiflierenden »Silicon Allee« ab). Man möchte anders sein. Statt damit, wie viel Venture-Capital gerade wieder eingesammelt wurde, brüstet sich die Szene hier lieber mit ihrem Gemeinschaftsgefühl und dem Flair ihres Lebensstils. Schon immer war Berlin – anders als der Rest Deutschlands – ein Ort, an dem Scheitern erlaubt ist. Eigentlich ist das sogar eine Auszeichnung.

Ansgar sagt: »Ich sehe Berlin als ein politisches und wirtschaftliches Labor an, und das St. Oberholz ist Teil dieses Labors. Trotz aller Veränderungen gibt es hier immer noch jede Menge kreative Leute, und sie haben immer noch Ideen.«

In Berlin ist das Leben nicht immer leicht (DAS LEBEN IST

KEIN PONYHOF, sagt ein anderes Schild im St. Oberholz); in den grimmigen Berliner Wintern ist das mit Händen zu greifen. Aber es ist andererseits auch nicht besonders schwer, sich irgendwie durchzuschlagen, was unter anderem an den im Vergleich zu anderen europäischen Hauptstädten hartnäckig niedrigen Lebenshaltungskosten liegt. In einem Land, in dem sonst viel lieber nein als ja gesagt wird, sind der schnellere Stoffwechsel der Stadt und die Berliner Lust aufs Machen so erstaunlich wie inspirierend.

Das sehr retro eingerichtete Café St. Oberholz ist die Mutter des neuen Berlin-Gefühls. Als es 2005 seine Türen öffnete, wurde es im Handumdrehen zur Heimstatt der lokalen Start-up-Gemeinde, aber auch von Journalisten und Künstlern. Heutzutage ist es ein Klub, der allen offensteht; der alteuropäischen Charme mit dem Schwung und Elan der New Economy vereint, Grazie mit Tempo und literarische Impulse mit Geschäftssinn. Dieses spezielle Ineinandergreifen von Kulturen spiegelt sich auch in der ereignisreichen Geschichte des Gebäudes selbst wider. Die Gebrüder Aschinger, die im 19. Jahrhundert bekannte Gastronomieunternehmer waren, eröffneten in dem Haus, in dem heute das St. Oberholz sitzt, ein zweistöckiges Restaurant, das bald ein beliebter Ort der Berliner Kunst- und Avantgardeszene wurde. Ansgar fühlte sich von dieser Geschichte und dem einzigartigen Genius Loci angezogen: »Man muss den Geist der Geschichte respektieren, wenn man etwas Neues aufbauen will«, sagt er.

Im Erdgeschoss und im ersten Stock ist das St. Oberholz ein Café, mit spartanischen Tischen und einer Kaffeebar, an der man zügig und freundlich bedient wird – was eine Seltenheit ist in einer Stadt, in der Taxifahrer einem schon mal die Mitnahme verweigern, wenn ihnen das Ziel zu nah ist (»Da können Sie auch laufen!«). Im zweiten Stock, den man über eine prachtvolle Treppe erreicht, beherbergt das Gebäude verschiedene Gemeinschaftsräume, in denen bis zu vierzig Menschen ihre Arbeitstage verbringen können. Ein Gewirr von Stromkabeln hängt hier von der

Decke, damit die Nutzer schnell ihre Laptops einstöpseln können. Der Kabelsalat sieht nicht besonders effizient aus, er ist es aber; und außerdem verleiht er diesem Ort etwas Unpoliertes, das, nun ja, sehr berlinerisch ist. An den Wänden sieht man Kreidezeichnungen eines Berliner Künstlers, die den holzschnittartigen Charakter von Infografiken nachahmen und Vergänglichkeit vortäuschen, wobei die Kreide in Wirklichkeit mit einem Spray überzogen wurde, damit sie nicht abgewischt werden kann. Das ist geradezu eine Metapher für Berlin und Orte wie das St. Oberholz: die spielerische Rückeroberung der Geschichte mit künstlerischen Mitteln, die Koexistenz von historischer Last und jugendlicher Respektlosigkeit. Wie sein Gründer versucht das St. Oberholz nicht, cool zu sein. Es ist ein ernsthafter Ort voll warmherziger Ironie.

»Ich versuche mich daran zu erinnern, warum wir mit alldem angefangen haben«, sagt Ansgar. »An den ersten magischen Moment, als ich gesagt habe: ›Ich muss das machen! Ich muss das Risiko eingehen!‹ Ich versuche immer wieder, dahin zurückzugehen, auch nach neun Jahren noch. Ich delegiere, so viel ich kann, und das hilft mir, die Romantik zu erhalten. Wenn man alles selbst macht, dann tötet das definitiv die Romantik.«

Ansgar ist tief in der Welt der Inkubatoren und der Unternehmensbewertungen verwurzelt. Und doch hat er, wie der Große Gatsby, einen »unzerstörbaren Traum«. Er ist kein naiver Tagträumer, kein Wirtschaftsskeptiker oder Idealist. Er ist ein Business-Romantiker.

»Das Herz ist sehr wichtig«, sagt er mir. »Es gibt nicht viele Fragen, die man mit Hilfe eines Taschenrechners beantworten kann. Mein Herz sagt: ›Wir sollten nach einem anderen Standort suchen‹, und dann müssen wir einen Plan machen und überprüfen, ob auch die Zahlen aufgehen. Es gibt große Spannungen zwischen dem Taschenrechner und dem Herzen, aber für einen Strategieplan braucht man beide.«

Und wenn man ihn beobachtet, wie er durch sein Café streift und mit Kunden plaudert, dann hat man tatsächlich den Eindruck, dass er hier sein Herz zeigt. All die Ideen, die im St. Oberholz geboren werden, sind auch seine Ideen. Aber mehr im Sinne von Exponaten einer imaginären Ausstellung, deren temporärer Kurator er ist, denn als »Vermögenswerte«, die er besitzen würde. Auf der Website des St. Oberholz betreibt Ansgar einen Blog, auf dem er Einträge in der Rubrik »Fundbüro« postet, von denen jeder mit den Worten »Gestern wurde ein … vergessen« beginnt. Dann beschreibt er die liegengebliebenen Gegenstände in minutiösen Details, als handele es sich um ein Kuriositätenkabinett: eine Serviette mit einer Telefonnummer für »den süßen Barmann mit dem schwarzen Hemd«, ein Ring, der nach dem dramatischen Streit eines Pärchens zurückgeblieben ist, oder Eintrittskarten für den Auftritt des Papstes im Berliner Olympiastadion. Er hat auch einen Verlag gegründet, der Nischentitel für »Nichtleser« herausbringt, die man »in Meetings, in Bahnen, Bussen, Flugzeugen, auf dem Klo, im Bett, in der Warteschlange, bei langweiligem Sex, auf der Tanzfläche, anstelle von Smalltalks« lesen kann. Vor ein paar Jahren hat Ansgar die Geschichte und die Legende des St. Oberholz in einem nichtfiktionalen Roman aufgeschrieben, der von der Kritik freundlich aufgenommen wurde, »sich aber nicht gut verkauft hat«, wie er mit einem Lächeln einräumt. Nicht jede Kuh lässt sich melken.

Der Stimmungsmacher

Wenn mein Freund Tex morgens in die Firma geht, dann muss er nur über den Flur. Wohnen und Arbeiten sind bei Tex vereint wie bei einem Handwerksmeister vergangener Jahrhunderte. Nur ist er eben weder das noch ein allein am Schreibtisch vor sich hin tippender Freiberufler, sondern er betreibt in einer alten Fabriketage in Berlin-Kreuzberg eine Fernsehproduktionsfirma mit sechs Mitarbeitern.

Leicht ist diese Nähe nicht immer, aber sie zwingt Tex dazu, »die Frage nach der Work-Life-Balance gar nicht mehr zu stellen«. Die Tür hinter sich zumachen und das Büro Büro sein lassen, das funktioniert nicht so einfach, wenn die Tür quasi das Schlafzimmer direkt mit der Kaffeeküche verbindet. Und so nötigt schon die räumliche Präsenz seines Berufslebens Tex dazu, seinen Arbeitsalltag so angenehm zu gestalten, dass er gar nicht mehr das Bedürfnis hat, alles hinter sich zu lassen.

Tex, der eigentlich Christoph Drieschner heißt, und ich lebten in den neunziger Jahren beide in Hamburg; Tex war der Mitbewohner meiner damaligen Freundin. Wir drei verbrachten viel Zeit zusammen; man könnte fast sagen: wie in einer Kommune. Tex war damals Mitglied in der A-capella-Band The Buddhas. Gemeinsam haben wir Musik gemacht, ich habe dann auch seine erste Soloplatte verlegt. *Düster bist du schön* hieß die – ein Albumtitel, der sicher auch den Männern und Frauen vom Genfersee gefallen hätte.

Während ich nach Amerika ging, machte sich Tex als Singer-Songwriter einen Namen in der deutschsprachigen Musikszene. Inzwischen ist er aber längst nicht mehr nur Musiker, sondern wurde auch durch seine Sendung TV Noir bekannt, die er seit 2008 produziert – eine Mischung aus Talkshow und Musikprogramm, der eine ganz besondere Art öffentlicher Intimität zu eigen ist.

Auf einer Theaterbühne (der des Heimathafens Neukölln in Berlin) sitzen vor einem Publikum von mehreren hundert Leuten ein paar junge deutsche oder internationale Musiker mit Tex in einer Art Wohnzimmer – Sofa, Sessel, Stehlampe in altmodischem Gelsenkirchener Barock – vor tiefschwarzem Hintergrund zusammen und unterhalten sich. Zwischendurch spielen sie einige ihrer Songs live, meist in sehr reduzierten Akustikarrangements. Die Kamera fängt das Ganze in einem sehr edel wirkenden Schwarzweiß ein – nichts, wo einfach der Farbschalter umgelegt werde, betont Tex. Es gebe da ein »sehr bewusstes Grading«.

»Wir arbeiten auch noch am Gamma-Wert, dass es ein bisschen knackiger ist.« Sehr dicht und sehr konzentriert ist der Zuschauer bei TV Noir an den Künstlern dran – fast so, als säße man gemeinsam an einem Lagerfeuer.

Die Aufzeichnung der ersten Sendung ging völlig daneben, weil der falsche Drehort ausgewählt worden war – eine Gaststätte, in der sich Stammgäste unterhalten wollten. Tex merkte, dass die Sendung keine Ablenkung verträgt, sondern den »totalen Fokus« braucht. Die gemeinsame Freude am emotional Ergreifenden, »dieses Bestaunen von etwas, das einen berührt«, wie er es ausdrückt, soll bei TV Noir im Zentrum stehen. Und die edle, nostalgische Vintage-Anmutung der Bilder ist optischer Ausweis des inhaltlichen Versprechens, »dass wir die Einfachheit, Lässigkeit und Reduzierung feiern«.

Mehr als 40 Millionen Mal sind die Sendungen von TV Noir, das sich auch »Wohnzimmer der Songwriter« nennt, inzwischen bei Youtube angesehen worden. Irgendetwas macht Tex also wohl sehr, sehr richtig. Dabei hatte alles vor sechs Jahren sehr klein angefangen, mit einem Freundeskreis, der sich alle paar Wochen in einer Kneipe traf und Musiker dazu einlud.

Tex hat zunächst ganz entschieden mehr gegeben, als er bekommen hat: Anfangs wurde die Sendung als reines Web TV nur für Youtube produziert. Dann holte erst ein Offener Kanal TV Noir ins Fernsehen. Und seit 2011 läuft die Sendung jetzt bei ZDF Kultur und wurde zu einem Aushängeschild des Programms. Anfangs sollten sie auf Wunsch des Senders mit einer im TV-Geschäft erfahreneren Produktionsfirma zusammenarbeiten, doch das ging nicht lange gut; zu geschäftsmäßig gingen die Produzenten Tex an sein Herzensprojekt heran. Er gelangte schnell zu der Überzeugung, »wenn man so visionsgetrieben ist, dass es dann sehr hilfreich ist, wenn man das Sagen hat«.

Längst ist TV Noir Tex' Hauptberuf. Seit einigen Jahren veranstaltet er mit seinem Team zusätzlich eine Konzertreihe in ganz Deutschland und entwickelt andere Sendungs- und Konzertformate. Daneben ist er mittlerweile auch im Artist Development tätig und baut Nachwuchskünstler gezielt auf. Er habe ja gar keine Ahnung vom Markt, sagt Tex – und wahrscheinlich übertreibt er da dann doch etwas. Wenn er neue Geschäftsfelder ausprobiert, dann könne er nur Dinge versuchen, sehen, was funktioniert, weitermachen. Das Scheitern sei ein fantastischer Lehrmeister. Klar seien nur zwei Grundsätze: »Es muss Spaß machen und Sinn machen.«

Das Geschäft funktioniert da für ihn ähnlich wie das Komponieren. Wenn Tex einen Song schreibt, sucht er zunächst nach dem Grundgefühl, das er transportieren will. Der Vorgang des Schreibens ist für ihn weniger ein Produzieren, sondern ein Tasten, ein Versuch, etwas wie ein Archäologe freizulegen. »Diese Leitfigur, wonach man sucht, diese Vision, ist eine emotionale«, sagt er. »Dadurch, dass ich das vom Songwriting so kenne, dieser emotionalen Grundvision alles unterzuordnen, war das ein ganz natürlicher Übergang, auch das Business dem unterzuordnen.«

Tex ist ein feingliedriger und sensibler Typ, aber auch ein pragmatischer Mensch mit einem sehr trockenen Humor. Er hat Mathematik studiert, zehn Jahre lang sogar. Das sieht er als seine Jahre auf der Walz an; Jahre, in denen er ein Handwerk gelernt hat, das Teil seiner Identität bleibt, auch wenn es nicht mehr sein eigentlicher Beruf ist: »Ich bin Mathematiker, auch als Songwriter und als Chef.«

Jahrelang hat Tex als Programmierer und schließlich im IT-Management gearbeitet. Viel Geld hat er dort verdient, weitaus mehr als je mit der Musik. Beim IT-Unternehmen Red Hat war er schließlich Leiter des Knowledge-Managements, hatte ein Team von fünf Leuten unter sich: »Das war dann doch wieder wie eine Band.« So ist Tex zwischen der Welt der Zahlen und der Welt der Noten immer hin- und hergewechselt – aber als Widersprüche hat er sie nie verstanden, im Gegenteil. Von der Mathematik machen sich Nichtmathematiker schlicht ein falsches Bild, das aus dem Schulunterricht herrührt, glaubt Tex. In der Uni geht es seiner Meinung nach nicht um korrektes Anwenden von Formeln, sondern darum, »Beweise zu finden, wo du noch nicht weißt, wie du die findest«. Er bekommt ganz leuchtende Augen, wenn er von der Schönheit und Eleganz mathematischer Beweisführung spricht. »Du weißt zwar, wie es sich anfühlt, wenn du fertig bist, aber du weißt nicht, wie du da hinkommst.«

So funktioniert für ihn auch heute die Büroorganisation. »Wenn wir sagen, das soll alles eine Freude und eine Fröhlichkeit haben und eine Leichtigkeit, dann können wir nicht hier in der Woche sechzig Stunden arbeiten und uns total unter Druck setzen.« Wenn also Stress und Selbstüberforderung sich einzuschleichen drohen, was immer mal wieder passieren kann, dann passt sich Tex eben an – gibt Projekte auf, holt neue Leute ins Team, strukturiert um. Die Arbeitsaufteilung, die Arbeitsformen sind flexibel – seine Zielvorstellungen von einem guten, entspannten Arbeitsklima sind es nicht. Schließlich ist Tex nicht nur Chef, sondern auch Nachbar, ja Mitbewohner: »Wenn es dann so wohnzimmerartig ist, ist es auch okay, da zu wohnen. Dass das dann wirklich in meinem Wohnzimmer stattfindet, ist dann auch weniger problematisch.«

Die Vermittlerin

Die 31-jährige Priya Parker weiß noch genau, wo sie war, als sie mit einer Quarter-Life-Crisis zusammenbrach. »Ich hatte gerade ein sehr konkurrenzlastiges Sommerpraktikum beendet und bin im Flugzeug ohnmächtig geworden«, erzählt sie mir. Priya, die damals ein Doppelstudium an der Harvard Kennedy School und der Sloan School of Management des MIT absolvierte, litt an extremer Erschöpfung und war so sehr in dem gefangen, was sie im Leben tun »sollte«, dass sie die Ideen und Projekte, die ihr früher Energie gegeben hatten, völlig aus dem Blick verloren hatte. Ihr Körper und ihr Geist konnten einfach nicht mehr. Sie ging zum

Arzt, der ihr sagte: »Seit Sie zwanzig waren, sind Sie immer ›im Krieg‹ gewesen. Und jetzt ist Ihrer Armee einfach der Nachschub ausgegangen.«

»Es kam mir so vor, als ob fast jeder in meinem Doppelstudiengang nach dem Abschluss entweder für McKinsey oder für Goldman Sachs arbeiten wollte«, erinnert sich Priya. »Aber begonnen hatten sie das Studium nicht mit solchen Zielen.«

»Ich hatte das Gefühl, ich sollte das auch wollen. Aber diese Firmenkultur sprach mich nicht wirklich an. Der subtile Druck, sich auf diese Stellen zu bewerben, war immens. Als wäre das die einzige Möglichkeit, erfolgreich zu sein.« Sie fährt fort: »Die Kultur und die Gepflogenheiten in diesen Institutionen gingen mir gegen den Strich. Im MIT wurden die Gebäude nur mit Nummern (E-52, E-53) bezeichnet und nicht mit Namen. Ich konnte mir nie die Nummern der Gebäude merken, selbst nach einem Jahr nicht. Ein Gebäude mit einer Nummer statt nach einer Sache, einem Ereignis oder einer Person zu benennen, das widersprach der Art und Weise, wie mein Erinnerungsvermögen funktioniert, und allem, was mir lieb und teuer war.«

Priyas Arzt riet ihr, eine Auszeit vom Studium zu nehmen. Sie sollte sich darauf konzentrieren, wieder gesund zu werden, und sich wieder Beschäftigungen widmen, die ihr früher Freude gemacht hatten. Während der folgenden vier Monate gestattete sie es sich nicht, irgendwelche Pläne zu machen. Stattdessen lebte sie von Augenblick zu Augenblick – was einer leistungsstarken Studentin und arbeitswütigen Frau wie ihr definitiv nicht leichtfiel. Wenn sie ein wirkliches Bedürfnis verspürte, zu arbeiten oder etwas zu lesen, dann tat sie es. Wenn sie aber das allzu vertraute, Beklemmung auslösende Pflichtgefühl verspürte – das »Ich sollte das wirklich machen«-Gefühl –, dann gewöhnte sie sich an, ihm keine Beachtung zu schenken. Durch ihre Umsicht gelang es ihr, innerhalb der vier Monate wieder gesund zu werden. Sie wollte während dieses Zeitraums wieder den Kontakt zu dem finden, was ihr wirklich am Herzen lag, woran sie wirklich glaubte, und dem dann ihre Talente und Fähigkeiten widmen, was immer es auch sein mochte. Ihre Tage strukturierten sich bald um ihre neu erwachte Tanzleidenschaft, um Zeit, die sie mit Freunden verbrachte, und vor allem um eine einzigartige Fähigkeit, der sie sich schon neben ihrem Studium gewidmet hatte: anderen zu helfen, ihre Visionen zu finden.

Priya sagt: »In den ersten sieben Jahren nach dem College habe ich mich intensiv mit Konfliktlösung, Rassenbeziehungen und Diplomatie in den USA, aber auch in Indien und im Nahen Osten beschäftigt. Daraus entwickelte sich quasi organisch mein Interesse daran, Menschen zu helfen und eine Vision für ihre Zukunft zu artikulieren.«

Sie begann ihre Arbeit mit Mitbewohnern und Freunden, indem sie ein Umfeld schuf, das es ihnen erlaubte, ihre Ziele und Leidenschaften in Worte zu fassen. Während ihres viermonatigen Uni-Sabbaticals erkannte sie, dass sie diese Arbeit mehr als alles andere begeisterte und ihr das Gefühl gab, etwas zu tun, das einen Sinn und Zweck hatte. Sie beschloss, dass sie die verbleibende Zeit in ihrem Doppelstudiengang dafür nutzen würde, es in ihrer eigenen Visionspraxis zur Meisterschaft zu bringen.

»Es gelang mir, meinen Studienplan so umzugestalten, dass ich eine Reihe von Kursen belegen konnte, die alle darauf ausgerichtet waren, meine Fähigkeiten weiterzuentwickeln. Ich wandte meine frühere Ausbildung in Dialogführung und Konfliktlösung an, und ich fing an, Kurse über alle möglichen Dinge, von Presencing – dem Führen von der Zukunft her – über Generationenbeziehungen und Haushaltsplanung bis zu gesellschaftlichen und politischen Transformationen, zu belegen.«

Aber Meisterschaft erreicht man nie allein durchs Studium. Priya wusste, dass der wichtigste Baustein für ihre sich entwickelnde Praxis ebendas war: Praxis. Aus diesem Grund verbrachte sie den Rest ihrer Zeit im Graduiertenkolleg damit, so viel »Visioning Labs« wie möglich zu veranstalten. Ein ganzes Jahr lang betrieb sie fast täglich von 15 bis 19 Uhr ein Lab in ihrer Wohnung.

»Gib mir drei oder vier Stunden in einem Raum mit Menschen, und ich weiß genau, was ich tun will«, sagt Priya. »Das ist meine besondere Kompetenz.« In jener Zeit kamen erstmals lokale Institutionen mit der Bitte auf sie zu, diese Fähigkeit auf Teams oder Firmen anzuwenden.

Ihre Abschlussarbeit schrieb sie schließlich über ihre Kommilitonen: Menschen aus der Generation Y, die zwei Masterabschlüsse – Betriebswirtschaft und Politik – anstrebten und damit stellvertretend für die Spitzenkräfte der nächsten Generation standen. Die Leute, die sie interviewte, hatten meist einen binationalen oder -kulturellen Hintergrund, orientierten sich international und waren gute Studenten. »Sie haben ein Gefühl dafür, wo sie hinwollen«, sagt mir Priya, »aber sie haben Angst davor, sich auf irgendetwas festzulegen.« Die Angst, von der sie getrieben werden, beschreibt sie als FOMO oder Fear of missing out: die Angst, etwas zu verpassen, weil sie immer auf die beste Option warten wollen. Einer ihrer Probanden sagte ihr: »Wenn man durch eine Tür geht, bedeutet das, dass sich alle anderen Türen schließen und es keinen Weg zurück mehr gibt. Anstatt also tatsächlich durch irgendeine Tür zu gehen, ist es besser, in der Eingangshalle zu stehen und nur zu gaffen.« Das Ziel dieser Alterskohorte war es, um einen Begriff aus dem Business-Sprech zu übernehmen, alles zu »optimieren« und sich zu nichts zu verpflichten.

Inzwischen betreibt Priya ihre Karriere als Visioner in größerem Maßstab über ihre Firma Thrive Labs, und sie begegnet in beinahe jedem ihrer Kunden einem von zwei Typen – dem Optimierer oder dem rekonvaleszenten Optimierer.

»Wenn Menschen einmal identifiziert haben, was ihnen wirklich wichtig ist, können sie einen Durchbruch erleben«, sagt sie mir. »Aber sehr viele Menschen, mit denen ich arbeite, haben die Momente, in denen sie sich wirklich lebendig gefühlt haben, längst vergessen oder fühlen sich sehr weit weg von ihnen.«

Sie hat bis heute Hunderte Visioning Labs mit Unternehmen und deren Führungspersonal auf der ganzen Welt veranstaltet. Neben Gesprächsrunden umfassen die Labs auch Schreibübungen, das Kartografieren von Theory-of-Change-Konzepten und Embodiment-Wahrnehmung: Sie hilft ihren Kunden dabei, die Verbindung zwischen ihren körperlichen und geistigen Zuständen wahrzunehmen.

Jedes Lab, das sie veranstaltet, wird von einer einzigen Frage bestimmt: »Was ist das größte Bedürfnis in der Welt, das Sie angehen können und wollen? Priya erklärt das damit, dass diese Frage ihre Klienten zum Handeln bewegen soll. Der Höhepunkt eines jeden Labs ist dann ein sorgfältig ausgearbeitetes persönliches Manifest: In ihm bekunden Personen und Firmen die Aufgabe, der sie sich widmen wollen.[68]

»Wir verbringen den größten Teil unserer Lebenszeit, während deren wir nicht schlafen, mit Arbeit«, sagt sie mir im Gespräch. »Wir sollten dafür sorgen, dass unserem Führungspersonal und unseren Unternehmen genau bewusst ist, warum sie das tun, was sie tun. Das sollte zum Kern ihrer Arbeit gehören.« Damit das effektiv geschehen kann, bemüht sich Priya, mögliche Hürden zu identifizieren. Hat eine Person oder ein Unternehmen einmal ein Ziel bestimmt, werden in den Übungen des Labs mögliche Hindernisse aufgedeckt. Die beiden größten Probleme sind dabei meist ein gedankenloser Umgang mit Technologie und ein Vorrang für Produktivität vor Sinnstiftung.

Diese Angewohnheiten müssen wir in Frage stellen, sagt sie, besonders, wenn wir uns ausgelaugt oder uninspiriert fühlen. Schließlich sind einige Erfahrungen dann am fruchtbarsten, wenn sie nicht-optimiert, ineffizient und vielleicht sogar unproduktiv sind.

Der Dauerbrenner

Anderthalb Jahrzehnte ist es her, da hat Fredy Osterberger mit zwei Freunden das Patent auf ein Gerät angemeldet, das sie den »Runman« tauften: einen Minicomputer mit integriertem MP3-Player, den man sich beim Lauftraining umschnallen sollte und der Tempo, Puls und zurückgelegte Strecke messen und einen zum Weiterlaufen motivieren würde – also genau das, was heute fast jeder Läufer über eine App erledigt. Aber das war im Jahr 2000, lange vor Quantified Self und Personal Trainern im Smartphone-Format. Es war, da waren sich die Freunde sicher, die Chance auf einen Welterfolg. Sie stellten das Gerät bei verschiedenen Sportartikelherstellern vor, auch bei Nike. Dort hatte man an einer Zusammenarbeit kein Interesse – wollte aber das Patent kaufen. Fredy und seine Freunde lehnten ab. Wenige Jahre später sahen sie entgeistert zu, wie der Konzern das Nike + iPod Sport Kit auf den Markt brachte – ein Produkt, in dem sie ihre Idee kopiert sahen. Sie überlegten zu klagen, doch Anwälte rieten ihnen ab. Am Ende ließen sie sich das Patent doch abkaufen. Statt einer Beteiligung an Nikes Multimillionenumsatz blieb eine eher überschaubare Summe für jeden.[69]

Nagt ein solches Scheitern einer großartigen Idee nicht an einem, für lange Zeit noch, habe ich Fredy einmal gefragt. »Alles hat seine Berechtigung. Auch Enttäuschungen müssen sein«, sagte er. Und außerdem sei das Ganze doch »eine geile Geschichte für die Enkelkinder«.

Fredy Osterberger ist das, was ich einen Vollblutmarketer nenne. Kennengelernt haben wir uns vor einigen Jahren bei einer Veranstaltung der TSG 1899 Hoffenheim, bei der es um Fußballmarketing ging, und unter all den anderen Teilnehmern stach er dort für mich sofort durch seine Emotionalität hervor. Fredy ist ein echter Bayer, ein ansteckend fröhlicher Mensch, aber ich hatte damals auch den Eindruck, jemanden gefunden zu haben, der das Leiden im, am und für das Business kennt. Kurz, ich hatte einen

Business-Romantiker entdeckt – auch wenn mir damals noch der Begriff dafür fehlte.

Ein Thema verbindet uns ganz besonders – Olympia. Die Firma Atos, bei der Fredy Chief Brand Officer ist, ist für die IT der Olympischen Spiele verantwortlich. Über Olympia erklären zu können, welche Rolle Informationstechnologie spielt, diese Aufgabe fasziniert ihn. Wie damals in unserem Team zum Fackellauf ist auch bei Atos allen klar, dass bei den Spielen nichts schieflaufen darf. »Wenn du so etwas machst, kannst du dir keinen einzigen Fehler erlauben. Man kann nicht zu Usain Bolt sagen: ›Du musst das noch mal laufen‹«, sagt Fredy. Die Olympischen Spiele sind für ihn trotz aller geschäftlichen Professionalität noch immer eine Ehrfurcht erweckende Erfahrung. Und sie liefern ihm genau den Stoff, der ihn antreibt: »Olympia, das ist einfach Emotion pur.«

Fredy hat einen »ganz, ganz schiefen Lebenslauf«, das sagt er selbst; einen, wie es ihn in Chefetagen, gerade in deutschen, – leider – nicht allzu oft gibt. Der 54-Jährige ist im Allgäu aufgewachsen, wo seine Eltern ein mittelständisches Elektrounternehmen hatten. Eigentlich sollte er das übernehmen und dafür seinen Meister als Energieanlagenelektroniker machen. Doch Fredy kam auf andere Pläne: Schon als Teenager hatte er sich sehr für Musik interessiert und sich seine eigene Stereoanlage zusammengebastelt. Mit sechzehn baute er sich Lautsprecher aus Marmor. Dieser Leidenschaft weiter nachzugehen, das begeisterte ihn mehr als die Aussicht auf die Arbeit im elterlichen Betrieb. Er schloss die Ausbildung ab, ging nach München und gründete dort mit erst 22 Jahren seine erste eigene Firma, Osterberger Marmor Monitore.

Fast die ganzen achtziger Jahre hindurch betrieb er erfolgreich sein Geschäft mit diesen High-End-Musikanlagen. Doch dann nahm sein berufliches Leben die nächste unerwartete Abzweigung – eine, die ihn in die Welt der Großunternehmen führte. Einer seiner Kunden war der Vertriebs- und Marketingchef der deutschen Filiale einer US-Computerfirma, die gerade ihren rasanten Aufstieg erlebte. Der Mann überredete Fredy, den Marmor hinter sich zu lassen und in seinem Unternehmen als Services Marketing Manager anzufangen. Der Name des Computerherstellers: Apple.

»Meine professionelle Sozialisierung war definitiv bei Apple«, sagt Fredy heute, der damals an die dreißig war und keine Business School besucht, nicht BWL studiert hatte. »Ich habe mir alles selbst beibringen müssen, ich habe vieles anders gesehen.« Aber Apple erlaubte ihm genau das – selbst damals, in jenen Jahren, in denen Steve Jobs aus der Firma gedrängt worden war und John Sculley an der Spitze stand. Das Think different, das erst später zum Slogan wurde, galt in der Firma bereits als Maxime: »Das war gewollt, anders zu sein, Leute, die anders denken, ins Unternehmen reinzuholen.«

Zehn Jahre blieb Fredy bei Apple, war erst für das Marketing in Deutschland, später in Europa, dem Nahen Osten und Afrika zuständig. Dann wurde er von einem Headhunter zu einem der größten Konkurrenten abgeworben, zu Intel, wo es in den neunziger Jahren ganz andere Möglichkeiten gab als bei Apple, zumal der Konzern damals in einer Krise steckte. Opulente Werbefilme und Marketing-Programme konnten mit unglaublichem Budget produziert werden, in Hollywood sogar. Es waren die Jahre vor dem Crash der New Economy.

Gerade bevor der Kollaps kam, beschloss Fredy, sich mit einer eigenen Marketingfirma und drei Mitarbeitern selbständig zu machen. Osterberger International Communications wurde 2000 gegründet – just in dem Moment, in dem der Markt seiner möglichen Kunden aus der New Economy zusammenbrach. Also musste die Firma weg von der New Economy, hinein in die Old Economy. In den nächsten Jahren arbeitete Fredy erst in seiner eigenen Firma, später als Geschäftsleiter in der Agentur Serviceplan für so unterschiedliche Kunden wie Scout24, Novartis, BMW/MINI oder die AOK.

2006 erwischte ihn schon wieder ein Headhunter, der ihn zu Siemens holte. Erst um als globaler Marketingchef der gerade herausgelösten Kommunikationssparte eine neue Identität zu verpassen und sie in ein Joint Venture zu überführen. Später dann, um Siemens IT Solutions, das nun ebenfalls neu strukturiert wurde, für die Käufersuche »neu einzukleiden und im Marketing neu aufzustellen«. Es wurden seine spannendsten beruflichen Jahre, auch weil Siemens den Unternehmensteilen, die es unbedingt loswerden wollte, große Freiheiten ließ. Es war aber auch ein Kulturschock, mit all den Ingenieuren zusammenzuarbeiten, die aus der nüchternen Siemens-Tradition kamen – die so nüchtern war, dass es auf Konzernebene nicht mal einen Marketingchef gab. Auch mal aus dem Bauch heraus zu denken, quer zum Strom zu stehen, das war hier längst nicht so einfach, wie es das bei Apple gewesen war. Fredy polarisierte und zeigte neue Wege auf. Aber mit seiner Begeisterungsfähigkeit gelang es ihm auch bei Siemens, Chefs und Kollegen mitzunehmen. »Die Leute sehnen sich doch nach Leuten, die anders sind. Wer will denn mit einem trockenen Technokraten zusammenarbeiten?«

Der französische IT-Dienstleister Atos übernahm schließlich Siemens IT Solutions und damit auch Fredy. Bis heute ist er dort als Chief Brand Officer & Olympic Marketing für die globale Ausrichtung aller Marken sowie die Vermarktung der Olympischen Spiele zuständig. Dass er seinen Weg ins Business so nie geplant hatte, hat seiner Karriere nicht geschadet, im Gegenteil. Aber er fragt sich, ob er mit seiner Ausbildung heutzutage noch einmal die Chance bekommen würde. Er begegnet in den deutschen Führungsebenen nur wenigen so »Selbergschnitztn«, wie er einer ist. Erich Sixt, der Chef des Autovermieters, fällt ihm ein, der sein BWL-Studium einst als »irrelevant« abgebrochen hat. Aber sonst dominieren die stromlinienförmigen Absolventen der Business Schools und das Streben nach Quartalsgewinnen.

Es komme auf Topmanager an, glaubt Fredy, die eine Unternehmenskultur entwickeln, in der Menschen mit eigenwilligem Charakter und ungewöhnlichen Lebensläufen gefördert werden, »mehr kreative Leute statt Zahlenfuchser und Verkaufsmaschinen«. Nicht aus Selbstzweck, sondern um in ihren Unternehmen ein Denken und Fühlen zu ermöglichen, das im Business einen Sinn erkennt, der in Zahlen allein nicht zu finden ist.

»Wichtig ist die Erkenntnis, wieso machen wir es? Wieso haben wir eine Existenzberechtigung?«, sagt Fredy. »Jede erfolgreiche Firma kann dieses Wieso nach innen wie nach außen perfekt beantworten.«

Der Gläubige

Scott Friesen ist Leiter der Konsumenten- und Marktforschung bei Ulta Beauty, einem Einzelhandelsunternehmen für Kosmetik- und Schönheitsprodukte in Chicago. Sein Fachgebiet, die Datenanalyse, wird man kaum als romantisch bezeichnen können. Als ich ihm jedoch das Charakterprofil des Business-Romantikers schildere, sagt er: »Das bin ich!« Er stürzt sich mit Elan in seine Arbeit und geht mit Begeisterung auf neue Mitarbeiter, neue Kunden, neue Projekte und neue Ideen zu. Er weigert sich, den Geplänkeln der Büropolitik und anderen transaktionalen Marktmechanismen zu unterliegen. Für Scott ist seine Arbeit ein Versuch, seine Angestellten und Kunden zusammenzubringen, um etwas Herausragendes zu schaffen.

Im Jahr 2004 kam er frisch von der Columbia Business School und begann seine Karriere beim Einzelhandelsriesen Best Buy in Minneapolis. Obwohl er früher nie ein Topmanager hatte werden wollen, verliebte er sich in seine neue Firma. »Als ich zu Best Buy kam, war das ein Unternehmen, für das es sich zu kämpfen lohnte«, sagt Scott. »Es herrschte dort eine egalitäre Kultur: Nichts hing von der Bildung oder der Arbeitserfahrung einer Person ab, sondern nur von dem Beitrag, den man leistete. Ich glaube natürlich an den Kapitalismus, aber man muss die Dinge ›im Dienst‹ einer größeren Sache machen. Innerhalb der Systemdynamik von Best Buy war dieses ›im Dienst von‹ einfach eine Realität.«

Über einen Zeitraum von vier oder fünf Jahren hinweg veränderte sich jedoch allmählich die Stimmung bei Best Buy; sie wurde »transaktionaler«, wie sich Scott erinnert. Die Firma hatte Probleme damit, sich von einem klassischen Einzelhändler zu einem breiter aufgestellten Online-Lieferanten zu wandeln. Zwar hatte Best Buy immer einen starken Kundenservice gehabt, aber nun fing das höhere Management an, sich in kurzsichtiger Weise auf Nahziele zu konzentrieren. Es ging jetzt weniger darum, echten Mehrwert zu schaffen, wirtschaftlich und für die Kunden, sondern darum, Quartalszahlen zu erreichen. Diese Veränderung spiegelte sich auch in der Firmenkultur wider. Als Scott dort anfing, gefiel ihm die berühmte Tradition von Best Buy, Aktienoptionen an jene Angestellten zu vergeben, die mit den innovativsten Ideen aufgefallen waren, egal welche Position sie im Unternehmen hatten.

»Plötzlich hörten sie mit den Aktienoptionen auf, ohne das vorher anzukündigen oder überhaupt irgendetwas dazu zu sagen«, erzählt er. »Später stellte sich heraus, dass ein paar wenige Vorstände Vergütungen in mehrfacher Millionenhöhe erhalten hatten.«

Scott zufolge veränderte sich die Stimmung im Unternehmen dramatisch. »Aus ›Wir stehen zusammen‹ wurde ›Wir stehen überhaupt nicht zusammen. Ihr seid ganz alleine …‹. Das war eine ganz klare Botschaft: Einige Leute werden Millionen Dollar bekommen, und der Rest von euch wird seinen Job verlieren.«

Scott erzählt mir, dass das der Moment gewesen sei, in dem er angefangen habe, seine Prioritäten neu zu bewerten und sich zu fragen, wo er eigentlich hinwollte. Ich frage ihn, ob er zynisch geworden sei, wenn es um die Wirtschaft und genauer gesagt um US-Unternehmen gehe. Schließlich war das ja gleich seine erste Arbeitserfahrung nach dem Uniabschluss.

»O nein!«, entgegnet er. »Selbst heute glaube ich noch immer fest an das, was Best Buy seinen Kunden geben kann. Wenn ein Student seine Semesterarbeit abgeben muss und acht Stunden vor dem Seminar seine Festplatte kaputtgeht, dann ist es eine großartige Sache für ihn, dass er Best Buy's Geek Squad anrufen kann – das ist der technische Kundenservice – und die ihm seine Arbeit von der Festplatte rettet. Ob wir es nun einem Soldaten ermöglichen, über Skype mit seiner Familie zu sprechen, oder einfach einer Familie, zusammen einen Film zu gucken: Das sind wirklich tolle Erlebnisse, die Best Buy einem bereitet, wenn alles richtig gemacht wird.«

Scott will stets nur Potenziale sehen, und er misst sich und seine Branche an den höchsten Maßstäben. Er glaubt daran, dass wir alle eine Wirtschaft verdienen, die »es richtig macht«. Aber über all die Veränderungen in der Firma verging seine Liebe für Best Buy als Institution. Stattdessen wandte er sich mit seinen Idealen von Exzellenz, Ehre und Loyalität seinen direkten Mitarbeitern und Kollegen zu.

»Ich habe oft gehört, dass Männer zwar für das Ideal der Vaterlandsliebe in den Krieg zogen, aber für den Kameraden zu ihrer Linken oder Rechten dabeiblieben. Ich hatte in einem weniger dramatischen Sinn dasselbe Gefühl, als es um meinen eigenen Job ging. Ich kämpfte nicht mehr für Best Buy; ich kämpfte jetzt für die dreißig Leute in meinem Team, meinen Boss und für all die Leute, die unter uns arbeiteten.«

Schließlich entschloss sich Scott, von Best Buy zu Ulta zu wechseln. Aber auch wenn das ein Abschied von seinem ersten beruflichen Zuhause war, in dem er wichtige Erfahrungen gemacht hatte – in seinen persönlichen Zielen und Missionen ist er dadurch nur bestärkt worden, und er zieht aus ihnen noch mehr Befriedigung.

»Ich genieße es, zu beobachten, wie Leute in meinem Team etwas Neues aufnehmen und dann an andere weitergeben. Irgendwann will ich alles, was ich hier gelernt habe, mitnehmen und in Schulen tragen. Dinge lernen und anderen beibringen zu können: Das ist es, was das Geschäftsleben für mich so lohnend macht.«

Und dann gibt es noch die simple Freude an der Arbeit, wenn sie die ihr eigentümliche Schönheit und Ordnung offenbart. »Bei Ulta gehört es für mich manchmal zu einem wirklich guten Tag, eine Datenvisualisisierung hervorzuholen, auf die ich stolz bin, um sie mir anzusehen. Sie hat vielleicht nur einen Eigenwert, aber sie ist ein Stück Arbeit, das ich einfach liebe. Oft muss sie nicht mal jemand anderes sehen. Ich weiß einfach, dass sie etwas wert ist.«

Stellenausschreibung

Das Paar, die Stimme oder der Patron; Stimmungsmacher, Vermittler, Dauerbrenner oder Gläubige: Es gibt sie, die Business-Romantiker, und es werden immer mehr. Meine Gespräche mit diesen und mit anderen Romantikern haben mich dazu gebracht, mir Fragen über unsere kollektive Vorstellung von Arbeit zu stellen. Haben wir als Business-Romantiker ein platonisches Konzept von der Arbeit? Denken wir in romantischen Mustern? Ich beschloss, diese Idee an einem der nüchternsten und prosaischsten Orte im Netz zu überprüfen: bei den Stellenanzeigen von XING.

Business-Romantiker (w/m)
zur Verstärkung unseres Teams gesucht

Der Business-Romantiker ist unmittelbar dem Geschäftsführer gegenüber verantwortlich. Seine Aufgabe ist es, Kollegen, Kunden, Geschäftspartnern (und der Gesellschaft insgesamt) dabei zu helfen, die Schönheit der Geschäftswelt mit neuen Augen zu sehen. Der Business-Romantiker setzt auf die Strategie Hoffnung. Er ist Humanist und erzählt uns eine zusammenhängende Geschichte, die uns die immer komplexere und stärker fragmentierte Arbeitswelt und die Konversationen der Märkte verstehen lässt. Der Business-Romantiker wird seinen Schwerpunkt nicht auf Unternehmensgewinn und Return on Investment legen, sondern wird die im Business verborgen liegenden Schätze heben und so für einen Return on Community sorgen. Der Business-Romantiker erdenkt, gestaltet und realisiert »Akte der Sinngebung«, die ein nostalgisches Vertrauen in die Wirtschaft als wirkmächtigste Form menschlichen Handelns wiederherstellen und es den Menschen inner- und außerhalb des Unternehmens erlauben, die Marke und ihr Arbeitsumfeld in einer Art und Weise zu erleben, die sie beglückt, die Sinn stiftet und Spaß macht. Wir suchen einen Senkrechtstarter mit starkem unternehmerischem Ehrgeiz, exquisitem Geschmack und nachgewiesener Erfahrung im Managen des Nicht-Messbaren.

Zu den Aufgaben des Business-Romantikers zählen unter anderem:

- Der Kunstfertigkeit und dem Spielerischen bei der Arbeit Räume zu verschaffen
- Alltägliche Interaktionen und Transaktionen auf ein Niveau zu heben, auf dem sie zu Erfahrungen werden, die »größer sind als wir«
- Die Bedeutung des vermeintlich Banalen zu erkennen
- Die Firmen- und Markenkultur vom Zweckmäßig-Transaktionalen zum Großzügig-Transzendenten hin zu verändern
- Zonen des Unbehagens und »kritische Vorfälle« zu erzeugen, die Bequemlichkeit durch Reibung ersetzen
- Dinge »einfach nur so« zu tun und Aktivitäten nachzugehen, die Freude bereiten und keinerlei Zweck dienen, wie zum Beispiel Mystery Meetings oder völlig ergebnisfreie Gespräche
- Sich Herzensprojekte auszudenken und umzusetzen
- Regelmäßig mit dem Geschäftsführer spazieren zu gehen
- Eine Führungsrolle gegenüber den anderen Romantikern am Arbeitsplatz zu übernehmen

Er bringt folgende Qualifikationen mit:

- Hat 5–10 Jahre Erfahrung im Romantisieren der Wirtschaft, idealerweise in unterschiedlichen Branchen
- Besitzt die Gabe, sich auf den ersten Blick in Ideen und Projekte zu verlieben
- Ist in der Lage, Big Data zu ignorieren und sich stattdessen auf Big Intuition zu verlassen
- Kommt mit einem hohen Maß an Unklarheit und Unvorhersehbarkeit zurecht
- Kann damit umgehen, dem Zufall eine Chance zu geben
- Zeichnet sich durch Empathie und Großzügigkeit aus
- Hat eine lebhafte Fantasie und einen Sinn für Schönheit
- Besitzt die Gabe, tiefe Verbundenheitsgefühle zu erzeugen und aufrechtzuerhalten
- Ist risikobereit und abenteuerlustig
- Beweist eine ausgeprägte Detailbesessenheit (denn indem man einen Tippfehler korrigiert, kann man die ganze Welt verändern)
- Verfügt über die Gabe, Routinetätigkeiten als Akte der Liebe zu begreifen
- Kann Geheimnisse haben und weiß, sie zu hüten
- Zeigt eine außergewöhnliche Hingabe für das Unbekannte
- Gibt dem Authentischen den Vorzug gegenüber der Wahrheit
- Weiß romantische Komödien zu schätzen
- Ist bewandert in der Literatur der englischen und deutschen Romantik; Erfahrung im Schreiben von Gedichten ist ein Plus.

Wenn Sie diesem Profil entsprechen oder in einer anderen Form romantisch veranlagt sind, die wir uns bis jetzt noch gar nicht ausmalen können, dann freuen wir uns darauf, von Ihnen zu hören.

In wenigen Tagen erhielt ich reihenweise Zuschriften wie diese:

- »Auch wenn ich keine Ahnung habe, was genau Ihr Unternehmen eigentlich tut, ein riesengroßes Lob für diese fantastische Stellenausschreibung! Sehr cool! :)«
- »Eine sehr witzige Anzeige mit gar nicht so verkehrten Ansätzen. Was wollen Sie damit bezwecken?«
- »Ihr lieben Unbekannten, ein Tag voller Schönheit und Überraschungen: Heute früh lief ich los, um in einem nebligen und modrig anmutenden Wald zu joggen, und kam im strahlenden Sonnenschein wieder zurück. Dann begab ich mich zum Arbeiten in die digitale Welt und darf eine Aufgabenbeschreibung voller Anmut lesen. Danke für die schönen Zeilen.«
- »Das Plus in meiner Bewerbung – ein Gedicht.

  Die Liebe fing mich ein mit ihren Netzen,

  Und Hoffnung bietet mir die Freiheit an;

  Ich binde mich den heiligen Gesetzen,

  Und alle Pflicht erscheint ein leerer Wahn.

  Es stürzen bald des alten Glaubens Götzen,

  Zieht die Natur mich so mit Liebe an.

  O süßer Tod, in Liebe neu geboren,

  Bin ich der Welt, doch sie mir nicht verloren.

  Romantische Grüße«
- »Wahr ist, dass die Korrektur eines Tippfehlers hilft, die Schönheit der Sprache zu erhalten. Ein Fehler selbst könnte auf Nachlässigkeit hinweisen, aber er vermag ebenso die Authentizität einer Situation zu beschreiben.«
- »Geschickte Werbung bekannter Leistungen oder substanziiertes Angebot, tatsächlich neu zu denken und auszuführen? Nur im letzteren Fall interessiere ich mich für die von Ihnen auf XING ausgeschriebene Position als Business-Romantiker (w/m) – sonst delete!«

Es stimmt schon: Es ist eher unwahrscheinlich, dass Business-Romantiker hier und heute eine Anstellung bei einer »Gesellschaft der Business-Romantiker« finden. Aber wer weiß, was die Zukunft bringt? Wenn es uns jetzt gelingt, Fuß zu fassen, dann wird es vielleicht eines Tages eine solche Stelle und eine solche Organisation geben. Und die Romantiker werden dann prosperieren, nicht nur für einen kurzen Moment, sondern ihre ganze Karriere hindurch. Was aber können wir bis dahin tun, um die Romantik am Leben zu halten? Und wie schützen wir sie vor unseren Feinden?

Lasst die Flamme nicht ausgehen

Die größte Bedrohung für Business-Romantiker ist der Zynismus. Zynismus ist die Déformation professionelle der Geschäftswelt. Ob man Firmen kauft, indem man massiv Schulden aufnimmt, die dann das übernommene Unternehmen tragen muss; ob man mit erwarteten Verlusten auf den Aktienmärkten Gewinn macht; ob man Immobiliendarlehen an Leute vergibt, die sie sich nicht leisten können; ob man ein Corporate-Social-Responsibility-Programm auflegt, um ethisch fragwürdiges Verhalten zu bemänteln; oder ob man einen Angestellten glauben lässt, dass er für eine Beförderung vorgesehen sei, nur um seine Motivation und sein Engagement auszunutzen – der zynische Impuls fühlt sich im Business oft ganz und gar zu Hause. Wie Oscar Wilde einst sagte: »Ein Zyniker ist ein Mensch, der von allem den Preis kennt und von nichts den Wert.« Der Modus Operandi der Betriebswirtschaft, der natürliche Impetus bei jeder Entscheidungsfindung, ist es, das Spielfeld immer mehr einzuengen, bis nur noch die expliziteste Option übrig ist, aber alles Implizite (Geheimnisvolle, Gefährliche und Riskante) ausgeschlossen wurde. Wirtschaften formalisiert, automatisiert, standardisiert und serialisiert unsere Entscheidungen und Erfahrungen, bis nur noch ein dünnes Sediment der Menschlichkeit übrig ist. Es dürstet nach Sicherheit und versucht ständig, Risiken zu mindern. Wenn einem das Großartige zu vergänglich ist und ein neugieriger, offener Geist zu verletzlich, dann bietet einem der Zynismus einen sicheren Zufluchtsort – sei es im Vorstandszimmer, bei Meetings, in der Kantine oder am eigenen Schreibtisch. Um den Investor Gordon Gekko aus dem Film *Wall Street* zu zitieren: »Wenn du einen Freund brauchst, kauf dir einen Hund.« Zynismus ist oft die Maske des frustrierten Idealisten. In einen größeren Maßstab übertragen, verliert Zynismus jedoch jede Spur von Verbitterung und wird zu einer kalten Maschine der Indifferenz, in der es einfach völlig egal ist, ob man noch »etwas bewegen« will. In der Geschäftswelt und anderswo ist der Zyniker der zutiefst Ungläubige. Ich habe oft den alten Business-Spruch »Hoffnung ist keine Strategie« gehört. Für mich war das immer der Gipfel des Zynismus. Ohne Hoffnung bleibt einem gar nichts.

Der Philosoph Peter Sloterdijk beschreibt den Zyniker als einen »aufgeklärten Idealisten«:[70] Er ist sich der Kluft zwischen den Idealen von Gesellschaften, Institutionen oder Individuen und ihrer Praxis schmerzlich bewusst und setzt voraus, dass das der Naturzustand sei, in dem man agieren müsse. Von Diogenes, dem griechischen Urvater der zynischen Philosophie, über Niccolò Machiavelli und Richard Nixon bis zum Nichts-ist-umsonst-Mantra »There's no such thing as a free lunch« hat der Zynismus unbestritten beträchtlichen Erfolg gehabt. Mancher würde sogar sagen, dass in unserem gegenwärtigen Zeitalter des Missbehagens der Zynismus die einzig verbliebene logische Philosophie ist.

Der Zyniker ist der Antagonist des romantischen Protagonisten: Der Zyniker betrachtet das Memo des Vorstandschefs an alle Angestellten als einen offensichtlichen Versuch, institutionelle Probleme durch vorformulierte Motivationsklischees zu beschönigen; der Romantiker würdigt die Geste und interessiert sich dafür, was zwischen den Zeilen steht. Dem Zyniker graust es vor dem Mitarbeitertreffen am Montagmorgen, das er als überflüssiges Forum zur Förderung eines falschen Gemeinschaftsgefühls ansieht; der Romantiker schätzt es als eine Gelegenheit, dem Team eine gemeinsame Identität zu geben und sie zu stärken. Der Kontrast zwischen den beiden wird noch offenkundiger, wenn es um Reisen und kulturelle Interessen geht: Für den Zyniker ist Los Angeles ein hyperkommerzielles Vorort-Einkaufszentrum, das man zwischen Freeways hochgezogen hat; der Romantiker sieht in der Stadt eine Bluebox, die er ganz nach seinen jeweiligen Bedürfnissen mit seinen eigenen Geschichten selbst programmieren kann. Der Zyniker macht sich über Blockbuster-Filme, Bestsellerbücher und Erfolgsbands lustig, weil er sie für prätentiöse Simulakren fabrizierter Emotionen hält; für den Romantiker sind sie Totems des universellen menschlichen Bewusstseins. Der Zyniker misstraut jeder Erfahrung, die ihm unter die Haut gehen soll. Der Romantiker bekommt zumindest eine Gänsehaut.

Als Romantiker erkennen wir, dass unsere Vision – unsere Flamme – die Kraft hat, ganze Abteilungen, Firmen, sogar eine größere Bewegung in Brand zu setzen, aber wir wissen auch, dass sie zart ist. Man muss sich um sie kümmern und sie schützen, denn Bürokratentum und Langeweile können sie sonst langsam ersticken. Eines Tages wachen wir dann auf und stellen fest, dass die Flamme erloschen ist. Wenn das passiert, wenn es sich so anfühlt, als sei »die Romantik verlorengegangen« – in unseren Beziehungen, unseren Reisen, unserem Sport, unseren Marken und unserer Arbeit –, dann beklagen wir in Wirklichkeit die Kommodifizierung, die Ökonomisierung von etwas, das wir als selten, wertvoll und (bis zu einem gewissen Grad) unerklärlich angesehen haben. Rafael Ramírez, Professor an der Oxford Business School und ein führender Forscher zur Ästhetik der Wirtschaft[71], formuliert es so: »Was ist der ROI [Return on Investment] für Ästhetik? Wenn man Liebe quantifiziert, bekommt man Prostitution.« David Kim, Professor für Religionswissenschaft am Connecticut College, hat eine wichtige Forschungsarbeit über die sich wandelnden Bedürfnisse am Arbeitsplatz und in der Gesellschaft insgesamt geleistet. »Der Romantiker im traditionellen Sinne glaubt, dass das Leben einen auf eine höchst befriedigende und robuste Art und Weise verzehren soll«, sagte Kim mir im Gespräch. »Die gefühlvollen Aspekte von Erfahrungen werden betont.« Natürlich, so meinte Kim weiter, gehe solche Gefühligkeit oft mit Angst, Belastungen und Herzschmerz einher. Es seien diese Emotionen, mehr noch als Optimismus und persönliches Glück, die dem Leben eines Romantikers ein Gefühl von Bedeutung verliehen. »Sie helfen dabei, Klarheit über die Mission des Romantikers zu bekommen, über die ewige Suche oder Jagd nach bewusstseinserweiternden Erfahrungen«, so Kim.

Wenn Zynismus unsere größte Bedrohung von außen darstellt, dann erinnern uns Kims Erkenntnisse an die ärgsten Bedrohungen, die aus uns selbst heraus kommen. Als Romantiker suchen wir Räume für außergewöhnliche Erfahrungen, aber als Geschäftsleute müssen wir auch die Grundlagen für eine Karriere legen. Es ist eine Sache, eine Abfolge von transzendenten Momenten zu erleben – als wären sie Perlen an einer Schnur –, eine andere, ein Leben aufzubauen, in dem es vorwärtsgeht und das einem erzählerischen Ganzen entspricht. Wie entzünden wir die Flamme der Romantik, und wie stellen wir sicher, dass dieselbe Flamme unsere ganze Karriere hindurch weiterbrennt?

Die folgenden Regeln der Business-Romantiker bieten einen Rahmen, um diese Fragen zu beantworten. Ob wir etwas für sakrosankt erklären; nach Ritualen suchen, die uns in unbekanntem Terrain Trost und Sicherheit spenden; oder nach Tricks, mit denen wir die Zyniker entwaffnen und die Magie der Entdeckungen, der Geheimnisse und Möglichkeiten am Leben halten können: Alle Business-Romantiker können von diesen Regeln profitieren. Sie basieren nicht auf typischen Fallstudien aus der Wirtschaft, und sie wollen auch keine Problemlösungen bieten; sie liefern keine Silberkugeln, und sie tun nichts (oder jedenfalls nicht viel) für unsere Produktivität. Stattdessen fordern sie uns dazu heraus, neue Perspektiven zu suchen, den Wert unserer eigenen, idiosynkratischen Eingebungen und Emotionen zu erkennen, Konflikt und Reibung zu begrüßen und unsere eigene Menschlichkeit zu zelebrieren. Sie werden uns dabei helfen, ein romantischeres Leben im Business und außerhalb zu führen.

Es ist an der Zeit, unseren Platz zurückzuerobern. Die Regeln der Business-Romantiker markieren die Längen- und Breitengrade unseres Territoriums. Sie drücken aus, wofür wir stehen und wie wir in dieser Welt leben wollen – bei der Arbeit, zu Hause, in unserem sozialen Umfeld und auf der Landkarte unserer Seelen.

II

Die Regeln der Business-Romantiker

3

Finde das Große im Kleinen

I waited for something / and something died /
so I waited for nothing / and nothing arrived.
Villagers, *Nothing Arrived*

Am 1. Juni 2013 fand in ganz New York ein ungewöhnliches soziales Experiment statt. Unzählige Freiwillige verteilten auf den Straßen der Stadt Namensschilder, auf denen HALLO! ICH HEISSE _____ stand. Bereits gegen Mittag trugen Hunderttausende New Yorker ein solches Namensschild an ihren Hemden. Völlig Fremde wurden zu Bob, Khalil, Rocío oder Camille. Dieses Experiment, das man »Name Tag Day«, also »Namensschildtag« getauft hatte, sollte ein Element der Freude und Überraschung in die ganze Stadt tragen. Manchmal macht es einen eben schon glücklich, seinen eigenen Namen zu hören.

Solche kleinen Gesten nehmen nicht für sich in Anspruch, unsere Produktivität oder Effizienz zu erhöhen, aber sie erden uns und erinnern uns an unsere gemeinsamen, verbindenden Erfahrungen. Sie machen unser Leben durch kleine Aufmerksamkeiten besser.

Ein anderes gutes Beispiel ist die Grenzkontrolle am Internationalen Flughafen Pudong in Schanghai. Die Reisenden werden dort gebeten, die Serviceleistung der Grenzbeamten zu bewerten, indem sie einen von vier Knöpfen drücken. Der Knopf, der für »extrem zufrieden« steht, lässt einen großen Smiley aufleuchten, den sowohl man selbst als auch der Grenzbeamte, der einen kontrolliert, sehen können. Das führt zu einem kurzen, aber bedeutungsvollen Moment unerwarteten und manchmal leicht peinlichen Humors. Es ist etwas unangenehm, die Leistung eines Wildfremden bewerten zu müssen, während man ihm direkt ge-

genübersteht – und es wird dadurch noch unangenehmer, dass die Bewertung für beide Seiten sichtbar angezeigt wird. Dass das Feedback in Form eines Cartoon-Smileys erfolgt, trägt seinen Teil zu diesem surrealen Moment bei, besonders wenn der Smiley in starkem Kontrast zum durchaus ernsten Gesichtsausdruck des Grenzbeamten steht. Die Flughafenbehörde von Schanghai hat sich dieses Experiment nach Beschwerden frustrierter Reisender über schlechte Erfahrungen am Flughafen einfallen lassen. Wahrscheinlich wurde der Smiley in erster Linie entwickelt, um Daten zu sammeln. Aber er hat darüber hinaus den Effekt, dass er einen Augenblick subversiven Vergnügens in die Eintönigkeit des modernen Reisealltags bringt.

Manchmal ist das beste Design gar kein Design. Statt eines High-tech-Touchscreens oder eines ähnlich ambitionierten Geräts, das uns die Interaktion erleichtern soll, gibt es auf Lowtech-Ansätze oft besonders positive Reaktionen. Der Flughafen Hongkong zum Beispiel schenkt jedem Reisenden, der die Grenzkontrolle passiert, eine Schachtel Minzbonbons – »mit den besten Wünschen der Hong Kong International Airport Authority«. Dieser minzige Moment beweist, dass ein Kundenerlebnis ganz simpel sein kann und nicht viel kosten muss, aber doch hilft, die oft allzu unmenschlichen Reiseerlebnisse menschlicher zu gestalten. Den Einfall hätte ein Kind haben können, und genau deswegen funktioniert er auch so gut. Die erfrischend naiven Minzbonbons schaffen einen »Vergnügensmehrwert« – mehr Vergnügen als Funktionalität.

Solche kleinen, bescheidenen Momente der Intimität können auch in der Patientenerfahrung eine entscheidende Rolle spielen. Janet Dugan, eine Designerin, spezialisiert auf den Gesundheitsbereich, hat sich inspirieren lassen, als sie unlängst eine Magnetresonanztomografie (MRT) vornehmen lassen musste. Während sie still dalag und wartete, fiel ihr ein kleiner Spiegel auf, der etwas unterhalb der Kopfstütze angebracht war. Er hing in einem solchen Winkel, dass sie durch die Röhre den Radiologieassistenten sehen und Augenkontakt mit ihm herstellen konnte.

»Eine so kleine Sache«, erzählt sie mir. »Und sie macht doch einen so großen Unterschied. Ich habe mich weniger allein gefühlt. Ich war in genau dem Moment, in dem ich Unterstützung brauchte, mit einer anderen Person in Kontakt. Und auch wenn ich keine Klaustrophobie habe, hat es mich doch etwas beruhigt, aus der Röhre herausschauen zu können – ein Sichtfeld zu haben, das tiefer war als nur 25 Zentimeter. Ich könnte dir nicht mehr sagen, welche Farbe der Boden hatte oder ob die Decke mit Gipsfaserplatten abgehängt oder ob das Gebäude von außen aus Fertigbauteilen zusammengesetzt war oder eine Glasfassade hatte. Das alles habe ich als Patient gar nicht wahrgenommen. Aber ich habe registriert, dass der Techniker freundlich war und dass die Arzthelferin sich große Mühe gegeben hat, mich zum Lachen zu bringen.« »Versteh mich nicht falsch«, sagt Janet abschließend, »ich glaube fest daran, wie sehr Design zum Heilungsprozess beitragen kann – und daran, dass es Ereignisse beeinflussen und Leben verändern kann. Aber an diesem Tag, in dieser konkreten Erfahrung war es eben ein winziger Spiegel, ungefähr so groß wie ein Heftpflaster, der mir wirklich Trost gespendet hat.«

Wir können in unserem Büro- und Arbeitsalltag selbst für schlichte, aber freudvolle Momente mit anderen sorgen. Meine Kollegin Helen Dimoff, Kommunikationschefin bei der Architektur- und Designfirma NBBJ, hatte die Idee für eine virale VoicE-Mail-Erzählung. Das war im Jahr 2000, bevor VoicE-Mail in E-Mails integriert wurde. Damals erlaubten VoicE-Mail-Systeme es den Nutzern, eine neue Message an den Anfang einer erhaltenen Nachricht anzufügen, bevor sie sie an jemand anderes weiterleiteten. Helen erkannte die Möglichkeit, das ganze System zum Erzählen von Geschichten zu nutzen. Sie begann mit dem Ende und nahm die Botschaft »Und wenn sie nicht gestorben sind, dann leben sie noch heute« auf. Dann leitete sie die Nachricht an einen Kollegen weiter. Dieser Kollege fügte etwas hinzu, was ungefähr so lautete: »In dem Moment, in dem das Boot explodierte, sprangen sie ins eisig kalte Wasser.« Dann schickte er sie an jemand anderen im Büro weiter.

»Die VoicE-Mail ging schließlich an Aberdutzende von Kollegen und versammelte alle möglichen Helden und Bösewichte zu einer irren, James-Bond-haften Abenteuerstory«, erinnert sich Helen.

»Einen ganzen Monat lang machte sie ihre Runden in der Firma und kehrte mehr als einmal auf die VoicE-Mails derselben Leute zurück. Am Ende haben wir die ganze Geschichte transkribiert, damit wir alle die vollständige Saga lesen konnten.«

In der US-Zentrale des Biopharmaunternehmens AstraZeneca in Wilmington, Delaware, hat die Lobby einen Hauch von Schrulligkeit. Wenn Besucher durch die Tür treten, fällt ihnen ein ungewöhnliches Schild am Empfangstisch auf, auf dem DIRECTOR OF FIRST IMPRESSIONS steht, »Direktorin für erste Eindrücke«. Das Schild überrascht die Besucher, indem es sie auf die Absurdität aufmerksam macht, die jedem Firmenprotokoll zu eigen ist. Es stellt eine enge und authentische Verbindung – ein Augenzwinkern – zwischen dem Unternehmen und dem Besucher her. Angeblich hat Chris Young, der Gründer der Managementberatung Rainmaker Group, den Titel erfunden. Eine wachsende Zahl von Unternehmen verwendet ihn nun anstelle von »Rezeptionistin«.

Auch Topmanager können für solch wunderbar merkwürdige Momente sorgen. Guy Laliberté, der Chef des Cirque du Soleil, hat das getan, als er einen persönlichen Clown eingestellt hat, der ihn zu Meetings begleitet und dort zu seiner Linken steht und wie ein Spiegelbild seine Präsentationen nachahmt. (Ob man Clowns nun lustig oder gruselig findet: Die Anwesenheit des gestikulierenden Artisten bleibt einem sicherlich in Erinnerung.)

Was verbindet all diese Dinge? Sie legen mit einer gewissen Leichtigkeit und oft mit einem etwas verschrobenen Sinn für Humor die Schönheit der Welt offen. Sie sind insofern bescheiden, als dass sie nicht versuchen, sich an den großen Problemen abzuarbeiten. Stattdessen sind sie nur da, um uns – ganz sanft – zu stören. Sie erinnern uns daran, hochzuschauen, durchzuatmen und unsere Aufmerksamkeit wieder auf die Welt da draußen zu richten. Kurzweilige Freude ist ihr einziger ROI.

Business-Romantiker können sich diese gestalterische Maßgabe in allen Aspekten des Bürolebens zunutze machen, besonders bei ihren sozialen Kontakten. Ich habe mich immer gefragt, warum manche Leute ins Büro kommen und zu jedem hallo sagen, während andere nicht mal darauf antworten. Eine dritte Gruppe wiederum ist zwar nett und höflich, aber eher »freundlich on demand«. Sie möchte sich zwar auf andere einlassen, ist aber durch das gefesselt, was sie für die Aufmerksamkeitsökonomie hält – den weitverbreiteten Glauben, dass zu viel soziale Interaktion ernsthaft die Produktivität hemme. Der Tag ist einfach nicht lang genug, scheinen Angehörige dieser Gruppe zu denken, um alle zu grüßen; jeden anzulächeln, der ein Lächeln verdient hätte; sich auf ein kurzes Gespräch einzulassen. Aufmerksamkeit ist offenbar ein Nullsummenspiel, also hamstern sie lieber ihren begrenzten Vorrat.

Business-Romantiker betrachten das als einen groben Fehler. Eine Studie der London School of Economics aus dem Jahr 2013 verdeutlicht, dass Lohnarbeit nach wie vor »negativ mit Glücklichsein korreliert«. Ältere Studien kamen zu ähnlichen Befunden.[1] Im Vergleich mit anderen Einzelaktivitäten wie Sport, Unterhaltung oder Reisen wurde der neuen Studie zufolge die Lohnarbeit niedriger als jede der 39 anderen Aktivitäten eingestuft, mit der Ausnahme von »krank im Bett liegen«. Den Forschern zufolge gibt es nur einen Aspekt der Arbeit, der Glücksgefühle auf einem ähnlichen Niveau produziert, wie es Erfahrungen außerhalb der Arbeit tun – zwanglose Interaktionen mit den Kollegen, mit anderen Worten: Geselligkeit bei der Arbeit.

Wenn also die beste Methode, bei der Arbeit glücklich zu sein, darin besteht, mit den Kollegen zu schwatzen, warum fördern wir Geselligkeit dann nicht stärker? Nun, weil es ums *Geschäft* geht. Und die Geschäftswelt agiert eben größtenteils noch immer nach den Prinzipien der Effizienz und der Produktivitätszuwächse. Der Fairness halber muss man sagen: Wenn es um Kundenkontakte geht, vor allem im Vertrieb, haben Firmen schon vor langer Zeit die Macht der zwanglosen Mikro-Interaktionen begriffen, um Kundenherzen zu bewegen: Ein bisschen Smalltalk hier, ein kurzes Lächeln dort. Aber am Arbeitsplatz und in unserem Leben als Angestellte? Nicht wirklich.

Manche Führungskräfte beginnen nun aber, die Dinge anders zu sehen. Ihre Firmen überdenken radikal das Design ihrer Arbeitsplätze und stellen selbst die Grundbausteine des Bürolebens, wie den Schreibtisch und den Bürostuhl, in Frage.

Das herausragende Element im New Yorker Büro der Werbeagentur The Barbarian Group ist ein über 330 Meter langer »endloser Tisch«, der sich durch die mehr als 2100 Quadratmeter großen Büroräume schlängelt. Er wird auch »Superschreibtisch« genannt und bietet allen 125 Angestellten, darunter dem Vorstandschef Benjamin Palmer, einen Arbeitsplatz sowie – unter sieben raffiniert eingeflochtenen Torbögen, die den Lauf des Superschreibtischs durchbrechen – Treffpunkte für Meetings und Gemeinschaftsräume. Der Architekt Clive Wilkinson hat gesagt, er habe eine Umgebung schaffen wollen, die den Zusammenhalt stärkt und das Gefühl eines städtischen Platzes in den Arbeitsplatz trägt. Das Resultat ist praktisch (mehr Flexibilität und Kooperation für eine weitgehend papierfrei arbeitende Belegschaft), und zugleich ist es auch dinglicher Ausdruck des kreativen Gustos der Agentur. Der Tisch stellt – ganz buchstäblich – einen endlosen Raum bereit, in dem sich die Geschichten der Firma entfalten können.

Auch im deutschsprachigen Raum gibt es Mut zu solchen Experimenten und nicht etwa nur bei hippen Start-up-Firmen oder Werbeagenturen. Der Architekt Martin Kleibrink richtete für die Großbank Credit Suisse im Züricher Norden ein Testbüro ein, in dem 215 Mitarbeiter sich lediglich 158 Schreibtische teilten und ansonsten zwischen Co-Working-Bereichen, Leseräumen, Kaffeebars, Gärten und Ruhezonen hin und her schweiften. 76 Prozent der Bankangestellten gaben später an, ihr neues Arbeitsumfeld als Zeichen von Wertschätzung zu empfinden, 87 Prozent waren stolz auf ihr Büro, mehr als die Hälfte war motivierter. Credit Suisse beschloss daraufhin, zusätzliche 7500 Arbeitsplätze ähnlich umzubauen.[2]

Viele Unternehmen verfolgen bei der Arbeitsplatzgestaltung inzwischen eine Strategie des Zuckerbrots und schaffen für ihre Angestellten attraktive Campus und Zusatzvergünstigungen, die ein Gegengift zu den uniformeren Unternehmenskulturen anderswo darstellen. Google mit seinem bunten, College-inspirierten Googleplex ist das Paradebeispiel. GitHub, eine Entwickler-Community im Bereich Open-Source-Codesharing, geht noch einen Schritt weiter; die Firma ist überzeugt, dass das Büro für konventionelle Produktivität gar keine Rolle mehr spiele. Für Scott Chacon, den Gründer und Chief Information Officer von GitHub, ist die »Zentrale« vor allem eine soziale Arena, kein Produktivitätsschwerpunkt. Fast alle Mitarbeiter arbeiten von außerhalb.[3] In ihrer Anfangszeit hatte die Firma nicht einmal eine physische Adresse. Bei GitHub gelten zudem Regeln wie »Arbeitsstunden sind Quatsch«, »die Leute suchen sich ihre Arbeit selbst aus« und »keine Meetings«, die die üblichen Arbeitsplatz-Modelle in Frage stellen.[4]

GitHubs Definition eines Arbeitsplatzes ist sehr weit gefasst. Chacon nennt als Beispiel ein Experiment namens GitHub Destinations, bei dem die Firma ein Airbnb-Apartment an einem Ort mietet, den Mitarbeiter schon immer mal besuchen wollten, zum Beispiel die Toskana oder Montevideo. »Sie entscheiden sich, dort einen Monat zu leben und die Dinge auf sich zukommen zu lassen, weil sie dort genauso viel erledigen können wie überall sonst«, sagt er mir.[5]

Ara Katz, eine Filmproduzentin und Unternehmensgründerin aus Los Angeles, die auch kreative Leiterin des Mode-per-Abo-

Start-ups BeachMint ist, findet ebenfalls, dass ein gutes Arbeitsgefühl weniger mit wohlgemeinten, aber blutleeren Unternehmenswerten und Manifesten zu tun habe, sondern mehr mit kleinen Momenten von Intimität, Humor und Freude. Sie betont, wie wichtig es sei, zu spielen: »Ich betrachte Unternehmen als Schulhöfe. Alle Unternehmen müssen Raum zum Spielen bieten. Das kann auch in Form eines Inkubators oder eines Innovationskanals geschehen. Es muss Platz zum Entdecken und zum Wachsen geben. Wenn man keinen Ort zum Spielen hat, dann wird es zwangsläufig einen Backlash geben.«

Gelegenheit zu solchen verspielten Momenten bietet sich an den banalsten Orten; vielleicht am häufigsten in unserer alltäglichen E-Mail-Kommunikation. Eine Studie des McKinsey Global Institute aus dem Jahr 2012 fand heraus, dass qualifizierte Büroangestellte mehr als ein Viertel jedes Arbeitstags mit dem Schreiben und Beantworten von E-Mails verbringen.[6] Wenn wir der Tyrannei der Produktivität mehr menschliche Wärme entgegensetzen wollen, dann müssen wir aufhören, E-Mails nur mit unseren Initialen zu unterschreiben, von Abkürzungen wie »Thx« oder »LOL« (der britische Premierminister David Cameron dachte bekanntermaßen, das heiße »lots of love«[7]) ganz zu schweigen. »Ich bin beschäftigt«, wollen wir damit in Wahrheit sagen, »und sogar so beschäftigt, dass ich keine Zeit habe, meinen vollen Namen zu schreiben« (auch wenn der nur so kurz ist wie Tim oder Eva). Und immer häufiger beginnen wir unsere E-Mails auch nicht mehr mit der Anrede des Empfängers. Wir springen einfach abrupt zum Inhalt. (Eine Kollegin hörte schon an ihrem zweiten Arbeitstag auf, mich in E-Mails mit Namen anzureden!) Noch einmal: Das alles soll wohl den Eindruck verstärken, dass wir hypereffiziente, hyperrationale Produktivitätsmaschinen seien, bei denen »nur die Fakten« zählen und »alles Business« ist. Zeit ist Geld – und das geht so weit, dass mir ein Vertriebsmitarbeiter einmal über potenzielle Kunden gesagt hat: »Je länger die E-Mail ist, desto kleiner ist ihr Budget.« Das mag sogar stimmen, aber mit dieser selbstauferlegten Etikette der Knappheit heizen wir nur eine Kultur künstlicher Geschäftigkeit an und tragen dazu bei, dass jene unerwarteten, aber dabei so essenziellen Beziehungsmomente verschwinden. Zumindest kürzen wir noch nicht die Namen derjenigen ab, denen wir schreiben (falls Sie Beispiele für das Gegenteil kennen, schicken Sie mir die in einer E-Mail, die Sie aber bitte an »Tim« adressieren, nicht an »TL«), aber wäre es nicht warmherziger, auch unsere eigenen Namen auszuschreiben und E-Mails nicht einfach mit Initialen oder einem einzelnen Buchstaben zu beenden?

Benjamin Ward, ein Musikproduzent und Freund von mir, führte ein Experiment durch: Er begann jede geschäftliche E-Mail mit »Liebe/r« und beendete sie mit einer blumigen Grußformel (»meine wärmsten Empfehlungen und besten Grüße«) – unterschrieben mit seinem vollen Namen (inklusive seines zweiten Vornamens Anthony). Benjamin machte sich sogar die Mühe, nach der Familie der anderen Person zu fragen und in seinem ersten Absatz einige andere leichte Gesprächsthemen anzuschneiden, bevor er zu den geschäftlichen Fragen überging, um die es gehen sollte. Kurz nachdem er sein Experiment begonnen hatte, erwiderten seine Korrespondenzpartner den wärmeren und persönlicheren Tonfall. Irgendwann bekam er unaufgefordert E-Mails von Kontakten, die seinen freundlicheren Stil nachzuahmen schienen. Wenn von einem früher notorisch kurz und bündig schreibenden Geschäftspartner eine an den »lieben Benjamin« adressierte E-Mail eintraf, wusste er, dass die menschliche Note über die Herrschaft von »Lean« und Knappheit gesiegt hatte. Nach Effizienzmaßstäben mag einem Benjamins Methode exzessiv erscheinen. Nach Empathiemaßstäben hingegen hat diese Art von aufmerksamer Anerkennung bleibende Bindungen geschaffen. Der Beziehungsexperte John M. Gottman – der durch seine mehr als vierzigjährige Forschungsarbeit über Ehen bekannt wurde – behauptet, dass es in guten Beziehungen nicht auf klare Kommunikation ankomme, sondern auf kleine Momente der Zuneigung und der Intimität.[8]

Die Performance-Künstlerin Miranda July hat eine Reihe mit dem Titel *We Think Alone* geschaffen, bei der E-Mails als magische Fenster in das Leben anderer Leute dienen. Sie bat Prominente wie die Schauspielerinnen Lena Dunham und Kirsten Dunst, dafür ganz gewöhnliche private E-Mails beizusteuern. Ich hatte sie abonniert und genoss für ein paar Wochen den subversiven Thrill, eine persönliche E-Mail zu öffnen, die ein berühmter, mir persönlich unbekannter Mensch geschrieben hatte. Und ich genoss es noch mehr, weil ich wusste, dass ich mich in der Gesellschaft Zehntausender anderer Abonnenten auf der Mailingliste befand. In einem Statement auf ihrer Website erklärte July: »Ich versuche immer, meine Freunde dazu zu bringen, mir E-Mails weiterzuleiten, die sie anderen Leuten geschickt haben – ihrer Mutter, ihrem Freund, ihrem Agenten –, je alltäglicher, desto besser. Zu sehen, wie sie sich in diesen E-Mails geben, ist so intim, beinahe obszön – ein flüchtiger Blick auf sie aus ihrem eigenen Blickwinkel.«[9] Julys Projekt sondiert auf behutsame Weise die Spannungen zwischen unseren privaten und unseren (sorgfältig gepflegten) öffentlichen Rollen. Es war anrührend, völlig langweilige E-Mails zu lesen, gerade weil sie an jemand anderen gerichtet waren: »Gehe mit dem Hund raus. Kuss.« Es ging um ebendieses Gefühl, in das Leben eines anderen zu blicken; besonders eines anderen, der so »bekannt«, so öffentlich ist. Es war ein kleines Scheibchen Intimität, die auf außergewöhnliche Weise vermittelt wurde.

Rowan Gormley, der Gründer und Geschäftsführer des Online-Weinservices Naked Wines, beschloss, in seinen geschäftlichen E-Mails mit diesem Konzept zu spielen. Er hatte keine Lust mehr, potenzielle Kunden mit einer weiteren Welle von E-Mails zu überrollen, und entschied sich beim Start von Naked Wines für etwas anderes: Er verzichtete auf jeden Gebrauch der Wörter »neu«, »gratis«, »einzigartig«, »hochwertig«, »Sonderangebot« und auf jeden anderen Marketingjargon. Stattdessen schrieb er seinen Kunden so, als würde er einem Freund schreiben – locker, witzig und freundlich, ohne irgendwelche »Handlungsaufforderungen«. Dann testete er seine Version im direkten Vergleich mit einer traditionelleren Marketing-E-Mail, um zu sehen, welche von beiden effektiver war. Die Rücklaufquote für die persönliche E-Mail war viel höher als die für die traditionelle. »Ist es nicht fantastisch, dass das beste Nutzenversprechen, das man abgeben kann, darin besteht, einfach man selbst zu sein?«, stellte Gormley fest.

Ich wende dieses Gestaltungsprinzip des »man selbst sein« bei einer Veranstaltungsreihe an, die ich gemeinsam mit Priya Parker ins Leben gerufen habe, der »Vermittlerin« aus Kapitel zwei. Priya und ich luden bei einem Gipfel des Weltwirtschaftsforums in Abu Dhabi fünfzehn Konferenzteilnehmer zu einem Abendessen ein, das wir »15 Toasts« nannten. Unsere Gäste waren Führungspersönlichkeiten aus Wirtschaft, Politik und Zivilgesellschaft, von denen sich die meisten untereinander nicht kannten. Priyas Ehemann, der Schriftsteller Anand Giridharadas, hatte sich das Format einfallen lassen: Jeder Gast war angehalten, irgendwann im Laufe des Abends einen Toast auszubringen und dabei der Frage nachzugehen: »Was ist ein gutes Leben?« Als besonderen Dreh – und auch als Anreiz, den Reigen der Toasts in Gang zu halten – musste die letzte Person ihren Toast allen anderen im Raum vorsingen. Nachdem wir unsere Gäste willkommen geheißen hatten, begannen die Toasts eher gemächlich und ziemlich förmlich, aber dann änderte sich ihr Tonfall schnell. Schon die dritte Rednerin rührte uns zu Tränen, als sie darüber sprach, was ein gutes Leben für sie bedeutete, und ein anderer Gast schluchzte, als er über einen kürzlich verstorbenen Freund sprach. Der Letzte, der sein Glas erhob, war der Eigentümer einer bekannten Branding- und Marketingfirma, und er beschloss den Abend mit dem Song *Anthem* von Leonard Cohen: »There's a crack, a crack in everything, that's how the light gets in.«
Dieses Dinner hatte fünfzehn nahezu völlig fremde Menschen von vorgegebenen Stichworten und Gesprächsthemen befreit

und es ihnen erlaubt, verletzlich zu sein, ein offenes und aufrichtiges Gespräch von Mensch zu Mensch zu führen und einander und sich selbst zu überraschen – ganz anders als in den förmlicheren Interaktionen, die sie sonst während der Konferenz gehabt hätten. Jemand sagte später: »Das war tiefsinnig, aber nicht bedeutungsschwer.« Ein anderer schrieb uns: »Das war das erste Abendessen, zu dem ich gegangen bin, ohne irgendjemanden zu kennen, und bei dem ich mich in dem Gefühl der Verbundenheit mit jeder einzelnen Person wieder verabschiedet habe.« Die Herzen, Köpfe und Bäuche waren gut gefüllt, als alle in ihre Hotelzimmer zurückkehrten.

Angeregt vom Erfolg unserer Zusammenkunft in Abu Dhabi, beschlossen wir, aus »15 Toasts« eine Serie zu machen, und begannen wenige Monate später damit, zu weiteren Abendessen zu laden: »15 Toasts auf die Angst« in San Francisco, »15 Toasts auf die Würde« in Kapstadt, »15 Toasts auf die Rebellen« in New York und »15 Toasts auf den Fremden« in Dubai.[10] Immer mehr Führungspersönlichkeiten aus den verschiedensten Lebensbereichen nahmen an ihnen teil, und manche machten sich anschließend daran, ihre eigenen »15 Toasts«-Dinners zu veranstalten. So hatten wir eine kleine Gemeinschaft von Dinnergästen geschaffen, die beweisen sollte, dass die Welt besser wäre, wenn Macht und Verletzlichkeit an einem Tisch sitzen und miteinander anstoßen könnten.

»Die besten Dinge im Leben geschehen bei Tisch«, sagt Priya gerne. Die Erfahrung, Fremde beim Essen kennenzulernen, nur locker moderiert, aber gut vorbereitet und kuratiert, kann der perfekte Katalysator für transformative Erfahrungen sein. Die meisten großen Partnerschaften haben mit dem simplen Vorgang begonnen, gemeinsam »das Brot zu brechen«. Ein befreundeter Künstler erzählte mir sogar, dass er nie irgendeine Zusammenarbeit beginnt, ohne zuerst einen Laib Brot für seine zukünftigen Mitarbeiter zu backen. Auch wenn wir uns nicht alle an solch hohen kulinarischen Ansprüchen messen können, so sollten wir doch zu wichtigen Anlässen dem Mahl, das vor uns steht, mehr Aufmerksamkeit schenken. Exquisites Essen macht exquisite Emotionen nur noch intensiver.

Das weiß niemand besser als der Softwareunternehmer Chris Muscarella, der Mitgründer des Start-ups Kitchensurfing. Muscarella arbeitet seit mehr als fünfzehn Jahren im Bereich Social Technology. Im Gespräch mit mir scherzt er: »Ich mache Peer-to-Peer-Scheiß.« Obwohl er mit der Gründung einer Firma namens Mobile Commons, die vielen großen Non-Profit-Organisationen und politischen Kampagnen eine Mobil-Plattform zur Verfügung stellte, Erfolg hatte, fühlte er sich irgendwann ausgebrannt. Im Jahr 2009 verabschiedete er sich für ein Sabbatjahr aus der Technologiewelt und begann, die des Kochens zu erkunden. Das führte ihn auf geradem Weg in die Restaurantszene, und im Jahr 2011 eröffnete er mit einigen Freunden in Brooklyn ein eigenes Restaurant namens »Rucola«.

Nachdem Muscarella so in New Yorks Gourmet- und Restaurantwelt eingetaucht war, nutzte er seine Erfahrung im Softwaredesign dazu, eine neue Art von Peer-to-Peer-Softwareplattform zu programmieren: 2012 gründete er mit dem gebürtigen Hamburger Borahm Cho Kitchensurfing, einen Service, der Leute, die zu Hause essen wollen, mit Profiköchen zusammenbringt und dabei den Mittelsmann (also das Restaurant) komplett umgeht. »Ich wollte mehr eigene Dinnerpartys veranstalten, aber ich hatte nicht die Zeit, auf Futtersuche zu gehen und dann noch alles zu kochen«, erzählt mir Muscarella. »Wir sagen hier gerne, dass jede Küche ein Ad-hoc-Restaurant ist, ohne es zu wissen, und jeder Küchenchef ein Punkrocker, der nur eine Feuerstelle braucht.«

Kitchensurfing, das es neben verschiedenen US-Städten auch in Berlin gibt, erlaubt es Köchen, eine intimere und bedeutungsvollere Beziehung zu ihren Gästen herzustellen. Die Idee des Dienstes könnte durchaus den Zugang zu privaten Küchenchefs und zu Dinnerpartys mit Catering demokratisieren. Aber was

Muscarellas Projekt möglicherweise interessanter, gewiss aber romantischer macht, ist seine Mission: die Bequemlichkeit digitaler Technologie dafür zu nutzen, authentische Räume für einen aufrichtigen zwischenmenschlichen Austausch zu schaffen – mit Fremden in der eigenen Küche.

Kaum ein Rahmen ist für ein sorgfältig strukturiertes Gespräch förderlicher als ein intimes Abendessen. Ein bemerkenswertes Beispiel dafür ist das Phänomen des »Death Over Dinner«, einer Graswurzelbewegung, die Amerikaner überall in ihrem Land in kleinen Gruppen zu Gesprächen am Esstisch über das Ende des Lebens zusammenbringt. »Lasst uns zu Abend essen und über den Tod reden« steht auf den Einladungen, womit implizit das Argument vertreten wird, dass es Menschen leichter falle, über ein so schweres Thema beim Essen zu reden. »Wir pflegen fortwährend diesen Mythos, dass wir nicht über den Tod reden wollen, aber ich denke, wir haben nur nicht die richtigen Einladungen bekommen«, sagt Michael Hebb, dem die Idee für die Reihe kam, nachdem er mit Leuten aus der Gesundheitsbranche über die Krise der Sterbebegleitung in den USA gesprochen hatte.[11] Die »Death Over Dinner«-Website liefert Anleitungen und gibt nützliche Tipps, um das Ereignis richtig hinzubekommen. »Es ist unsere Hoffnung«, sagt Hebb in seinem TED-Talk, »eine Revolution auszulösen, wie sie sanfter nicht vorstellbar ist.«

Ob Namensschilder, E-Mails, Arbeitsplatzgestaltung oder Dinnergespräche – Business-Romantikern bereitet es Freude, alltägliche Erfahrungen auf den Kopf zu stellen, sie ganz leicht zu »hacken«, sie aufzubrechen, um etwas Licht und frische Luft hereinzulassen.

Geben Sie dem Glück den Vorrang vor der Optimierung. Identifizieren Sie das kleinstmögliche Element – es muss wirklich nicht größer als ein Heftpflaster sein –, das eine Erfahrung intimer machen kann, und setzen Sie es in die Tat um. Gestalten Sie die Dinge mit dem naiven Blick eines Kindes, und finden Sie die unverfälschten Momente von Überraschung und Zuneigung. Vergessen Sie nicht, über Ihre eigenen Unzulänglichkeiten zu lachen. Wir stehen mit Sicherheit vor großen Problemen. Aber Business-Romantiker wissen, dass es oft die kleinsten Dinge sind, die unser größtes Verlangen stillen.

4

Sei ein Fremder

Fremde sind einem sympathisch,
weil man sie noch nicht kennt.

Dejan Stojanovic

Als ich etwa vierzehn Jahre alt war, war ich derart schüchtern, dass ich es oft vermied, an ganz gewöhnliche Orte zu gehen. Wenn ich doch mal den Gang vor die Tür wagte – zum Lebensmittelhändler zum Beispiel –, griff ich lieber nach abgepacktem Fleisch und Käse in der Kühltruhe, als an die Theke zu gehen, wo ich womöglich mit jemandem hätte sprechen müssen. Ich hasste meine Schüchternheit und wie sie mich lähmte. Obwohl ich mich wirklich für andere Menschen interessierte, fühlte ich mich oft wie gefangen in meinen eigenen Hemmungen.

Sprung nach vorn in mein jetziges Berufsleben: Vor acht Jahren, kurz nachdem ich bei Frog Design angefangen hatte, wurde ich von unserer PR-Agentur zum »Financial Follies«-Galadiner in Midtown New York eingeladen. Es handelte sich dabei um ein jährliches Spektakel der Finanz- und der Medienbranche, bei dem es vor allem ums Sehen und Gesehen-Werden ging. Selbst damals, ich war schon weit über dreißig, lauerte unter der Oberfläche noch meine jugendliche Schüchternheit, und als ich auf der Veranstaltung eintraf, war ich nervös und ängstlich. Auch wenn ich mir ausmalte, wie ich am Ende alleine in einer Ecke stehen würde, wusste ich doch, dass ich meine Angst vor diesem Ereignis überwinden musste. Also setzte ich die Maske des Extrovertierten auf und sah mir selbst dabei zu, wie ich die Rolle spielte. Am Ende der Party war ich überrascht, wie schnell die Zeit vergangen war. Der Akt der Verwandlung hatte einiges von meinen Hemmungen aufgelöst. Ich traf neue Leute; ich schloss sogar einige Freundschaften.

Heute besuche ich bis zu einem Dutzend Konferenzen im Jahr. Ich leite Meetings, lade zu Mitarbeiterversammlungen und organisiere Abendessen und Partys. Im Laufe der Zeit habe ich gelernt, meine eigene Schüchternheit als legitime Reaktion auf die Welt zu akzeptieren, was mir wiederum geholfen hat, weniger schüchtern zu werden. Ich habe gelernt, meine Geschichte in sechzig Sekunden zu erzählen, eine Fähigkeit, die ich verfeinert habe, als ich in Los Angeles lebte, wo jedermann jederzeit eine knappe Antwort auf die Frage »What's your story?« bereithat. Ich habe aber auch gelernt, sie in sechzig Minuten zu erzählen – eine Fähigkeit, die ich in Berlin erworben habe, wo jedermann nicht bloß eine Geschichte hat, sondern auch eine Historie. Als Spätzünder, der ich nun mal bin, habe ich irgendwann erkannt, dass es bei Networking-Veranstaltungen oft reicht, irgendeine beliebige Frage zu stellen, um in Kontakt zu kommen, und dass die meisten Menschen einen Ausdruck aufrichtigen Interesses zu schätzen wissen. In Wahrheit warten wir alle nur darauf, dass uns einer auf die Schulter tippt.

So habe ich mich vom Mauerblümchen zum Salonlöwen entwickelt. Neue Kontakte zu knüpfen und Fremde anzusprechen ist mir zur inneren Werkseinstellung geworden. (Es wäre einmal interessant zu untersuchen, wie viele Menschen ihre größte Angst zum Beruf machen.) Wenn ich darüber nachdenke, sehne ich mich manchmal nach der Integrität und der Intimität – der Splendid Isolation –, die ich empfunden habe, als ich noch schüchtern war. In mancherlei Hinsicht war meine Schüchternheit ein Ausdruck meines maximalen Respekts vor der Welt um mich herum. Als ich jünger war, war jede erfolgreiche soziale Begegnung für mich eine Überraschung und jeder neue Freund ein Durchbruch. Im Erwachsenenleben können solche Begegnungen allzu leicht zur Routine werden. Dem Business-Romantiker genügt das nicht.

Das Geschäftsleben bietet eine Vielzahl von Plattformen, um verschiedene Aspekte der eigenen Identität besser kennenzulernen, und Business-Romantiker genießen die Möglichkeiten, Rollen zu entwickeln und zu wechseln: von schüchtern zu kontaktfreudig; von leise zu laut; von bitter zu süß; oder von vorsichtig zu offenherzig. Mögen andere uns auch beschuldigen, wir seien Gestaltwandler – sei es drum! Wie Nietzsche einmal sagte: »Du bist immer ein anderer.« Dieses Gefühl des Andersseins in uns selbst und in anderen wird zu einem permanenten Ratespiel, das uns gespannt auf der Sesselkante hin und her rutschen lässt. Business-Romantiker suchen solche Gefühle der Fremdheit in jeder Art des gesellschaftlichen Umgangs. Unser erster Kontakt mit einem Fremden, wenn wir uns öffnen und anvertrauen, ist ein Augenblick des Wunders. So fängt alles an.

Diese Sichtweise unterscheidet sich krass von der Perspektive des typischen Netzwerkers, einer Kreuzung zwischen einem Raubtier auf Beutejagd und einem Straßenkünstler, der sich dem Publikum präsentiert, um sich von ihm beurteilen zu lassen und letzten Endes Bestätigung zu finden. Ich habe einmal bei einem Empfang beobachtet, wie ein solcher Typ von Netzwerker jede einzelne Person im Raum mit einer Visitenkarte in der Hand angesprochen hat – den Finger am sprichwörtlichen Abzug. Statt ein Gespräch anzufangen, überreichte er seine Karte, verlangte im Gegenzug nach der des Gegenübers und entschuldigte sich dann. Ich war nicht sicher, ob ich ihn für seine Unverblümtheit verurteilen oder für seine Effizienz bewundern sollte. Wozu erst auf den Punkt kommen, wenn man gleich auf ihm starten kann?

Aus einem transaktionalen Blickwinkel sind Networking-Veranstaltungen gerade deswegen attraktiv, weil sie so effizient sind. Bei einem guten Networking-Event kann man innerhalb weniger Stunden mehr »relevanten Zielpersonen« begegnen, als man selbst im besten aller Fälle durch »zielgerichteten Marketing-Outreach« im Laufe eines ganzen Jahres treffen könnte. Networking-Veranstaltungen sind auch Orte, an denen man sein Prestige pflegen kann, was anscheinend eine Überpräsenz an VIPs und sogenannten Vordenkern erfordert – je berühmter, desto besser. Gastgeber eines gesellschaftlichen Events zu sein ist außerdem eine legitime Ausrede dafür, E-Mails an Hunderte von Leuten zu schreiben, die man gar nicht kennt. Man kann Eindruck schinden, selbst wenn niemand aufkreuzt (weswegen ich einmal darüber nachgedacht habe, zu einem Secret Dinner einzuladen, das dann nie stattfinden würde …).

Aber das sind die rationalen Gründe dafür, beim Networking mitzumachen. Aus einer logischen Perspektive ist uns allen klar, warum wir in einem Zimmer herumstehen und versuchen sollten, uns über den Lärm Dutzender anderer um Aufmerksamkeit wetteifernder Gäste hinweg Gehör zu verschaffen. Business-Romantiker hingegen suchen nach einer Erfahrung, bei der die unmittelbaren Belohnungen weniger offensichtlich sind.

Bei einem Networking-Dinner, an dem ich teilnahm, wurden die Plätze am Tisch ständig gewechselt, so dass jeder am Tisch im Laufe des Essens mit jedem anderen in Kontakt kam. Am Ende des Abends fand ich mich neben einer Frau wieder, die sich mir zuwandte und sagte: »Sie sind der einzige Mensch hier, mit dem ich noch nicht geredet habe!« Wir lächelten uns an, und dann zogen wir beide auch schon weiter – aber mit einem unausgesprochenen Band zwischen uns, das gerade durch das ungesagt Gebliebene geknüpft worden war. Ich kann mich an die meisten anderen Gespräche während jenes Abendessens nicht erinnern, aber das Gesicht dieser Frau bleibt mir in unauslöschlicher Erinnerung.

Nichts ist für den Romantiker abstoßender als der Geruch der Unaufrichtigkeit. Wir sind Networking-Veranstaltungen leid, die sich als etwas anderes tarnen, sich »Abendessen mit Freunden« nennen oder »nettes, informelles Get-Together«. Natürlich sind wir alle wegen des Geschäfts hier, aber es geht doch keiner von uns *ausschließlich* aus geschäftlichen Gründen hin. Niemand will Teil einer Herde sein. Wir nehmen teil, weil wir ein bisschen Aufregung oder ein Stück eines möglichen anderen Lebens finden wollen; wir suchen nach Möglichkeiten zum Austausch, die vielleicht auch die Möglichkeit eines bedeutungsvolleren, ja sogar eines lebensverändernden Gesprächs beinhalten könnten. Wir gehen hin, weil wir nicht umhinkönnen, uns zu fragen: Was wäre, wenn?

Nehmen wir nur Harald Neidhardt, der zwischen Hamburg und San Francisco pendelt. Der mehrfache Unternehmensgründer hat MLove ins Leben gerufen, ein Konferenznetzwerk, das zu seiner jährlichen Hauptveranstaltung in ein altes, etwas heruntergekommenes Schloss in der Nähe von Berlin lädt.[12] Jedes Treffen bringt eine kleine Gruppe von Teilnehmern aus den Welten von Wirtschaft, Wissenschaft und Kunst – vom Lufthansa-IT-Manager über den Silicon-Valley-Start-up-Gründer bis zum rumänischen Hacker – für dreitägige Gespräche zusammen, die um Technologie und Gesellschaft kreisen. Der Veranstaltungsort ist so entlegen im ostdeutschen Hinterland gewählt, um Ablenkungen zu vermeiden und die Teilnehmer dazu zu bringen, sich ganz und gar dem Erlebnis zu verschreiben. Viele Teilnehmer von MLove und sogar manche Gastredner schlafen in einem behelfsmäßigen Schlafsaal im Schloss, unter Fremden und weit entfernt vom Komfort und von den kleinen Extras, mit denen andere exklusive Zusammenkünfte locken. Nur ein Stockwerk und eine große Treppe trennen das Bettgeflüster von der Keynote-Ansprache. Ursprünglich stand das M in MLove für »Mobile«, aber nach inzwischen fünf Jahren, sagt Neidhardt, habe sich der Sinn zu »Meaning« – »Bedeutung« – erweitert. Inspiriert von den intimen Anfängen der TED-Konferenzen und des Burning-Man-Festivals in der Wüste von Nevada, das Selbstverwirklichung mit den Mitteln der Tauschwirtschaft zelebriert, hat sich Neidhardt darangemacht, die exemplarische Konferenz für Business-Romantiker zu schaffen. »Ich wollte Gastgeber eines Business-Treffens sein, bei dem man sich nicht so alleine fühlt«, sagt er mir. Es gibt bei MLove Kunstinstallationen, Musikdarbietungen, gemeinsame Spiele und Abendessen – und natürlich Vorträge. Es geht darum, Momente der Ehrfurcht und der Offenbarungen zu schaffen. Networking ist irrelevant, und die Veranstaltung hat in keinem Moment die Atmosphäre einer typischen Konferenz. »Wenn die Teilnehmer Bindungen zueinander aufbauen, wird ihnen bestimmt eine Geschäftsidee einfallen, die ihnen dabei helfen kann, in Kontakt zu bleiben«, meint Neidhardt lachend. »Meine Vorstellung von Erfolg ist es, die Augen der Leute zum Leuchten zu bringen.«

Der in London lebende Italiener Gianfranco Chicco, ein erfahrener Konferenzveranstalter, der zahlreiche Events zu den Themen Innovation und Technologie in Europa vorbereitet hat, ist in seinen Ambitionen sogar noch romantischer. Er sagte mir, dass er eines Tages eine »Konferenz für zwei« veranstalten wolle. Das wäre dann sicherlich das exklusivste Konferenzticket auf dem Markt.

Fremde im Haus

In unseren Begegnungen mit Unbekannten stoßen wir auf die größten Quellen von Reibung – und Spannung. Gegensätze ziehen sich an, sagt man gemeinhin. Das beste Beispiel für diesen Gegensatz sind die Fremden im eigenen Haus: Außenseiter auf der Innenseite. Ich meine die Querköpfe und Rebellen, die Normen in Frage stellen und von ihnen abweichen; sie sind die versteckten Schätze jeder innovativen Kultur.

Viele Unternehmen haben ihre eigenen Methoden entwickelt, um Opposition zu institutionalisieren. Eine davon ist der Artist in Residence – ein Format, das viele Institutionen, vom Designbüro IDEO[13] über Siemens[14] bis zur NASA, nutzen, um es Personen (Künstlern, Kuratoren, Wissenschaftlern) zu ermöglichen, ihrer Arbeit außerhalb ihres üblichen Umfelds nachzugehen. Selbst beim Müllentsorgungs- und Recyclingzentrum von San Francisco gibt es seit 1990 ein Artist-in-Residence-Programm.[15] Wenn alles gut läuft, übernimmt der Gastkünstler die Rolle eines vertrauten Fremden. Er ist sozusagen Einwohner, aber nicht Bürger des Unternehmens. Und weil er nicht die gleichen Rechte hat wie vollwertige Mitglieder der Organisation, hat er mehr Freiraum zum Experimentieren.

James George ist der erste Artist in Residence von Microsoft Research. Unter der Schirmherrschaft von Studio 99, Microsofts kreativer und experimenteller Spezialeinheit, hat er drei Monate damit verbracht, Codierungsanwendungen zu entwickeln, die es Künstlern ermöglichen, Microsofts Interfaces zu nutzen. »Künstler nähern sich dem Codieren mit einer anderen Mentalität und brauchen eine andere Sprache«, erklärt George. »Microsoft war offen dafür, die Lektionen, die wir in Open-Source-Initiativen gelernt hatten, aufzunehmen und dieses Denken in die Plattform selbst einzubringen.«[16] Dadurch, dass sie ihre alltäglichen Tools mit den Augen eines Fremden betrachteten, ließen sich die Leute von Microsoft auf eine ganz neue Nutzercommunity ein.

In den Redaktionen von US-Medien hat der sogenannte Public Editor eine ähnliche Rolle, wenn auch mit anderen Aufgaben. Er oder sie vertritt die Interessen der Leser und der breiteren Öffentlichkeit und dient als interner Aufpasser, der die Organisation und ihre Mitarbeiter an höchsten ethischen und professionellen Standards misst, oft redaktionelle Entscheidungen in Frage stellt und möglichen Voreingenommenheiten in der Berichterstattung nachspürt. Margaret Sullivan zum Beispiel, derzeit Public Editor der *New York Times,* hat sich ihre Publikation wegen der ihrer Meinung nach unzureichenden Berichterstattung über die Drohnenpolitik der US-Regierung zur Brust genommen.[17] In Deutschland sind Public Editors, Leseranwälte oder Medienombudsleute noch nicht sehr weit verbreitet. Etwa ein Dutzend solcher Positionen gibt es aber inzwischen, vor allem bei Regionaltiteln wie *Hamburger Abendblatt, Braunschweiger Zeitung* oder *Mainpost.* Aus amerikanischer Sicht ist da noch viel Luft nach oben: »Ein tolles Engagement in Deutschland, aber wünschenswert wäre, dass hier nun auch Zeitungen wie die *Frankfurter Allgemeine* oder *Süddeutsche Zeitung* Ombudsleute einrichten«,[18] urteilte Michael Getler, aktuell Ombudsmann beim Public Broadcasting Service (PBS) und früher bei der *Washington Post,* im Mai 2014 auf der Tagung der Weltverbandes Organization of News Ombudsmen. Die aber fand immerhin schon in Hamburg statt.

Selbst das Militär, die wohl hierarchischste Institution, die der Mensch kennt, schafft inzwischen institutionellen Raum für Querköpfe. Die U.S. Army betreibt eine interne Einheit von Störenfrieden: Die University of Foreign Military and Cultural Studies in Fort Leavenworth, Kansas, die auch Red Team University genannt wird (ein Red Team ist im amerikanischen Sprachgebrauch eine Gruppe, die – zum Beispiel in Rollenspielen – dazu angehalten wird, eine Organisation durch nicht regelkonformes und ungewöhnliches Denken herauszufordern). Das Curriculum der Universität ist bewusst so gestaltet worden, dass es das Korpsdenken im Militär bekämpft, indem es die hauseigenen Skeptiker stärkt und weiterbildet.

Der Hausskeptiker, der Leseranwalt und der Artist in Residence werfen allesamt ernsthafte Fragen über ihre Gastinstitutionen und deren Arbeit auf. Sie oszillieren zwischen bloßer Reibung und regelrechter Opposition. Und sie sind allesamt Figuren mit einem hohen Grad an Unabhängigkeit, die zwar abseits der Action stehen, aber im Herzen der Sache. Sie sind »Sonderlinge«, permanent Fremde. Sie sind die romantischen Einsiedler der modernen Geschäftswelt.

Eine Reihe von Intiativen bemühen sich, diesen »Außenseitern auf der Innenseite« eine kollektive Stimme zu geben. Alexa Clay und Maggie De Pree haben ein Netzwerk gegründet, das sich League of Intrapreneurs nennt und in dem Social Intrapreneurs zusammengebracht werden sollen, also Leute, die aus Unternehmen heraus soziale Veränderungen gestalten wollen – und dabei auch ihre Firmen selbst verändern. Clays und De Prees Ziel ist es, Angestellten mit Widerspruchsgeist die Werkzeuge zu geben, um sich effektiver selbst organisieren zu können. Darüber hinaus versuchen sie, auch das Bewusstsein der Chefetagen für das Potenzial zu wecken, das in der Förderung solch positiven Ungehorsams steckt.

»Eine der größten Schwierigkeiten, der Social Intrapreneurs begegnen«, sagte mir De Pree, »ist es, ihren Außenseiterstatus beizubehalten. Wie erhält man sich den genau richtigen Grad an Unbehagen, um den Wandel von innen weiterzutreiben?«

Corporate Rebels United[19] und Rebels at Work[20] sind zwei ähnliche Netzwerke. Wie die League of Intrapreneurs bemühen sie sich, veränderungswillige Menschen innerhalb von Unternehmen miteinander in Kontakt zu bringen. Rebels at Work wurde ursprünglich von einer Bewegung interner »Rebellen« bei der CIA inspiriert, die die preisgekrönte Intellipedia geschaffen haben, eine Wikipedia-artige Plattform, mit der geheimdienstliche Erkenntnisse über verschiedene Regierungsstellen hinweg ausgetauscht werden können. Alle drei Gruppen bieten die erforderliche strukturelle Unterstützung, um zu verhindern, dass Firmenrebellen in die normativen Verhaltensweisen der herrschenden Unternehmenskultur zurückgedrängt werden.

Die Firmen haben selbst damit begonnen, sich die hausinterne Opposition zu eigen zu machen, und organisieren nun »Hacks« oder »Hijacks«, die von oben entschiedene Initiativen in Frage stellen dürfen und zu wirkungsvollen Gegenbewegungen werden können, die womöglich zu einem Umdenken oder einem Neustart führen. Manche Unternehmen haben interne Störenfried-Einheiten wie die Red Team University gegründet, die aus ganz unerwarteter Richtung radikale Neuerungen vorantreiben können. Der Brauereikonzern Anheuser-Busch zum Beispiel hat in Palo Alto mit einer Beer Garage seine Zelte aufgeschlagen.[21] Dieser Außenposten ist der Versuch des Bierherstellers, mit neu aufkommenden Trends im digitalen Marketing zu experimentieren, die normalerweise unter dem Radar der mehr auf den Mainstream ausgerichteten Firmenkultur bleiben würden. McDonald's hat es ihnen nachgemacht.[22] In Berlin-Mitte betreibt die Deutsche Telekom einen hip daherkommenden Community Store namens 4010.[23] Das Firmenlogo sucht man an der Fassade vergebens. Im Inneren findet man neben regulären Telekom-Produkten auch vieles, was mit dem üblichen Telefon-, Mobilfunk- oder Internetgeschäft nur peripher zu tun hat. Ausstellungen finden dort statt und regelmäßige Web 2.0-Lesungen. Der Laden dient der Vernetzung der Telekom mit der Start-up-Szene und der Internetgemeinde. Hier kann der Konzern aber auch eine andere, jüngere Identität als in seinen standardisierten T-Punkten ausprobieren und Formen der Außendarstellung entwickeln, die es im sterilen magenta-grauen Ambiente der Bonner Zentrale wahrscheinlich schwer hätten.

Firmen können sich natürlich auch Innovationsberatungen ins Haus holen – etwa IDEO oder Frog Design, die im Grunde nichts anderes sind als bezahlte Fremdkörper – und ihnen das Mandat geben, konventionelles Denken zu durchbrechen und institutionelle Kurzsichtigkeit zu überwinden. Das allerdings unter dem Vorbehalt, dass solche Eingriffe von außen zwar vielleicht zu temporären Veränderungen führen, denen es dann aber schwerfällt, auch langfristig Teil des kulturellen Gefüges im Unternehmen zu werden.

Organisationen, die Abweichung und kreative Opposition erlauben, erwächst daraus ein beträchtlicher Gewinn: Sie verringern die Wahrscheinlichkeit von »Gruppendenken«; sie demonstrieren ihren Angestellten, dass sie sie als Individuen und gerade wegen ihrer Unterschiedlichkeit schätzen; sie ermuntern zu einem offenen Austausch und bekommen deswegen ein besseres Gefühl für Trends, die in der Welt um sie herum entstehen; und sie gewinnen einen zeitlichen Vorsprung, indem sie potenziell in der Organisation aufkommende störende Stimmungsumschwünge vorausahnen können. Mit einer starken und autonom organisierten Hausopposition können Firmen die ganze Bandbreite ihres Unternehmenscharakters abdecken. Sie erlaubt es ihnen, anzuerkennen, dass sie komplex und multipolar sind, dass es in ihnen mehr als nur eine Wahrheit gibt und dass sie gerade durch diese Spannungen dazu befähigt werden, sich zu strecken, auszudehnen und ihr volles Potenzial zu entfalten.

Business-Romantiker begreifen, dass diejenigen, die mit der Gegenwart nicht einverstanden sind, die Zukunft oft klarer sehen. Sie betrachten gelegentliche Illoyalität als die stärkste Form der Loyalität. Daher sorgen sie dafür, dass ihre internen Gegner ausreichenden und sicheren Raum haben, um sich zu organisieren, bleiben aber gleichzeitig mit ihnen im Gespräch. Fragen Sie sich also selbst: Was ist bei Ihnen der »Untergrund«? Wer sind Ihre Gegenspieler? Ihre Fremdkörper? Wer sieht die Bruchstellen in Ihrer Organisation und versucht sie zu attackieren? Laden Sie sie ein, bevor sie sich selbst einladen (und andere mit sich). Machen Sie sie zum Teil des Mixes, bevor sie Sie aufmischen.

Die Augen eines anderen

Gerade unser Fachwissen in unseren jeweiligen Arbeitsbereichen macht uns oft blind für die aufregendsten und innovativsten Lösungen. Das Wort »Amateur« kommt vom lateinischen Wort *amator,* was »Liebhaber« bedeutet. Amateure machen Dinge, weil sie sie lieben, nicht weil sie gut in ihnen sind. Sie bekommen keinen Gehaltsscheck und keine Mitarbeiterbewertung für ihre Anstrengungen, und doch können sie der Wirtschaft manche ihrer größten Inspirationen verleihen.

LEGO, der Hersteller des Kultspielzeugs, zum Beispiel erholte sich von einer Beinahepleite, indem er mit den »Liebhabern« der Marke Kontakt aufgenommen hat. Die Firma richtete ihre Energie neu auf die LEGO-Fangemeinden der ganzen Welt aus – auf Kinder wie auf Erwachsene – und feierte die kreative Leistung ihrer eifrigsten Nutzer. Einige dieser LEGO-Nutzer starteten zum Beispiel Brickfilms, eine Serie von Stop-Motion-Trickfilmen, deren Figuren aus LEGO-Steinen gemacht waren;[24] ein anderer »Intensivnutzer« schuf eine Fotoserie namens The Legographer, eine Sammlung von Bildern, die er jeden Tag mit seinem iPhone knipste und die die Welt durch die Augen eines winzigen LEGO-Männchens zeigen;[25] und wieder ein anderer stellte selbstkonzipierte LEGO-Packungen zusammen, um mit ihrer Hilfe um die Hand seiner Freundin, natürlich auch einer LEGO-Liebhaberin, anzuhalten.[26]

Die erfolgreichste Marketingkampagne, an der ich bei Frog Design beteiligt war, war ebenfalls die Arbeit einer Amateurin, einer »Liebhaberin«, die keine Ahnung hatte, was sie da eigentlich machte. Die Frau, die im Jahr 2008 alles anstieß, Ashley Menger aus unserem Büro in Austin, war keine Amateurin in ihrem Fachbereich; sie war sogar eine der besten Designerinnen, mit der ich je die Ehre hatte zu arbeiten. Aber sie war in dem Sinne eine Amateurin, indem sie außerhalb ihres Berufs ein Experiment entwickelt hatte, das von nichts anderem motiviert war als von dem Wunsch nach Selbsterforschung. In ihrem Blog schrieb sie eines Tages:

Wer bin ich? Ich liebe die Einweg-Puddingbecher von Jell-O. Ich habe fünf Verpackungskonzepte entwickelt, die zurzeit in der Produktion verwendet werden. Ich recycle, wenn ich eine Recyclingtonne sehe. Mein Vermieter hat einen Komposthaufen, den ich kaum benutze. Ich fühle mich ein bisschen schuldig, aber ehrlich gesagt, ist es noch nicht mein Problem ... Aber so ein Mensch will ich nicht sein. Ich will wirklich Dinge verändern. Auf einer höheren Ebene habe ich immer das Gefühl gehabt, dass unsere massive Müllproduktion idiotisch ist, und habe mich auch nie gescheut, das zu sagen. Und doch empfinde ich immer stärker, wie heuchlerisch es ist, diese grünen Ziele zu vertreten, ohne sie auf einer persönlichen Ebene Tag für Tag zu leben. Ich habe meine eigenen verschwenderischen Verhaltensweisen beobachtet, und es gibt viel, was ich verändern muss.[27]

Eines Tages fing Ashley dann an, ihren Müll zu sammeln und in einer gelben Plastiktüte mit sich herumzutragen. Am fünften Tag der Aktion hatte die Tüte einen beträchtlichen Umfang angenommen, und sie war zu einer ungewöhnlichen und heiß diskutierten Sehenswürdigkeit in den Straßen von Austin geworden. Ashley tat etwas, um Bewusstsein für unser Konsumverhalten zu wecken, und ihre so drastische wie praktische Maßnahme war handfest und leicht verständlich. Es war ein Selbstexperiment, das ihr nicht nur etwas über ihren eigenen Einfluss auf die Umwelt lehrte, sondern ihr auch zeigte, wie sie mit der Zurschaustellung ihres persönlichen Verhaltens umgehen konnte – inklusive der Mischung aus Unterstützung, Bewunderung, Kritik und Spott, die ihr zuteilwurden.

Ashley begann, auf ihrem Blog ein Tagebuch mit dem Titel »Trash Talk« zu schreiben, in dem sie ihren täglichen Abfallausstoß dokumentierte und neu gewonnene Einsichten in ihre Konsummuster teilte. Ihr Blog wurde schnell populär, und es dauerte nicht lange, bis sich ihre Kollegen bei Frog der Initiative anschlossen. Innerhalb weniger Tage hatten wir Angestellte in Schanghai, Seattle und Mailand, die ihren Müll mit sich herumtrugen. Eine Woche später, nachdem wir begonnen hatten, *Trash Talk* prominent auf unserer Website zu präsentieren und auch unsere Social-Media-Kanäle als Verstärker zu nutzen, fingen Follower, die nicht für Frog arbeiteten, mit ihren eigenen *Trash Talk*-Experimenten an. Die Medien nahmen davon Notiz, und *Trash Talk* wurde regelrecht zu einer Bewegung.[28]

Woher kam dieser Erfolg? *Trash Talk* vereinte den Einsatz für eine gute Sache mit persönlichem Aktivismus. Es ging hier nicht bloß um einen weiteren Fall von Cause-Related-Marketing, bei dem ein Unternehmen für gute Zwecke mit einem Non-Profit kooperiert, oder um eine Firma, die lobenswerte philanthropische Aktivitäten unterstützte. »Trash Talk« war von einer einzelnen Person in Gang gesetzt worden, die von dem Wunsch getrieben war, Rechenschaft abzulegen. Ashley machte das, ohne dabei irgendwelchen bestimmten Regeln oder professionellen Geboten zu folgen. Sie war einfach neugierig: Ein Amateur ist eben zuallererst jemand, der das Lernen liebt. Der Amateurgeist erfrischt unsere Augen: Er erlaubt uns, das Fremde im Gewohnten zu entdecken und es neu zu würdigen.

Mit dieser Spannung zwischen dem Fremden und dem Vertrauten spielte auch eine der meistdiskutierten Marketingkampagnen der letzten Jahre: die *Real Beauty Sketches* von Dove. Die Körperpflege-Marke hatte einen vom FBI ausgebildeten Phantombildzeichner engagiert, um jeweils zwei Porträts von zehn ausgewählten Frauen zu zeichnen. Für das erste ging er nur nach ihren eigenen Beschreibungen. Er bat sie, die Frage »Wie sehen Sie aus?« zu beantworten, schaute sie aber selbst nie an. Das zweite Porträt, das er anfertigte, basierte auf der Beschreibung durch einen Fremden. Verschiedene fremde Personen wurden mit jeder der Frauen zusammengebracht und bekamen die Möglichkeit, sich mit ihnen zu unterhalten. Diese Fremden saßen dann im selben Raum mit dem Phantombildzeichner und beschrieben, wie jede der Frauen aussah.

Dove veröffentlichte eine Dokumentation über das Projekt mit einer abschließenden Ausstellung der nebeneinander aufgehängten Porträts jeder der Frauen als Höhepunkt.[29] Einzeln und nacheinander kamen die Frauen in die Galerie und sahen sich erst die Zeichnung an, die auf ihrer eigenen Beschreibung basierte, und dann als Zweites ihr Porträt, das dem Blick eines Fremden entsprach. In jeder der Paarungen erschien das erste Porträt strenger, reservierter – weniger »schön« – als das zweite. Es fällt schwer, sich nicht rühren zu lassen, wenn man den Frauen zusieht, wie sie damit konfrontiert werden, wie reduziert ihre Selbstwahrnehmung im Vergleich mit der der Außenwelt ist. »Ich muss wohl etwas an mir arbeiten«, sagt eine der Frauen enttäuscht, nachdem sie ihre beiden Porträts verglichen hat.

Die Dove-Serie nutzte die Augen eines Außenstehenden, um die innere Schönheit der porträtierten Frauen zu offenbaren.

Manchmal kann nur die Perspektive eines Fremden uns dazu bringen, die Dinge wertzuschätzen, mit denen wir allzu vertraut sind.

Das erinnert mich an eine Geschichte, die mir meine Frau einmal über einen ihrer ersten Jobs nach dem College erzählt hat. Sie arbeitete damals bei einer Werbeagentur in New York, und eine der Vizepräsidentinnen war ihre Vorgesetzte. An manchen Freitagen wechselten sie und ihre Chefin die Rollen: Sie nannten das Freaky Friday, wie der Disney-Film *Ein ganz verrückter Freitag* im Original heißt. Sie tauschten die Schreibtische, nahmen die Anrufe der jeweils anderen entgegen und fällten sogar manche Entscheidungen im Namen der anderen. Meine Frau war, direkt nach dem College, ursprünglich als Verwaltungsassistentin eingestellt worden, wurde aber schnell zu einer »alleskönnenden« Projektmanagerin. Ihr Boss war eine erfahrene Managerin und nahm das Mentoring sehr ernst. Der Rollentausch war eine ihrer vielen Methoden, um meiner Frau die Gelegenheit zu geben, ihre Flügel etwas auszustrecken. Aber nicht nur die Jüngere der beiden profitierte vom Freaky Friday; auch die Chefin musste ihre Wohlfühlzone verlassen, und dieses Ritual gab ihr die Gelegenheit, ihr Geschäft mit anderen Augen zu begreifen. Der Rollentausch machte den Freitag zu etwas Besonderem, und die Unvorhersehbarkeit des Tages fanden beide aufregend.

Stellen Sie sich vor, wie es gewesen wäre, wenn die Chefin meiner Frau einfach hinter ihrem Schreibtisch sitzen geblieben wäre und in ihrem Kalender Termine eingeplant hätte, an denen sie mehr über andere Kollegen und deren Ansichten erfahren wollte. So absurd das klingt: Wir machen dauernd diesen Fehler und behandeln Empathie als ein abstraktes Konzept, das wir getrennt von unserer gelebten Welterfahrung analysieren könnten. Empathie muss man am eigenen Leib spüren, vielleicht am besten durch einen körperlichen Akt wie das Gehen. Der deutschbaltische Biologe Jakob von Uexküll hat einmal gesagt: »Am leichtesten wird man sich von der Verschiedenheit menschlicher Umwelten überzeugen, wenn man sich von einem Ortskundigen durch eine unbekannte Gegend führen lässt. Der Führer folgt mit Sicherheit einem Wege, den wir selbst nicht sehen.«[30] Die Künstlerin Janet Cardiff, die mit ihren Klanginstallationen Berühmtheit erlangte, lädt Teilnehmer dazu ein, die Welt völlig neu zu erfahren, indem sie sich durch den Raum bewegen, während sie über Kopfhörer Cardiffs fiktionalen Erzählungen lauschen.[31]

Bei Fortbildungsveranstaltungen von Unternehmen werden manche Seminare inzwischen den Arbeiten von Künstlern wie Cardiff nachempfunden. Man denkt sich Stadtentdeckungsspaziergänge aus, um Führungspersonal auf den Pfad der Innovation zu lenken. Wenn die Teilnehmer gezwungen sind, ihre eingetretenen Wege zu verlassen, haben sie die Chance, die Welt aus einer anderen Perspektive zu sehen. In San Francisco geht eine Gruppe von Künstlern, Wissenschaftlern und veränderungswilligen Menschen aus Unternehmen regelmäßig auf »Nachdenkwanderungen« in der Küstenlandschaft der Marin Headlands, die jeweils einem bestimmten Thema gewidmet sind. Solche Nachdenkwanderungen können genutzt werden, um die Klüfte, die in Organisationen entstehen, zu überbrücken und Spannungen abzubauen. Unternehmen könnten sogar regelmäßige Zweierspaziergänge für Kollegen anregen, die aufgrund ihrer Funktion und Rolle dazu neigen, sich als Gegenspieler anzusehen oder einander zumindest keinerlei Verständnis entgegenzubringen.

Ein Beispiel, das da sofort in den Sinn kommt, ist das naturgegebene Spannungsverhältnis zwischen dem Chief Marketing Officer (CMO) und dem Chief Financial Officer (CFO) – ein klassischer Konflikt in modernen Großunternehmen, weil ihre Aufgaben üblicherweise derart über Kreuz liegen: Der CMO möchte Geld ausgeben, um eine Marke aufzubauen und Kunden zu gewinnen, während es die Rolle des CFO ist, finanzielle Disziplin durchzusetzen, die Ausgaben zu begrenzen und von denjenigen, die Geld ausgeben, Rechenschaft über die Rendite ihrer

Investitionen zu verlangen. Die Folgen dieser Mesalliance können von atmosphärischen Störungen über passiv-aggressive Fehden bis hin zu offenem Krieg reichen. Der Mangel an wechselseitigem Verständnis liegt meist in den gegensätzlichen Aufgabenstellungen begründet und nicht notwendigerweise in Persönlichkeitsfragen. Während meiner Zeit als CMO der IT-Outsourcing-Firma Aricent hatte ich mancherlei Meinungsverschiedenheiten mit dem CFO sowohl in Budgetfragen als auch über die strategische Ausrichtung der Firma. Nachdem er das Unternehmen verlassen hatte, schickte er mir allerdings eine nette E-Mail. Er sagte mir, dass er größten Respekt vor meiner Arbeit habe und dass er immer nur Widerstand geleistet habe, weil er eben »den CFO-Hut« habe aufsetzen müssen.

Wenn man einen Hut aufsetzen kann, kann man ihn auch wieder absetzen. Stellen Sie sich vor, dass der CMO und der CFO, anstatt sich E-Mails zu schreiben, alle paar Wochen zu einer sechzigminütigen »Nachdenkwanderung« aufbrächen, um über die Dinge zu sprechen. (Man könnte sogar ausgewählte Personen ins cc setzen, indem man die besondere Einladung ausspricht, die beiden zu begleiten.) Das wird einem anfangs etwas merkwürdig vorkommen; aber stellen Sie sich vor, wie effektiv diese Momente gemeinsam empfundener Merkwürdigkeit dafür sein werden, sich selbst zu offenbaren und den jeweils anderen besser zu erkennen. Wenn Sie der CMO sind, könnte sich dadurch sogar Ihr Etat erhöhen. Und denken Sie nur daran, wie viel bereichernder Ihr Arbeitsleben sein wird, wenn es aus einer Aneinanderreihung von Spaziergängen statt von Meetings besteht.

Ziehe ohne Landkarte umher

Jeder Businessplan und jede Wettbewerbsanalyse ist eine Art Landkarte, auf der die Position einer Firma auf dem Markt im Verhältnis zu anderen markiert wird. Wir brauchen unsere Landkarten, aber als Business-Romantiker müssen wir auch sie neu erfinden und manchmal sogar wegwerfen. Die künstlerische und politische Bewegung der Situationistischen Internationale – die vor allem in den sechziger und siebziger Jahren aktiv war – hat mit dem gespielt, was sie »Psychogeografie« nannte.[32] In einem ihrer berühmtesten Experimente sind die Gründungsmitglieder durch den Harz gewandert und dabei einem Stadtplan von London gefolgt.

Ein solches Beispiel mag extrem erscheinen, aber wir sind ständig mit sich widersprechenden kulturellen Landkarten unterwegs. Versammeln Sie Ihre Kollegen, und bitten Sie sie, einen Übersichtsplan Ihrer Büroetage zu zeichnen. Jede Person wird eine andere Zeichnung anfertigen, die ganz auf ihrer oder seiner Raumerfahrung beruht. Geben Sie, in Anlehnung an die künstlerischen Experimente der Situationisten, einmal dem Programmierer in Ihrem Büro den Plan, den Ihre Empfangsdame gezeichnet hat. Was passiert, wenn der eine die Wege der anderen nimmt? Bitten Sie Ihre Kunden, eine kognitive Karte Ihrer Unternehmensstrategie zu zeichnen. Sieht die auch nur annähernd so aus wie die Karte, die Ihr Vorstandschef zeichnen würde? Wie sieht sie im Vergleich zu den kognitiven Karten für die Strategien Ihrer Wettbewerber aus?

Alternativ könnten Sie auch versuchen, bei der Arbeit auf anderen Wegen zu wandeln. Wenn das gemeinsame Laufen mit anderen ein Akt der Empathie ist, der uns dazu zwingt, gemeinsam den Gleichschritt zu üben, damit die Choreografie stimmt, dann ist das Alleine-Herumwandern eine Übung in Sachen Aufmerksamkeit. Der Flaneur, der legendäre Archetyp des urbanen Spaziergängers, verlässt seine Wohnung am Morgen ohne irgendeinen Plan. Er tritt nur mit Hut und Stock bewaffnet zur Tür hinaus und ist offen für das Geheimnisvolle und Zufällige. New York hat Stadtviertel, die wie für den Flaneur gemacht sind, aber auch flache, rasterartige Quartiere, die für die Transaktionen der Geschäftsleute geschaffen wurden. Dem Raster zu folgen erlaubt es einem, schnell von A nach B zu gelangen, genau zu sehen, was hinter und was noch vor einem liegt. Midtown Manhattan ist dafür ein perfektes Beispiel. Kürzlich habe ich es geschafft, an einem Tag vier oder fünf Meetings zu haben und dabei einen Radius von zehn Häuserblocks nie zu verlassen.

Das West Village hingegen ist das Territorium des Flaneurs. Es ist voller Drehungen und Windungen, mysteriöser Sackgassen und eigenwilliger Halbstraßen und -avenues und zum ziellosen Herumziehen wie gemacht. Es ist zwar kompliziert, schnell irgendwohin zu gelangen, aber es ist leicht, Dinge zu entdecken. Das West Village ist ein schwieriger Ort für Geschäfte, aber es kann ein wunderschöner Ort sein, um dort einen Nachmittag lang hin verschlagen zu werden. Wie groß ist der Anteil Ihres Arbeitsplatzes, der so gestaltet ist, dass er, bildlich gesprochen, an Midtown Manhattan erinnert? Und was, wenn Sie ein West Village in Ihrem Büro einrichten würden? Schaffen Sie Hindernisse für die Effizienz. Zwingen Sie die Leute dazu, aufzublicken und zu interagieren. Bringen Sie Abteilungen zusammen, einfach nur, damit sie sich gegenseitig entdecken. Ermuntern Sie Ihre Kunden oder Angestellten, sich Ihrem Unternehmen zu nähern, als seien sie Flaneure. Wenn sie bisher auf geradem Wege vom einen zum anderen geleitet werden, dann bieten Sie ihnen Ecken, um die sie biegen können, Räume und Geschichten, die sie freilegen können. Ab und an holen Business-Romantiker die Arbeit aus ihrem Raster heraus.

Für derartige Entdeckungen muss genug Informalität in das Organisationsdesign eingebaut sein. Bei Frog Design, einer Firma, die wir Angestellten liebevoll als »vierzig Jahre altes Startup« bezeichneten, hieß es oft, dass man, wenn man Erfolg haben wolle, »Wasser sein muss, nicht der Fels«. Damit war gemeint, dass man seinen eigenen Weg durch die Organisation nicht nur finden, sondern selbst *erschaffen* musste. Das erforderte großes Geschick und Flexibilität und vor allem ein Übermaß an Neugier. Aber es funktioniert als Organisationsprinzip nur dort, wo es genug Freiräume, genug unerforschtes Gelände gibt, um den umherschweifenden Wanderer zu belohnen.

Wenn man es genauer bedenkt, ist das natürlich ganz allgemein eines der wichtigsten Designprinzipien für Innovation. Die amerikanischen Bell Labs, wohl eine der größten Ideenfabriken des 20. Jahrhunderts und die Heimat von zahllosen Erfindungen, vom Transistor über den Laser bis zum Mobiltelefonsystem, wurden tatsächlich nach genau diesem Prinzip aufgebaut. Mervin Kelly, in den fünfziger Jahren Direktor der Bell Labs, glaubte daran, dass man Wissenschaftler verschiedener Disziplinen dazu zwingen müsse, miteinander Umgang zu pflegen. Mit Absicht entwarf er lange Flure, auf denen die Physiker neben Chemikern neben Elektroingenieuren saßen, so dass sich die Forscher gezwungenermaßen in die Arme laufen und Gespräche beginnen mussten.[33]

Jüngste Studien haben festgestellt, dass eine Überschneidung der täglichen Wegstrecken im Büro tatsächlich zu mehr Zusammenarbeit führt.[34] Die führenden innovativen Unternehmen unserer Zeit, wie Google, Samsung, Salesforce.com und Tencent, haben allesamt Zufallsbegegnungen zu einem integralen Bestandteil ihrer Arbeitsplatzgestaltung gemacht, und Architekten haben komplizierte Rechenmodelle entwickelt, die dabei nichts dem Zufall überlassen. Für seine Zentrale in Las Vegas hat der Onlinehändler Zappos sogar die neue Messgröße der »Menschenkollisionen« (sowohl mit Kollegen als auch mit Menschen außerhalb des Gebäudes) eingeführt, um die Kreativität zu fördern.[35]

Allerdings können solche Beispiele sorgfältig arrangierter Zufälligkeit echte Unvorhersehbarkeit nicht ersetzen. Allison Arieff, die für die *New York Times* über Architektur und Design schreibt, sagt dazu: »Die einzigen Leute, die einem wirklich über den Weg laufen, sind die eigenen Kollegen, und ab einem bestimmten Punkt führt das, glaube ich, zu einer gewissen Nabelschau, denn man spricht immer nur mit Leuten, die mehr oder weniger alle die gleiche Meinung vertreten.«

Dieses Phänomen trifft auch in anderen Bereichen unseres Lebens zu. Es besteht die Gefahr, dass unsere »sozialen Graphen«, ein Ausdruck, den Facebook geprägt hat, um unsere sozialen Online- und Offline-Bindungen zu beschreiben, uns zu sehr diktieren, wie weit wir uns einander öffnen. Je ausgeklügelter die digitale Technologie unsere sozialen Erlebnisse online und offline personalisiert und maßschneidert, desto mehr sitzen wir alle in unseren eigenen kulturellen und moralischen Kleinstaaten fest – den »Filterblasen«, wie sie der Internetaktivist Eli Pariser genannt hat.[36] Sie sind das Werk von Algorithmen, die eigens programmiert wurden, um fortlaufend Variationen unseres eigenen Abbilds wieder zu uns zurückzuspiegeln. Je mehr wir sie mit unseren »Gefällt mirs«, unseren Klicks und unseren Kaufentscheidungen als Verbraucher füttern, desto größere Teile von uns selbst feuern die Algorithmen zurück. Wenn wir nicht aufpassen, beginnen wir bald in einem Spiegelkabinett zu leben. All unser Content ist gezielt so gestaltet worden, dass er aussieht wie wir. Aber wer ist nicht *wir*? Wer sind die Fremden? Wir haben keine Ahnung.

Romantische Begegnungen laufen Gefahr, auf Algorithmen reduziert zu werden: Partnersuche wird jetzt von Datingseiten erledigt; Gemeinschaft wird weniger durch ein Gefühl des Bürgersinns hergestellt als durch gemeinsam geteilte »Vorlieben«; und die glücklichen Zufälle des Reisens werden durch solch exklusive Funktionalitäten wie private Sicherheitsdienste, Vielfliegerprivilegien und Social-Travel-Apps – die Reisende sogar ihre Sitznachbarn im Flugzeug auswählen lassen – minimiert.[37] Das Ergebnis sind immer mehr Optionen, aber immer weniger Gelegenheiten für Zufallsbegegnungen. Wir haben mehr Meetings, ohne wirklich irgendwen zu treffen.

Technologie kann das Problem verschlimmern, aber auch die Lösung sein. 20 Day Stranger, eine iPhone-App, die gemeinsam vom Media Lab des MIT und dem Dalai Lama Center for Ethics and Transformative Values entwickelt worden ist, verspricht uns »ein winziges Fenster zu einer weiten Welt«. Sie ermöglicht es Fremden, ihre Erfahrung der Welt über zwanzig Tage hinweg – anonym – auszutauschen und dabei Empathie und Toleranz zu fördern.[38] Und die App Somebody übermittelt mobile Textnachrichten höchstpersönlich durch einen Fremden, der sich zufällig in der Nähe des Empfängers aufhält.

Der Aufstieg der Sharing Economy – Geschäftsmodelle, die auf Peer-to-Peer-Ebene das Teilen von Ressourcen unter Verbrauchern ermöglichen – hat das Potenzial, uns mit mehr Fremden – und Fremdheit – in Kontakt zu bringen. Man denke nur an Airbnb, den Online-Marktplatz für private Ferienwohnungen und Bed-and-Breakfast-Unterkünfte. Zweifellos hat dieser Service vieles aufgemischt.[39] Noch vor wenigen Jahren wäre der Gedanke, die eigene Privatwohnung an Wildfremde zu vermieten, völlig unvorstellbar gewesen, aber Airbnb hat das zu einer weithin akzeptierten unternehmerischen und gesellschaftlichen Praxis gemacht. Es gibt offenkundige wirtschaftliche Gründe für den Erfolg von Airbnb, aber für Romantiker besteht der größte Wert des Unternehmens in seiner Fähigkeit, dem Reisen eine Qualität der Fremdheit zurückzugeben. Airbnb-Nutzer teilen ein kleines Stück ihres Lebens miteinander. Natürlich sind das vorgegebene Entscheidungen, und man lässt sich üblicherweise nur mit umfangreichem Vorwissen über die andere Partei auf eine Buchung ein. Aber letzten Endes ist es doch noch ein Wagnis für beide Seiten, und der Zufall bleibt ein Teil des Spiels. Man weiß einfach nie genau, wem man begegnen wird – und ebendas ist der romantische Thrill der Sache.

Andere Beispiele für kollaborativen Konsum bieten über ihre bloße Nützlichkeit hinaus ähnliche Vorteile: Denken wir an Anbieter, bei denen man sich Autofahrten teilen kann, wie Carpooling, Uber oder Lyft – oder auch die Mitfahrzentralen. All diese Firmen agieren auf der Basis von Netzwerken, die spontane On-demand-Kontakte zwischen Fahrern und Fahrgästen erleichtern. Nutzer bewerten Fahrer, Fahrer bewerten Nutzer, Nutzer bewerten Nutzer; und das daraus resultierende Vertrauensrating lässt einen sorgloser in den Wagen eines Fremden einsteigen. Aber auch hier bleibt ein Element des Zufalls erhalten, und diese Spannung des Unbekannten ist ein Schlüsselelement der Erfahrung. Tatsächlich ist, neben den Abgas- und Benzineinsparungen, das soziale Element – die Möglichkeit, Fremden zu begegnen – ein wichtiger Teil der Erfolgsformel. Carpooling zum Beispiel gibt auf seiner Website damit an, dass es schon »mehr als sechzehn Ehen und Tausende Freundschaften«[40] angebahnt habe. Die Idee der Fahrgemeinschaften entstand ursprünglich aus einem lose organisierten Car Pool vom kalifornischen Berkeley über die Bay Bridge nach San Francisco, bei dem Fremde einander mitnahmen und eigenwillige Regeln dafür festlegten, was in ihrem Auto gemacht werden durfte und was nicht.

Uber, das kontroverse »Transportnetzunternehmen«, wie es sich selbst nennt, verkörpert das romantische Potenzial der Sharing Economy. Weil Ubers Netzwerk so dicht ist und sein Service auf dem On-demand-Prinzip beruht, fällt es einem in Städten leichter, schnell Kontakt mit einem Uber-Fahrer aufzunehmen, als erfolgreich ein Taxi herbeizuwinken. Wenn man über die Uber-Handy-App eine Fahrt anfordert, nennt einem das Interface den Namen des Fahrers oder der Fahrerin und zeigt einem auch ein Porträtfoto, Servicebewertungen, den aktuellen Standort und das Automodell. Dann hat man ein paar Minuten Zeit – in einer Großstadt üblicherweise weniger als fünf – um sich auf den Fremden vorzubereiten, der gerade auf dem Weg zu einem ist. Wenn er ankommt, kann man ihn mit Namen begrüßen – »Hi, George« – und damit sofort ein kleines Band zwischen ihm und sich selbst knüpfen. Der transaktionale Aspekt der Beziehung ist mitsamt der Kreditkartendaten unsichtbar irgendwo auf Ubers

Servern verstaut, so dass Fahrgast und Fahrer den Kopf frei haben für das Gespräch, das sich zwischen ihnen entwickelt. Ubers Geschäftsmodell ist bequemer und effizienter als das der Taxis, aber Business-Romantiker schätzen es aus anderen Gründen. Ein Taxi erbringt eine Dienstleistung; Uber versteckt die Transaktion und schafft Platz für die Begegnung mit einem Fremden.[41]

Die Pioniere der Sharing Economy gestalten den Konsum kollaborativer und praktischer, indem sie sich überschüssige Kapazitäten zunutze machen. Der nächste, romantischere Schritt könnte es nun sein, uns auch *glücklicher* zu machen, indem überschüssige *soziale* Kapazitäten angezapft werden: All die Fremden, die nur ein einziges Wort davon trennt, unser Leben zu verändern – und ihr eigenes auch. Eine Studie, die die Verhaltensforscher Nicholas Epley und Juliana Schroeder durchführten, illustriert das Potenzial zufälliger Mikro-Interaktionen.[42] Die beiden Forscher baten Pendler, im Zug zur Arbeit Fremde anzusprechen, und befragten sie dann über ihre Erfahrung und verglichen sie mit der von Pendlern, die ihren Weg zur Arbeit ohne irgendwelche sozialen Kontakte zurückgelegt hatten. Die, die sich auf eine zwanglose soziale Interaktion eingelassen hatten, berichteten insgesamt von positiveren Emotionen. Selbst die Testpersonen waren über diese Befunde überrascht, hatten sie doch das Gegenteil vorhergesagt, weswegen sie normalerweise auch die Kontaktaufnahme vermieden hätten. Die Kluft zwischen unseren Erwartungen und unseren tatsächlichen Erfahrungen weist darauf hin, dass wir fortwährend die Bedeutung kurzer Momente der Zuneigung unterschätzen, genau wie den Einfluss, den beliebige Unbekannte auf unser Glücksgefühl haben können. Schwache soziale Bindungen helfen da offenbar mindestens genauso viel wie starke.

Die Forscher Michael Norton und Elizabeth Dunn, Autoren des Buchs *Happy Money: So verwandeln Sie Geld in Glück*, haben vor kurzem ein ähnliches Experiment durchgeführt und Starbucks-Kunden gebeten, ein »echtes Gespräch mit dem Kassierer« zu führen, statt nur bei minimalen, streng effizienten Interaktionen (oder bloßen Transaktionen) zu bleiben.[43] Wiederum berichteten anschließend diejenigen, die den sozialen Kontakt gesucht und den menschlichen Austausch über die Effizienz gestellt hatten, die großzügig mit ihrer Zeit und ihrer Aufmerksamkeit gewesen waren, dass sie nun besser gelaunt seien.

Verkaufen

Leute im Verkauf sind vielleicht die am stärksten transaktionalen Menschen in der Wirtschaft. Oder jedenfalls könnte man das denken, wenn man ihre Rolle und ihre Leistungskriterien berücksichtigt. Nur ein ziemlich brutaler Maßstab zählt: wie viel Geld man reinbringt. Es gibt wenige Unklarheiten und nichts, worüber sich streiten ließe; wenn die Ziele nicht erreicht werden, rollen Köpfe. Aber Verkaufsmitarbeiter sind nicht nur die transaktionalsten Menschen in der Wirtschaft; sie gehören auch zu den »fremdesten«. Sie sind oft Außenseiter in ihren Branchen und oft sogar Außenseiter in ihren eigenen Unternehmen: »Verkäufer«, die mit den »Machern« nichts zu tun haben.

Verkaufsmitarbeiter haben – wie jede andere Kohorte im Geschäftsleben – alle ganz unterschiedliche Arbeitsweisen. Es gibt die »Farmer« (die schon bestehende Kundenkonten beackern und immer größer werden lassen); die »Hunter« (die neuen Chancen nachjagen); die »Closer« (die einen Deal unter Dach und Fach bringen). Und doch scheint der Job eine bestimmte Art von Mensch anzuziehen, der eine recht universelle Kombination von Eigenschaften hat: flexibel, aggressiv, hungrig, draufgängerisch und endlos optimistisch. Die Verkaufsmenschen, mit denen ich zusammengearbeitet habe, waren allesamt herzliche, freundliche und gesellige Leute – und dann waren sie plötzlich weg. »Hat seine Zielvorgaben nicht erreicht«, sagte man mir, als ich in der Personalabteilung nachfragte, was aus einem meiner früheren

Kollegen geworden war. Aus diesem Grund werden Verkaufsmitarbeiter manchmal als die »Söldner der Wirtschaft« angesehen: Wegen der unbeständigen Natur ihrer Beschäftigung neigen
sie dazu, von Anstellung zu Anstellung zu ziehen und ihre Loyalität und Identität schnell von einer Firma zur anderen zu verlagern – oder sich vielleicht mit überhaupt nichts zu identifizieren.
Sie sind die ewigen Fremden.

In meinem Job bekomme ich regelmäßig Verkaufsanrufe von
Outbound-Vertretern, die mir ein Konferenzsponsoring oder
CRM-Lösungen (also Customer-Relationship-Management, und
davon gibt es offenbar viele) verkaufen wollen. Einer dieser Vertreter hat mir einmal ein sechsminütiges Verkaufsangebot in drei
separaten Voicemail-Nachrichten hinterlassen. »Viele Neins führen einen zu vielen Jas«, lautet eine Anfängerregel im Verkauf,
aber ich habe mich trotzdem gefragt, wie um alles in der Welt
solche unverlangten Cold Calls bloß effektiv sein sollen, besonders wenn sie auf einer Auswahl basieren, die derart offensichtlich oberflächlich ist, dass es schon weh tut.

Ich müsste es eigentlich wissen; ich habe schließlich selbst früher
solche Cold Calls gemacht, als ich während meines Studiums
Teilzeit fürs Telemarketing gearbeitet habe. Pro Woche legte ich
drei Nachmittags- oder Abendschichten hin. Ich gehörte zur
Belegschaft eines Callcenters, in dem ich Anrufe beantwortete,
die in Reaktion auf Fernsehwerbespots eingingen, in denen alles
Mögliche von Medaillen über Briefmarken bis zu Pay-TV-Abos
beworben wurde. Ich nahm Anrufe entgegen, rief aber auch
selbst an, und zwar über eine ausgeklügelte technische Plattform,
die so gestaltet war, dass sie jeden Anruf dem richtigen Agenten
zuwies. Es wurde zwar von mir auch bei den eingehenden Anrufen ein »Upselling« erwartet, aber die wirklichen Verkaufs-
anstrengungen musste ich bei den ausgehenden Anrufen machen.
Bewaffnet mit einem jeden einzelnen Schritt aufzählenden Ma-
nuskript und zahllosen FAQ-Listen, die mich durch so gut wie
jedes vorstellbare Gesprächsszenario lenken sollten, behelligte

ich Unbekannte jeden Alters und Bildungsstands mit Cold Calls zu teilweise unchristlichen Uhrzeiten. In einer Nacht rief ich mehr als fünfzig Frauen über fünfzig an, um einigen von ihnen, oder wenigstens einer einzigen, Anti-Cellulite-Strumpfhosen zu verkaufen.

Der Job weckte bei mir gemischte Gefühle: Einerseits war ich abgestoßen von der Chuzpe der Telemarketing-Leute (auch meiner eigenen!), die es wagten, Leute zu Hause mit unverlangten Angeboten zu belästigen. Ich war so aufdringlich wie ein Vertreter an ihrer Haustür, wenn nicht noch schlimmer. Andererseits erfreute ich mich heimlich daran, aus erster Hand zu lernen, wie Verkaufspsychologie funktioniert. Außerdem war die Erfahrung, in einem Callcenter zu sitzen – das mit seinen Hunderten kleinen Endgeräten und Agenten mehr an eine Call-*Fabrik* erinnert –, eine Übung in kognitiver Dissonanz: Es war dynamisch und aufregend, aber auch bizarr und befremdend. In manchen Momenten fühlte ich mich, als gehörte ich zu einer Kuhherde und wäre jeder menschlichen Würde beraubt, und dann gab es Momente, in denen ich mich ganz und gar lebendig und als voller Mensch fühlte, in denen ich aufblühte, weil ich mit »dem anderen« auf die direkteste und ehrlichste Weise, die man sich vorstellen kann, in Verbindung trat.

Wir alle sind Verkäufer: Manche von uns überreden andere, etwas zu kaufen; manche von uns überreden andere, etwas zu *glauben.* Wenn Märkte teilnahmsvolle Gemeinschaften für den sozialen Austausch sind, dann ist der Verkauf die Suche nach einem teilnahmsvollen Einzelnen.

Der erstaunlichste Aspekt meiner kurzen Karriere im Telemarketing war es, wie intim die Gespräche mit einigen meiner »Zielpersonen« waren – von denen einige so einsam waren, dass sie dankbar die Gelegenheit ergriffen, mit einem anderen Menschen zu sprechen (Seniorinnen setzten oft zu Monologen über ihre Enkelkinder an, die es mir fast unmöglich machten aufzuhängen). Ja, das Business beginnt oft dort, wo der romantische Kontakt aufhört. Aber das Business kann auch eine letzte Zuflucht sein, um überhaupt irgendwelche Verbindungen zu haben. Wie man eine Flaschenpost von einer weit entfernten Küste bekommt, so kann eine geschäftliche Transaktion für echten menschlichen Kontakt in einem Meer der Isolation sorgen.

Verkaufsvorgänge erlauben es uns, eine Beziehung zum anderen herzustellen, ohne mit den vollen emotionalen Implikationen einer Beziehung umgehen zu müssen. Jeder, der irgendetwas verkauft, bietet auch ein Stück von sich selbst feil, und vielleicht ist die vermeintliche Achillesferse der Verkaufsleute in Wahrheit sogar ihre Unique Selling Proposition: Wenn Ablehnung dein täglich Brot ist, dann fürchtest du dich nicht mehr so sehr vor Ablehnung. In seinem innersten Kern ist es zutiefst romantisch, im Verkauf zu sein. Es erfordert einen immerwährenden Zustand des Unerfülltseins: Der Verkaufsmitarbeiter sehnt sich immer danach, noch mehr Zielvorgaben zu erreichen und auf einst unvorstellbare Höhen zu klettern. Es ist eine Reise ohne Endpunkt. Gelegentlich mögen die Zahlen stimmen, aber es wird nie genug sein.

Der Soziologe Georg Simmel hat den Fremden als jemanden definiert, der »heute kommt und morgen bleibt«.[44] Er ist in der Gruppe, aber er *gehört* nicht zur Gruppe; er ist weiter weg, als er uns nah ist. Dieser Fremde ist eine beliebte Figur im Roman, Theater und Film, aber er hat auch eine entscheidende Rolle in der Wirtschaft zu spielen. Wenn wir wirklich vorhaben, »zusammen Geschäfte zu machen« – und der Psychologe Steven Pinker sieht darin die ultimative Friedensgeste[45] –, dann müssen wir einander kennenlernen. Nicht besser kennenlernen, aber anders. Also fragen Sie sich immer wieder: Wer sind Sie? Verhalten Sie sich wie ein Amateur. Wehren Sie sich gegen Konformität, und geben Sie den Querköpfen einen Ort in Ihrem Haus. Betrachten Sie die Welt durch die Augen anderer und streifen Sie ohne Landkarten herum. Geben Sie dem Zufall eine Chance. Steigen

Sie in den Wagen. Machen Sie tausend Cold Calls, um nur einen Moment voll menschlicher Wärme zu erhaschen. Erwarten Sie die unerwartete Freundlichkeit von Fremden. Man kann nicht alles wissen. Nicht alles kann uns vertraut sein. Ist das nicht ein Grund zum Feiern?

5

Gib mehr, als du nimmst

Was ich dir gegeben habe, weiß ich.
Was du bekommen hast, weiß ich nicht.

Antonio Porchia

Seit mehr als zwanzig Jahren verwandeln Tom Taylor und Jerome »Jerry« Goldstein jeden Dezember das Äußere ihres lebkuchenhaushaften viktorianischen Domizils im Stadtteil Noe Valley von San Francisco in eine Phantasmagorie der Festtagsfreude. »Tom und Jerrys Haus«, wie es die Einheimischen nennen, steht am oberen Ende einer der steilsten Straßen der Stadt inmitten eines hell erleuchteten 18 Meter hohen Weihnachtsbaums (eine Norfolk-Tanne, die das Paar 1973 als Topfpflanze gekauft hat) und einer Unmenge von farbenfrohen Ornamenten und Bären. Über der Garagentür (die zum Kamin umfunktioniert wird) hängen zwei zweieinhalb Meter lange Strümpfe, die bis zum Rand mit Stofftieren gefüllt sind. Eine übergroße Spielzeugeisenbahn, auf der ein Eisbär sitzt, zockelt im Kreis um ein Riesenrad herum, und man braucht mindestens fünfzehn Minuten, um die vielen mechanisch animierten Teddybären zu zählen, die über das sorgfältig gestaltete Tableau verteilt sind. Der Weihnachtsmann hat jeden Abend seinen Auftritt und ist dabei oft in Begleitung der Gastgeber Tom und Jerry, die Flugzettel und Geschenke verteilen. Im Laufe der Jahre ist das Haus zu einem beliebten Ziel für Kinder und Eltern geworden, zu einer in der ganzen Stadt bekannten Attraktion, über die die Leute staunen, an der sie sich erfreuen und auf die sie mehr als nur ein bisschen stolz sind. Es gibt sogar eine Dokumentation darüber: *Making Christmas: The View from the Tom and Jerry Christmas Tree.*[46] Tom und Jerry nehmen keine Spenden an, denn Baum und

Haus sind für sie eine »Anerkennung des Geists der Weihnachtszeit, der Arm und Reich einschließt, Jung und Alt, Kinder jeden Lebensalters sowie die Schönheit, den Geist und die Vielfalt von San Francisco«.[47] Kurz gesagt: Tom und Jerrys Haus ist ein Geschenk.

In *Die Gabe,* seinem wegweisenden Werk über die Kunst und ihr Verhältnis zur Wirtschaft, hat der Dichter und Kulturkritiker Lewis Hyde postuliert, dass Geschenke, anders als Wirtschaftsgüter, immer Beziehungen herstellen.[48] Wenn man jemandem ein Geschenk macht, erkennt man ihn oder sie an, und diese Anerkennung ist das größte Geschenk von allen. Das Schenken beinhaltet auch ein Element der Überraschung: Wer käme darauf, sich Tom und Jerrys Haus zu wünschen? Und doch hat es zahllose Familien zutiefst erfreut. Ein gutes Geschenk befriedigt nicht unsere unmittelbaren Bedürfnisse; es legt unsere schlummernden Sehnsüchte offen. Geschenkgutscheine hingegen sind das ultimative Antigeschenk: Sie delegieren die Auswahl zurück an den Empfänger. Geld zu schenken – das ja von Natur aus austauschbar ist – reduziert wiederum den Austausch von Geschenken auf eine bloße Transaktion.

Der Zauber des Schenkens erinnert mich an eine Geschichte, die ich einmal über die Dreharbeiten zum Film *Die durch die Hölle gehen* gehört habe. Als das Team die berühmte Hochzeitssequenz drehte, forderte Regisseur Michael Cimino die vielen Komparsen auf, so zu tun, als sei die Feier eine echte Hochzeit, um die Authentizität der Szenen zu steigern. Bevor der Hochzeitsempfang gefilmt werden sollte, wies er sie an, zu Hause leere Kartons zu suchen, sie in Papier einzuschlagen, als würden sie echte Hochzeitsgeschenke verpacken, und sie dann am nächsten Tag mit ans Set zu bringen. Die falschen Geschenke würde man dann als Requisiten für den Hochzeitsempfang verwenden. Die Komparsen taten, was man ihnen gesagt hatte; als jedoch Cimino die Requisiten inspizierte, fiel ihm auf, dass die »Geschenke« sehr viel schwerer waren, als leere Kartons es normalerweise wären. Er riss das

Geschenkpapier von einigen der Pakete auf und stellte fest, dass die Komparsen tatsächlich echte Hochzeitsgeschenke eingepackt hatten.

Wenn man sich den Film heute ansieht, kann man sich gut das Vergnügen vorstellen, das jeder einzelne Schauspieler im Raum empfunden haben muss – das Glücksgefühl, es mit echten Geschenken zu tun zu haben, die von echten Menschen ausgewählt worden waren. Ist es nicht zum Beispiel zu Weihnachten immer etwas enttäuschend, wenn Kaufhäuser ihre Schaufenster mit Unmengen von falschen Geschenkpaketen unter den Weihnachtsbäumen dekorieren? In diesem Fall sind die Geschenke reine Dekoration, so wie Stechpalme oder Kunstschnee, ohne eigenen Charakter oder eine tiefere Bedeutung hinter ihrer schieren Oberfläche. Aber wie uns die Anekdote über *Die durch die Hölle gehen* zeigt, sind Geschenkimitate bedeutungslos. Echte Geschenke berühren den Beschenkten und den Schenkenden.

Die Wirtschaft hat begonnen, Schenken und Großzügigkeit in ihren transaktionalen Bezugsrahmen einzubinden. »Schaffe mehr Wert, als du abzapfst«, lautet die Empfehlung des Technologieberaters und Internetverlegers Tim O'Reilly mit Blick auf Produkte und Dienstleistungen, die sich nachhaltige Ökosysteme aufbauen sollen.[49] In seinem Buch *Geben und Nehmen* geht Adam Grant, Professor an der Wharton Business School, den Vorteilen von Großzügigkeit am Arbeitsplatz nach.[50] Grant ist der Ansicht, dass Altruismus als Motivationsquelle unterschätzt werde. Firmen sollten ein starkes Interesse daran haben, freigiebiges Verhalten zu fördern, weil es Schlüsselaspekte ihrer Performance, wie effektive Zusammenarbeit, Innovation, herausragenden Service und Qualitätssicherung, verbessert. Eine von Grants Untersuchungen legt zum Beispiel den Schluss nahe, dass Angestellte ihre eigene Produktivität höher einschätzen, wenn sie bei der Arbeit für altruistische Aufgaben unterbrochen werden. Die Bereitschaft, anderen zu helfen, sagt Grant, stehe auch im Mittelpunkt einer Erfüllung bietenden Karriere. Er zitiert den Ratschlag von

Adam Rifkin, der vielfacher Unternehmensgründer und die meistvernetzte Person im Social Network LinkedIn ist: »Du solltest bereit sein, für jedermann bis zu fünf Minuten deiner Zeit aufzuwenden.«

Mit der eigenen Zeit großzügig umzugehen ist womöglich das größtmögliche Geschenk im effizienzgetriebenen Geschäftsleben. Mehr als zehn Jahre lang war Frog Design Gastgeber der Eröffnungsparty von South By Southwest (SXSW), der einflussreichen alljährlichen Zusammenkunft der Tech-Community in Austin, Texas.[51] Aber das Wort »Gastgeber« wird der Sache nicht ganz gerecht: Frog dachte sich jedes Jahr ein anderes Thema aus (von »Spiel mit der Lichtlaufzeit« bis zu »Die andere Singularität«), konzipierte das ganze Veranstaltungserlebnis und baute alle möglichen interaktiven Artefakte und Installationen, die vor Ort aufgestellt wurden. Was mal als kleine Veranstaltung für Freunde und die lokale Szene begonnen hatte, entwickelte sich über die Jahre zu einer Party, die ein Muss für SXSW-Besucher und eine der größten in der Tech-Branche überhaupt ist. Im Jahr 2013 waren mehr als 3000 Konferenzteilnehmer dabei.

Während meiner Zeit bei Frog durfte ich erleben, mit wie viel Leidenschaft das Frog-Team in Austin das Jahr für Jahr auf die Beine stellte – angeführt von dem unermüdlichen Jared Ficklin, dem Designgenie und Zeremonienmeister. Egal, ob es um eine »Realversion« von Computerspielen wie Electro Tennis oder Human Tetris ging, um Hybridwesen wie die Zen-Roboter oder – mein persönliches Highlight – um das Dixiklo mit Motion-Sensor-Technik (inklusive Videoprojektionen, die anzeigten, ob das Klo besetzt war und ob die betreffende Person saß oder stand): Wenn es irgendwie schräg war, waren Jared und seine Crew zur Stelle.

Das Bemerkenswerteste an der Party war allerdings, dass sie sozusagen nach Unterrichtsschluss entstand: Das Frog-Team arbeitete zumeist in seiner Freizeit daran – an Wochenenden und in zahllosen Nachtschichten. Trotzdem waren die Opportunitätskosten hoch. Eine immer noch beträchtliche Zahl an Arbeitsstunden floss in die Produktion, und die Grenze zwischen Leidenschaft und Besessenheit wurde regelmäßig überschritten. Ich wünschte, dass ich, streng geschäftsmäßig gesprochen, behaupten könnte, dass die Investition nennenswerte Renditen abgeworfen hätte. Die Party wurde natürlich landesweit von den Medien beachtet, und sie gab uns eine perfekte Gelegenheit, um Kunden zu beeindrucken und mit ihnen Zeit zu verbringen, was manchmal sogar zu neuen Projekten führte. Aber ehrlich gesagt stand das in keinem Verhältnis zu den vielen Stunden, die das Frog-Team investiert hatte, und dazu, wie viel effektiver wir das Geld für zielgerichtete Anstrengungen zur Weiterentwicklung unseres Geschäfts hätten ausgeben können. Die Party nahm in den drei Monaten vor dem Veranstaltungstermin fast unser gesamtes Büro in Austin in Anspruch. Jedes Jahr stellten wir uns dieselbe Frage: »Ist es das wert?« Und die Antwort war immer dieselbe: »Selbstverständlich!« Man musste gar nicht mehr drüber nachdenken. Die Party würde stattfinden. Das stand nicht zur Debatte.

Business-Romantiker erkennen die Schönheit in all diesem Aufwand. Die Tatsache, dass wir keine bezifferbare Rendite für unseren ganzen Einsatz und unsere Kreativität erhielten, machte aus der Party statt eines Produkts ein wertvolles Geschenk für Gastgeber und Gäste gleichermaßen: Sie war das Ergebnis eines exzessiven Engagements, einer Neugier auf das Fremde und einer Sehnsucht nach dem Schrankenlosen.

Die Wirtschaft bietet uns noch andere, unerwartete Möglichkeiten zum Schenken. Am 1. April 2013 kündigte Google eine Beta-Version von Google Nose an und räumte ein, dass die Firma jahrelang den Geruchssinn als entscheidendes Suchwerkzeug vernachlässigt hatte.[52] Auch wenn dies schnell als Aprilscherz entlarvt wurde, verbreitete sich das Konzept doch blitzschnell im Internet. Wie jeder Marketingfachmann weiß, bietet der 1. April eine wichtige Chance zur Markenpositionierung, besonders für Marken, mit denen sich fest etablierte Erwartungen verknüpfen, die sie durchbrechen können.[53] Aber noch etwas anderes ist an den Aprilscherzen von Marken interessant: Sie sind ein skurriles Beispiel für Großzügigkeit in der Wirtschaft. Anders als die offensichtlicheren Gaben, die durch Philanthropie- und Corporate-Social-Responsibility-Programme gemacht werden, geben diese Scherze auf listige Weise mehr, als sie nehmen. Natürlich benutzen clevere Marketingmenschen sie in erster Linie, um Markenimpressionen und -loyalität zu stärken. Aber wichtiger noch ist es, dass Aprilscherze es uns erlauben, uns »auf den Arm zu nehmen«. So gesehen machen Google Nose und all die anderen Aprilscherze die Welt ein kleines bisschen unvernünftiger, ein kleines bisschen romantischer – wenn auch nur für einen Tag.

Geschenke zu machen eröffnet uns auch in unserem Alltag Chancen dafür, alternative Zahlungsmittel auszuprobieren. Eines Morgens lud ein Mann in meinem Stamm-Coffeeshop jeden einzelnen Kunden im Laden – fast ein Dutzend – auf eine unbegrenzte Menge Kaffee ein. Dem Barista schien es ein wenig peinlich zu sein, als er das Geschenk verkündete, aber alle im Raum nahmen es mit Freude an und dankten dem großzügigen Spender. Als jeder seinen Kaffee bekommen hatte, setzte der Mann zu einer kurzen Rede an und sagte, dass er uns allen Kaffee gekauft habe, um ein paar Minuten unserer Aufmerksamkeit zu haben. Dann begann er mit einem Pitch für seine Non-Profit-Organisation. Er hatte im Grunde mit seinem Geschenk unsere Zeit »gekauft«.

Einige Wochen später saß ich mit einer Freundin beim Mittagessen in einem Restaurant im Zentrum von San Francisco. Meine Freundin und ich waren so in unser Gespräch vertieft, dass ich erst bemerkte, dass mir meine Brieftasche gestohlen worden war, als ich nach meiner Kreditkarte greifen wollte, um zu zahlen. Wir saßen am helllichten Tage mit nur wenigen anderen Gästen auf einer Außenterrasse. Eine gestohlene Brieftasche ist wie eine fehlende Taste auf der Tastatur oder wie plötzlich aufflammende Zahnschmerzen – man wird für einen Moment aus seiner gelassenen Sicht auf die Welt gerissen.

Meine Freundin lieh mir freundlicherweise etwas Geld, damit ich mein Auto aus dem Parkhaus holen und nach Hause fahren konnte. Ich rief sofort die Kreditkartenfirma an und ließ meine Karten blockieren, und dann ging ich mit schweren Kopfschmerzen ins Bett, hervorgerufen von dem bloßen Gedanken an all die Ausweiskarten, die ich würde ersetzen müssen. Am nächsten Tag klingelte es an der Tür, und eine mir unbekannte Männerstimme fragte: »Tim?« Ich rechnete mit dem Schlimmsten und blaffte, noch ganz übellaunig, zurück: »Ja. Was wollen Sie?« – weil ich an einen Vertreter glaubte. Der Mann sagte: »Ich habe Ihre Brieftasche.« Ich ging die Treppe hinunter zur Haustür. Der Unbekannte, der in Begleitung seines kleinen Sohnes war, behauptete, er habe die Brieftasche gefunden und mich durch meinen Führerschein identifiziert. Mein ganzes Bargeld war weg, aber meine Kreditkarten und mein Führerschein waren noch da. Ich war immens erleichtert, aber auch ein bisschen überrumpelt. Wie sollte ich reagieren? Was war das Motiv des Mannes? War es bloße Freundlichkeit? Ich dankte ihm überschwenglich und fragte ihn: »Darf ich Ihnen ein bisschen Geld geben?«, obwohl ich nicht sicher war, ob das wirklich die angemessene Frage war. Seine Antwort war ein donnerndes »Ja«. Er wies darauf hin, dass es ihn einiges an Extrabenzin gekostet hatte, zu meinem Haus zu fahren. Also gab ich ihm einen Zwanzigdollarschein. Er bedankte sich bei mir; ich bedankte mich noch einmal bei ihm – und dann ließ er mich in der Tür stehen, noch ganz verwirrt über diese Interaktion, die zur Transaktion geworden war.

In beiden Fällen – der »Kaffeebestechung« und der »Brieftaschenrückgabegebühr« – hatte ich zunächst das Gefühl, da wäre etwas aus dem Gleichgewicht geraten. Hinter diesen Akten der Freundlichkeit versteckten sich getarnte Transaktionen. Anfangs fühlte ich mich ein bisschen betrogen oder reingelegt und dachte immer wieder, dass Freundlichkeit, die zum Zahlungsmittel wird, aufhört, Freundlichkeit zu sein. Schon möglich, aber mit etwas Abstand betrachte ich beide Vorfälle nun anders. Der Mann in meinem Kaffeeladen hatte meine Aufmerksamkeit gekauft. Und der Unbekannte, der meine Brieftasche zurückgebracht hatte, tat das möglicherweise in der Hoffnung auf eine Belohnung. Aber beide haben für mich Augenblicke geschaffen, die mir etwas bedeuteten, und mich hat in beiden Fällen die *Erfahrung* von Großzügigkeit berührt. Für Romantiker sind Motive letzten Endes nebensächlich.

Der Gebrauch von Freundlichkeit als Zahlungsmittel wird auch in der »Suspended Coffee«-Bewegung vorgelebt.[54] Es ist eine simple Idee: Leute bezahlen im Voraus einen Kaffee für jemand anderes, zum Beispiel Obdachlose oder andere Notbedürftige. Sie bestellen und bezahlen zum Beispiel vier Kaffee und sagen dem Barista, dass drei von denen »aufgeschoben« sind. Der Kunde nimmt dann nur einen für sich selbst, und der Barista kann die anderen weitergeben. Dieser Austausch verpackt ein heimliches Geschenk in ganz konventionelle Transaktionen. Die Idee des Suspended Coffee nahm angeblich ihren Anfang in Neapel, bevor sie ein viraler Hit bei Facebook wurde. Inzwischen hat sie sich über die ganze Welt verbreitet und von Kaffee auf Sandwiches und sogar ganze Mahlzeiten ausgedehnt.[55]

Reddit, eine Nutzercontent aggregierende Website für Unterhaltung und Social News, hat ihre eigene hybride Form von Geschenken und Transaktionen entwickelt. Random Acts of Pizza, oder RAOP, ermöglicht es Reddit-Nutzern, Pizza für andere Nutzer zu kaufen, je nachdem, wie überzeugend sie deren »Pizza-Anfragen« finden.[56] Bevor Pizzahungrige eine Anfrage stellen können, müssen sie natürlich erst Reddit-Nutzer werden. Und wenn jemand einen RAOP erhalten hat, wird davon ausgegangen, dass der Nutzer es »weiterpizzat« und jemand anderem eine Pizza kauft. Die Nutzer kommen durch Witz und Wortspiele näher zusammen. Das ganze System funktioniert nicht deswegen so gut, weil Pizzageschenke so überwältigend großzügig wären, sondern weil der ganze Vorgang einfach Spaß macht.

Die Schokoladenmarke Anthon Berg hat einen Pop-up-Store in Kopenhagen eröffnet, der ähnlich funktioniert: Im sogenannten Generous Store wurden die Kunden aufgefordert, für ihre Schokolade nicht mit Geld, sondern mit dem Versprechen einer guten Tat für einen geliebten Menschen zu bezahlen.[57] Wie bei Suspended Coffee und RAOP wurde so eine Transaktion zur Interaktion gemacht und Großzügigkeit in eine »harte« Währung umgemünzt.

Auf Deutschlands Straßen und Plätzen stehen derweil immer mehr Regale und ausrangierte Telefonzellen herum, teils sehr fantasievoll gestaltet, die nun als »öffentliche Bücherschränke« dienen, in denen Bürger für ihre Mitmenschen kostenlose Bücher hinterlassen oder sich selbst Lektüre aussuchen können. Mehr als dreißig Schränke sind es alleine in der Stadt Hannover.[58] Und dass es in Berlin zum Straßenbild gehört, dass bei Umzügen und nach dem Frühjahrsputz Haushaltsgegenstände, Möbel oder Bücher mit einem Schild »Zu verschenken« vor die Haustür gestellt werden, sollte man nicht etwa nur als regelwidrige Art der Müllentsorgung missverstehen. Nicht selten sind die Geschenke wirklich im Handumdrehen verschwunden. Und sie landen nicht etwa nur in den Haushalten von Bedürftigen oder in Studenten-WGs. Auch durchaus zahlungskräftige Passanten sichern sich das eine oder andere hübsche Stück – von dem sie kaum je wissen, wer sie damit beschenkt hat.

Der amerikanische Outdoor-Bekleidungshersteller L. L. Bean, der für seine absurd großzügige Umtauschpolitik berühmt ist, wird oft zum Opfer seines größten Geschenks. Es gibt unzählige Geschichten über zwölf Jahre alte Rucksäcke, die dort auf dem Umtauschstapel landen. Und was sagt L. L. Bean dazu, und zwar in jedem einzelnen Fall? »Es war uns ein Vergnügen, Sie als Kunden zu haben.«

Social Media bietet heutzutage die vielleicht wirkmächtigste Arena für Großzügigkeit. Auf Facebook, Twitter, Instagram oder Tumblr geben wir andauernd mehr, als wir nehmen. Wir posten in den Äther hinein, oft ohne irgendeine Reaktion, ohne eine unmittelbare Rendite. Wir teilen viel, teilen viel mit – oft zu viel. Einer Studie des Pew Research Center von 2013 zufolge hat fast ein Fünftel der erwachsenen Internetnutzer in den USA schon persönliche Videos gepostet – viele in der Hoffnung, so sagt Pew, dass »ihre Werke viral werden«.[59] Und dieses schnelle Teilen von Ereignissen und Inhalten kann Wellen des exponentiellen Schenkens auslösen.

Liba Rubenstein, beim Mikroblogging-Dienst Tumblr verantwortlich für Strategie und Community Engagement, sieht eine neue Form des gesellschaftlichen Aktivismus, der aus der Kultur des Teilens in sozialen Medien entsteht. Als zum Beispiel während der US-Präsidentschaftsdebatten 2012 Mitt Romney eine unglückliche Bemerkung über die »Aktenordner voller Frauen« fallen ließ, war Tumblr eine von mehreren Social-Media-Seiten, die der Redewendung schlagartig zu unverhoffter Popularität verhalfen.

»In ihr kristallisierte sich das, was bei dieser Wahl für viele Frauen wirklich auf dem Spiel stand«, sagt Liba mir. »Und dann haben die Leute die Idee offline getragen: Sie ergänzten sie um ihre eigenen Interpretationen. Ich habe Frauen gesehen, die sich für Halloween-Partys als ›Aktenordner voller Frauen‹ verkleideten.«

Für Rubenstein wurde dieses Beispiel ein Sinnbild für die fließenden Grenzen zwischen Online- und Offline-Engagement. »Es fängt oft als Witz an, aber es trifft einen Nerv, weil die Leute dazu klare Meinungen haben. Sie werden offline aktiv, und dann bringen sie das wieder in die Online-Diskussion ein«, sagt sie.

Virale Bewegungen sind anfangs oft führungslos. Es ist unmöglich, den ersten »Share« zu ermitteln, wenn eine Internet-Sensation heißläuft. Wie bei einer katalytischen Verbrennung lodern solche viralen Momente kurz hell auf und erlöschen dann. Die Auslöser können zutiefst trivial oder wahrhaft tiefsinnig sein. An einem Ende des Spektrums gibt es Produkte der Popkultur wie die VW-Werbung mit dem kleinen Darth Vader[60], die LOL-Katzenvideos[61] oder die *Der-Untergang*-Hitler-Parodien[62]. Am anderen Ende hat man historische Ereignisse, von feierlich bis katastrophal, die in den sozialen Medien Massenaufmerksamkeit erregen.

An seinen zynischsten Tiefpunkten kann einem dieses kollektive Teilen wie ein Marktplatz voller verzweifelt nach Anerkennung gierender Egos vorkommen, die Gleiches mit Gleichem vergelten. Und im schlimmsten Fall kann es sogar einen wütenden, marodierenden und brüllenden Online-Mob in Gang setzen, dem sich dann jeder anschließen muss. Auf jede erfolgreiche Kickstarter-Kampagne kommt irgendwo anders im Netz ein Shitstorm. Man denke nur an die HasJustineLanded-Hashtag-Kampagne, als der missratene Tweet der PR-Managerin Justine Sacco über HIV/Aids in Afrika auf Twitter eine Hexenjagd in Echtzeit auslöste.[63]

In seinen besten Momenten kann das Teilen auf sozialen Medien allerdings Geschichten hervorbringen, die uns tief bewegen und unsere Menschlichkeit von der besten Seite zeigen. Ein Paradebeispiel ist die Make-A-Wish Foundation mit ihrer Kampagne »Batkid für einen Tag«, die den Traum eines fünf Jahre alten, an Leukämie erkrankten Jungen wahr machte: Er wurde für einen Tag zum Superhelden, dem Tausende Freiwillige in San Francisco und ein weltweites Online-Publikum zujubelten.[64]

Das Video *First Kiss* ist noch so ein Beispiel für virale Liebe. Es zeigte zehn sich bis dahin einander fremde Paare, die aufgefordert wurden, sich zum ersten Mal – und vor laufender Kamera – zu küssen. Schon innerhalb einer Woche nach Veröffentlichung Anfang 2014 wurde das Video schon 50 Millionen Mal angesehen. Es zeigt die unbeholfenen Gespräche, in denen die einander Unbekannten versuchen, das Eis zu brechen und sich für den erzwungenen Akt der Intimität locker zu machen. Einige von ihnen bewegen sich anfangs peinlich berührt umeinander herum; andere sind offen in Flirtlaune und scheinen es gar nicht abwarten zu können, endlich zur Sache zu kommen. Und dann küssen sich die Paare zu den Klängen des Songs *We Might Be Dead Tomorrow* zum ersten Mal und so, als sei es das letzte Mal. Die meisten dieser Begegnungen sind ziemlich intensive Angelegenheiten, bei denen die Küssenden von der Kraft des Erlebnisses sichtlich − und, wie es scheint, sehr zu ihrer eigenen Überraschung − überwältigt sind. Es ist faszinierend zu beobachten, wie ein kurzer Moment der Intimität mit einem Fremden die Lockerheit der gestellten Situation überlagert.

Nachdem *First Kiss* eine Internet-Sensation geworden war, folgten allerdings einige negative Reaktionen auf dem Fuß. Kommentatoren im Netz beschuldigten das Video, ein Fake zu sein, und machten darauf aufmerksam, dass es von einem Bekleidungshersteller in Auftrag gegeben worden war und dass die Küssenden professionelle Models waren.[65] *First Kiss* war tatsächlich eine Werbung für das Boutique-Modelabel Wren aus Los Angeles, dessen Logo zu Anfang und Ende gezeigt wurde. Das Budget für das Video lag bei nur etwa 1300 US-Dollar (vor allem für die Studiomiete), und keiner der sich küssenden Unbekannten, die alle entweder Freunde des Labelbesitzers oder des Regisseurs waren, bekam dafür Geld.[66] Aber wie dem auch sei, *First Kiss* hat, ungeachtet der Motive dahinter, Millionen von Menschen einige befremdlich schöne Momente geschenkt. Wie die Kaffeebestechung oder die gestohlene Brieftasche verbarg das Video eine romantische Interaktion im Inneren einer Transaktion.

Scott Simon, Moderator beim amerikanischen Radiosender NPR, live-twitterte das Sterben seiner Mutter für seine mehr als eine Million Follower. In einer Serie von zärtlichen und liebevollen Tweets ließ er sie bis in intime Details hinein daran teilhaben, wie er mit seiner Mutter auf der Intensivstation ihre letzten Stunden gemeinsam verbrachte. Die Tweets zogen eine Welle der Anteilnahme und der Beileidsbekundungen nach sich und brachten wildfremde Menschen dazu, Simon zu sagen, dass er sie zu Tränen gerührt und dazu gebracht habe, über einen »guten Tod und ein gutes Leben« nachzudenken.

In diesen Fällen vereint uns das virale Teilen in kollektiver Trauer. Wenn öffentliche Personen wie Steve Jobs, Nelson Mandela, der Schauspieler Robin Williams oder der *FAZ*-Herausgeber Frank Schirrmacher sterben, lösen diese traurigen Ereignisse eine »Peer-to-Peer-Trauer« aus, wie das die Autoren Paul Ford und Matt Buchanan nennen: »Echtzeit-Chronologie, Trending Topics und kuratierte Nachrichtenfeeds führen dazu, dass das Internet, mit seinem Mix aus individuellem Ausdruck und automatischer Sortierung, den ersten Entwurf der Grabrede schreibt.«

Am Tag von Steve Jobs' Tod, dem 5. Oktober 2011, trauerten Millionen auf der ganzen Welt über den Verlust, und die überwältigende allgemeine Trauer unterstrich den Umstand, dass der Apple-Mitgründer und Vorstandschef wirklich einer der letzten Business-»Tycoons« gewesen war. Sowohl in seiner Arbeit als auch in seinem Tod rührte Jobs an unsere tiefsten Gefühle, was ihn zum Gegenstand einer fastreligiösen Verehrung machte. Fast jeder glaubte, dass Apple ohne Jobs – ohne seine Vision, seine Führungsstärke und seine Aura – nur eine ganz normale, wenn auch exzellente Technologiefirma sein würde. Die Romantik war verflogen.

Ich erinnere mich genau an den Tag, an dem Steve Jobs starb. Ich arbeitete noch bei Frog Design. Jobs hatte Frog für eine sehr fruchtbare Zusammenarbeit engagiert, als es in den achtziger Jahren um die ersten Apple-Computer ging, und dadurch der Designfirma zu weltweitem Ruhm und Respekt verholfen. In den folgenden Jahrzehnten hatten wir bei jedem neuen Apple-Produktstart dafür gesorgt, dass die Gadget- und Technologie-Blogs an unsere ruhmreichen Zeiten der Arbeit für Apple erinnerten, und wir wurden nie müde, irgendein altes Konzept oder einen Prototyp aus unseren staubigen Archiven hervorzukramen, um einen leichten PR-Sieg einzufahren. Unsere Zusammenarbeit mit Jobs war wie eine Gabe, die nie aufhörte zu geben.

Ich erinnere mich, wie wir uns, nachdem wir von seinem Tod gehört hatten, augenblicklich dafür entschieden, unsere ganze Homepage einem Abschiedsgruß zu widmen, der einfach lautete: »Danke für alles, Steve.« Wir blendeten sogar die Seitennavigation aus, so dass 72 Stunden lang niemand tiefer auf unsere Seite vordringen, geschweige denn irgendjemanden kontaktieren oder unsere Dienstleistungen erwerben konnte. Drei Tage lang war in einer letzten Ehrenbezeugung an Jobs unsere Website außer Betrieb. Anfangs machten sich einige von uns Sorgen darüber, dass wir auch die Navigation entfernt hatten. Immerhin waren selbst auf Apples Website, die ein Porträtfoto von Jobs und einen Link auf seinen Nachruf zeigte, die Links auf andere Unterseiten noch zu finden; die Show musste weitergehen. Aber ein jüngeres Mitglied meines Teams beharrte mit einem unfehlbaren Instinkt für die Stimmung des Augenblicks auf einer radikaleren, wahrhaft »puristischen« Geste, und so machten wir es.

Die Entscheidung war nicht das Ergebnis sorgfältiger Beratung oder gerissenen PR-Kalküls. Wir hatten einfach das Gefühl gehabt, es sei richtig, das zu tun. Unsere Geste traf einen Nerv, und Kollegen, Partner, Kunden und sogar Wettbewerber erzählten uns später, dass sie von unserer Hommage gerührt waren. Wir haben uns wahrscheinlich ein paar Aufträge entgehen lassen. Und stattdessen wahrscheinlich tonnenweise Wohlwollen generiert. Vor allem aber starteten wir selbst wieder und wieder auf die Seite. Es war nun für uns Zeit zu geben.

Business-Romantiker machen Großzügigkeit – ja sogar eine obsessive Form der Großzügigkeit – zu ihrer Standardstrategie. Anderen zu helfen befördert unsere gefühlsmäßige Bindung an die Welt und lässt uns mit etwas in Kontakt kommen, das größer ist als wir, selbst wenn es nur unser Nachbar ist. Die einfachste Methode, die Reziprozität der Märkte zu unterlaufen, ist es, einfach mehr zu geben, als zu nehmen. Von Toms und Jerrys Haus über Aprilscherze, Frogs SXSW-Party und den Generous Store bis hin zu viraler Liebe und Online-Trauer: Unsere Handlungen sind romantisch, wenn sie keine Gegenleistung erwarten.

6

Leide (ein bisschen)

Ich brauche keine Bequemlichkeit.
Ich will Gott, ich will Poesie, ich will wirkliche Gefahren
und Freiheit und Tugend. Ich will Sünde!
Der Wilde, in: Aldous Huxley, *Schöne neue Welt*

Die Bäckerei Tartine im Mission District von San Francisco ist ein beliebter Ort, um Kaffee und Gebäck zu kaufen. Sie ist so beliebt, dass eine lange Schlange hungriger Kunden sich täglich ab sieben Uhr morgens, lange bevor die Bäckerei öffnet, die Straße herunterschlängelt. Es heißt, Tartine habe die besten Croissants außerhalb Frankreichs. Ich fahre jeden Tag auf dem Weg zur Arbeit an der Bäckerei vorbei und bin immer wieder fasziniert von dieser langen Menschenschlange – lauter gutbetuchte Leute, die so geduldig ausharren. Als jemand, der in Deutschland aufgewachsen ist, denke ich unweigerlich an die Schlangen vor den Geschäften in der DDR, wo die Leute für Südfrüchte oder Jeans anstehen mussten (jedenfalls wohl kaum für Luxusartikel wie das Gebäck von Tartine). Aber in San Francisco? Es fällt mir schwer, beide Anblicke unter einen Hut zu bringen. Sollten nicht Wahlfreiheit und Bequemlichkeit die Insignien einer Marktwirtschaft sein?

Ich würde tippen, dass die Menschen aus drei Gründen gerne warten: Der offensichtliche Grund wäre, dass das Gebäck von Tartine so außergewöhnlich gut ist, dass es das Warten lohnt (finde ich persönlich nicht, aber hey, ich bin auch in Deutschland aufgewachsen und esse immer noch lieber Schwarzbrot als Croissants). Der zweite Grund ist der, dass die Warteschlange den Leuten einen öffentlichen Raum bietet, an dem man Freunde und Nachbarn treffen kann. Aber der dritte Grund ist für Romantiker der wichtigste: In der Schlange zu warten bedeutet, ein kleines bisschen zu leiden; es ist eine Investition von Zeit und Mühe, für die man im Gegenzug eine gewisse Exklusivität erhält. Bei Tartine zu warten gehört zum Besuch bei Tartine dazu; es ist eine Schlüsselzutat der Gesamterfahrung, eine Schlüsselzutat der Marke. Tartine ist zu einem populären Ziel geworden, gerade weil es so viel Anstrengung erfordert, es bis zur Kasse zu schaffen. Man muss es sich *verdienen*.

Es ist die gängige Vorstellung, dass komfortable Kundenerfahrungen zu größerer Kundenloyalität führen. Romantiker erkennen darin einen Irrglauben. Kunden von Bäckereien ohne Warteschlangen mögen zufriedener, vielleicht sogar glücklicher sein, aber ihren Erfahrungen wird dennoch etwas fehlen. Es ist der gleiche Grund, aus dem Menschen bereit sind, sich stundenlang im Schneckentempo vorwärtszubewegen (und dann womöglich doch abgewiesen zu werden), nur um ins Berghain zu gelangen, statt gleich in einen der unzähligen anderen Clubs von Berlin zu gehen.

Elemente dieses Phänomens finden wir in allen Bereichen unseres Konsumentendaseins. Ob jemand tagelang vor einem Apple-Store campiert, bevor das neue iPhone herauskommt, stundenlang in der Schlange bei Disneyland ansteht, um drei Minuten mit Micky Maus zu verbringen, oder an einer Passstraße in den französischen Alpen bei einer Bergetappe der Tour de France ausharrt, um dann ein paar Sekunden lang die Führungsgruppe an sich vorbeifliegen zu sehen: In all diesen Fällen dramatisiert die unternommene Anstrengung den Moment und steigert seinen gefühlten Wert, die Exklusivität des Erlebnisses.

Nehmen wir solche Treueprogramme wie die Vielfliegermeilen. Teil deren Funktionsprinzips ist es, die Belohnung hinauszuzögern und die Kunden dazu zu zwingen, geduldig zu sein, damit im Gegenzug ihre Bedürfnisse erfüllt werden. Es ist bemerkenswert, dass wir unsere Zeit überhaupt noch für irgendetwas verschwenden, wo wir doch in einer Ära leben, in der Sofortversand und Echtzeitzustellung zur Norm geworden sind. Es fällt auch ins Auge, dass wir in solchen Fällen in der Lage sind, langfristig statt nur kurzfristig zu denken – was üblicherweise keine unserer Stärken ist, wie jeder Psychologe bestätigen wird. Das liegt daran, dass Treueprogramme uns das Gefühl geben, etwas Besonderes zu sein, sobald wir uns für sie anmelden. Die Belohnung hat umso mehr Bedeutung für uns, weil wir in sie investieren mussten – weil wir sie uns durch unsere Loyalität verdienen (oder erleiden) mussten.

Das schwedische Möbelhaus IKEA hat die Kunst, seine Kunden zu frustrieren, perfektioniert. IKEA dosiert die Leidenserfahrung in zwei Teile: erst den Shopping-Parcours, mit seinem standardisierten Aufbau und seinem Einbahnstraßenverkehr, der die Kunden durch eine scheinbar endlose Schleife im skandinavischen Stil eingerichteter Zimmer schickt, bevor er sie in die Lagerhalle mit drei Meter hohen Regalen voller gestapelter Möbelkartons (»Oh, tut mir leid, das haben wir nicht mehr auf Lager«) entlässt. Wenn es sich schon so anfühlt, als sei das Möbelhaus selbst der siebte Kreis der Hölle, so setzt sich das Elend zu Hause fort, wenn es an die Selbstmontage geht. Oft gibt es eine Schraube, die nicht passt, ein Scharnier, das fehlt, oder es kommt zum ultimativen Moment der Niederlage, wenn das frisch zusammengesetzte Möbel nach Stunden der Arbeit in sich zusammenbricht. »Billy«, »Oslo« oder »Klippan« zusammenzusetzen ist ein Opfergang, eine schmerzhafte Erinnerung an unsere eigene existenzielle Unfähigkeit. So einzigartig ist dieses Leidensmodell, dass es nicht überrascht, dass die IKEA-Erfahrung zu einem kulturellen Mem mit eigener Gemeinschaftsfolklore geworden ist, etwa in dem Blog, der die »10 Gebote der IKEA-Möbel«[67] verkündet (z. B. »Du sollst dir Zeit nehmen«) oder in einem Internetquiz namens »IKEA or Death«, das die Expertise in IKEA-Produktnamen testet, indem es sie mit den Namen von Death-Metal-Bands vergleicht.[68]

Eine kürzlich im *Journal of Consumer Psychology* erschienene Studie hat den Begriff des »IKEA-Effekts« geprägt, um das Phänomen zu beschreiben, dass Kunden oft solchen Produkten einen höheren Wert zuschreiben, die sie selbst zusammengebaut haben.[69] Die Forscher räumen ein, dass das voraussetzt, den Zusammenbau des Produkts auch abgeschlossen zu haben; andernfalls stellt unverblümter Ärger mit Sicherheit den Eigentümerstolz in den Schatten. Sie behaupten, dass der richtige Grad an Arbeitsaufwand entscheidend sei: Macht es zu wenig Mühe, bleiben die Konsumenten emotional unbeteiligt; macht es zu viel Mühe, schreckt die Umständlichkeit sie ab. So oder so ist der Arbeitsaufwand Teil der Erfahrung.

All diese Beispiele von Kundenerfahrungen sagen uns, dass wir die Bedeutung von Komfort überschätzen und die Rolle der Aufopferung unterschätzen. Belohnt wird unsere Selbstverpflichtung, und diese Verpflichtung wird mit jeder Belohnung, die wir bekommen, nur noch stärker – es ist eine Aufwärtsspirale. Je mehr Mühe wir aufwenden, desto stärker fühlen wir uns verpflichtet. Und Frustration ist ein großer Teil dieser Gleichung. »Labor of Love« lautet der Titel der IKEA-Studie – es gibt keine Liebe ohne Leiden.

Genau das ist der Grund, warum wir Konferenzen und Veranstaltungen mögen, die an ungewöhnlichen Orten stattfinden. Es ist nicht leicht, zum Jahrestreffen des Weltwirtschaftsforums zu gelangen, das im Schweizer Bergdorf Davos stattfindet (es sei denn, man gehört zu den Glücklichen, die per Helikopter oder Privatjet eingeflogen werden). Wenn man einmal dort angekommen ist, wird man oft von bitterkaltem Wind und vereisten Bürgersteigen begrüßt. Und doch schlägt nie jemand vor, das Weltwirtschaftsforum in ein Flughafenhotel bei Genf zu verlagern. Warum gibt es keinen Expresszug entlang des Jakobswegs in Spanien? Könnte man das Burning Man Festival nicht auch im lieblichen Weinanbaugebiet von Napa Valley statt in der Wüste von Nevada veranstalten? Wir haben eine Historie der Pilgerschaft zu unseren bedeutendsten – und spektakulär unzugänglichen – Versammlungsplätzen.

Der Evolutionspsychologe Ulrik Lyngs erforscht die Beziehung zwischen den Herausforderungen des Lebens und unserem Glück. Als ich ihn London traf, beschrieb er die Diskrepanz zwischen unserer biologischen Ausstattung und unseren hochentwickelten äußeren Bedingungen als »Steinzeitgehirne im digitalen Zeitalter«. Aus seiner Sicht sind wir noch immer dafür verdrahtet, ums Überleben zu kämpfen, obwohl in den meisten modernen, zivilisierten Gesellschaften existenzielle Bedrohungen so gut wie verschwunden sind. In einem grundlegenden Artikel über die »Evolution des Glücks« verweist ein Kollege Lyngs', der Psychologe David M. Buss, auf die »großen Diskrepanzen zwischen moderner und vorzeitlicher Umwelt« als eines unserer Haupthindernisse dabei, im modernen Leben glücklich zu werden.[70] Weil wir in einer Umwelt leben, die erheblich sicherer und stabiler ist als die unserer Vorfahren, fehlen uns die »kritischen Ereignisse«, die uns helfen, zwischen falschen und echten Freunden zu unterscheiden, unsere Fitness einzuschätzen und uns das Gefühl zu geben, wirklich irgendwas geleistet zu haben. Dieser Mangel an Ereignissen, die zu kritischer Selbstüberprüfung führen, so schreibt Buss, könnte ursächlich sein für »die Einsamkeit und das Entfremdungsgefühl, das viele im modernen Leben verspüren, einen Mangel an tiefer gehenden sozialen Bindungen, trotz des Vorhandenseins vieler scheinbar warmherziger und freundlicher Interaktionen«. Schlichter formuliert: Uns fehlt das Drama.

Die Abschaffung des Dramas ist in mancherlei Hinsicht dem technischen Fortschritt geschuldet. Die Software hat uns softer gemacht. Sie hat unserem Leben mehr Sicherheit und Gewissheit gegeben, sie hat es aber auch gezähmt. Im Zeitalter des digitalen Handels sind *Instant Gratification* und totaler Komfort zu den Standardeinstellungen für jede Art von Interaktion geworden. Wir können heute nahezu alles online bestellen und uns an die Haustür liefern lassen, bald dann auch von Drohnen. Wir outsourcen sogar unser Beziehungsleben – vom Flirten zur Trennung – an Dienste wie Delightful, einen »personalisierten Date-

Concierge«; HowAboutWe, das romantische Erlebnisse für Ehepaare organisiert; oder mobile Messaging-Dienste wie BroApp oder Romantimatic, die intime Gespräche automatisieren.[71] Und als ob das alles nicht genug wäre, schlägt uns BreakUpText sogar Stichworte für automatisierte Trennungsnachrichten vor. Die Entwickler der App hatten sie zunächst als einen Scherz gedacht, aber nicht jeder konnte darüber lachen:»Diese App ist nicht sehr gut, meine Trennungs-SMS sind immer viel besser«, beschwerte sich ein User.[72] Und der Gipfelpunkt von alldem ist Wevorce, ein Online-Dienst, der Paaren dabei hilft, sich zu »entpaaren«, und den Scheidungsvorgang outsourct.[73]

In einem Zeitalter globalen Wettbewerbs sowohl für Marken als auch für Individuen sind Komfort, Bedienungsfreundlichkeit und Instantkonsum die kleinsten gemeinsamen Nenner, die Grundanforderungen an alle Produkte und Dienstleistungen. Aber wenn alles outgesourct und automatisiert und einfach zu leicht gemacht wird, wo finden wir dann noch die »kritischen Ereignisse«, um in unserer Alltagsroutine Akzente zu setzen und unser Leben mit bedeutungsvollen Momenten zu versehen? Einige wenden sich dem Skydiving, Klettern und Ultramarathon zu, während andere versuchen, IKEA-Möbel zusammenzubauen, oder stundenlang vor einer vielgelobten Bäckerei in der Schlange stehen.

Im Arbeitsalltag nutzen viele von uns Fristsetzungen, um uns den Thrill des Leidens zu geben. Deadlines sind unser Äquivalent für die Besteigung des Mount Everest. Erinnern Sie sich noch an diese PowerPoint-Präsentation für Ihren Chef? Wie Sie an dem Morgen des Tages, an dem Sie sie abgeben sollten, noch gar nicht angefangen hatten; wie die Deadline »bis Feierabend« noch so weit weg schien, bis es plötzlich dunkel wurde und die Kollegen das Büro verließen? Sie haben sich im Café an der Ecke einen Latte geholt, sind zurück an Ihren Schreibtisch gegangen und bis zum Morgengrauen dort sitzen geblieben und haben an den Folien herumgeschraubt, bis Ihnen die Augen weh taten. Als Sie dachten, Sie wären fertig und hätten die letzte Runde geschafft, merkten Sie, dass Sie noch eine Stunde mehr brauchen würden, um die Begleit-E-Mail für Ihren Chef zu schreiben. Endlich konnten Sie sich abmelden, das Licht ausmachen und ein Taxi nach Hause nehmen, wo Sie ins Bett krochen, müde, aber glücklich.

Lange aufzubleiben, Überstunden zu machen, um ein Angebot oder eine Präsentation fertigzustellen, das ist eine emphatische Erfahrung, die unser Bewusstsein erweitert und uns an unsere physischen Grenzen führt. Wir fürchten und genießen die Erfahrung gleichermaßen. Die Arbeit – derer man sich so leicht früher hätte entledigen können – ragt nun bedrohlich vor uns auf.[74] Und doch ist die Aufregung, die diese Herausforderung hervorruft, ganz konkret. Mit rasendem Herzschlag erregen wir uns an dem Gefühl der Zeit, die immer zähflüssiger zu werden scheint mit jeder Minute, die vergeht. Mit solchen beruflichen Nahtoderfahrungen konfrontiert, werden wir erst richtig lebendig. Architekten und Designer leiden noch in den späten Jahren ihrer Karrieren unter diesem Syndrom des Last-Minute-Rauschs. Die Wurzel dafür liegt in ihrer Berufsausbildung. Als Studenten werden sie schon in ihren ersten Praxiserfahrungen auf die Geisteshaltung konditioniert, die hinter diesen nervenzerfetzenden Wettrennen gegen die Uhr steht. Nicht anders geht es Schriftstellern, Markenstrategen, Werbern, Filmemachern, Wissenschaftlern, Analysten, Journalisten und anderen Wissensarbeitern: Wenn sie einmal den Adrenalinrausch verspürt haben, fällt es ihnen schwer, sich von ihm zu lösen – aller Versuche, den Panikmodus zu unterdrücken und die Unbeständigkeit des kreativen Prozesses in den Griff zu bekommen, zum Trotz. Insgeheim wollen wir Dramatik und Suspense, und wir haben eine beeindruckende Fähigkeit entwickelt, sie durch unsere Arbeit zu erzeugen.

Deadlines zu haben ist, man sollte das anmerken, ein Privileg für diejenigen unter uns, die einen gewissen Grad an Autonomie in ihrer Arbeit haben; diejenigen, die nicht an monotone Schichtarbeit oder standardisierte Aufgabenfolgen gekettet sind. In der Lage zu sein, festzulegen, *wann* man arbeitet oder zumindest *wie* man arbeitet, erhöht die Chancen, Dramatik durch Deadlines erzeugen zu können. Als Wissensarbeiter können wir unsere Erfahrungen intensivieren, weil wir bestimmen können, wann sie anfangen und aufhören, wo sie ihren Höhepunkt erreichen und wann eine Pause eingelegt wird. Ohne diese Freiheit zur Prokrastination ist es schwieriger, romantisches Leiden zu ermöglichen.

Diese Form von selbstauferlegter Opferung kommt bei der Arbeit ständig vor, aber am offensichtlichsten ist sie wohl unter Sportfans. Es ist kein Zufall, dass im Wort »Leidenschaft« das »Leiden« steckt. Ein Fan hat sich ganz seinem Team verschrieben und leidet bei jeder Niederlage. Der Grad des Leidens ist proportional zum Grad der Hingabe. Die Emotionen, die Fans bei Sportveranstaltungen durchleben, gleichen der Erfahrung einer persönlichen Krise: von Erregung und Euphorie bis hin zu Schock, Trauma und sogar Depression. Und die Momente, die am meisten in Erinnerung bleiben, sind nicht die der Freude, sondern des exquisiten Schmerzes – des herzzerreißenden Kummers nach einer Niederlage.

Für mich ist Fußball der romantischste Sport, weil das »schöne Spiel« nicht nur Dramatik, sondern auch einen hohen Grad an Doppeldeutigkeit bietet. »Der größte Trugschluss ist der, dass es [beim Fußball] in erster Linie ums Gewinnen gehe«, hat Robert Dennis »Danny« Blanchflower, der legendäre Kapitän der Tottenham Hotspurs, einmal bemerkt.[75] Dass ein Fußballspiel unentschieden und sogar torlos ausgehen kann, unterstreicht seine These. Arsène Wenger, der Trainer von Arsenal London, ging so weit zu sagen: »Der Eindruck, den man im Gemüt der Leute hinterlässt, ist wichtiger als das Ergebnis.«[76] Im besten Fall werden Fans mit atemberaubenden, nahtlosen Kombinationen aus Pässen und balllosen Bewegungen belohnt, die zu fast göttlichen Geometrien der Schönheit führen. Topteams wie Bayern München oder der FC Barcelona erheben das bloß Mechanische, bloß Physische zu einem erhabenen Genuss von gewaltiger Poesie; sie machen das Laufen zu einem Ballett.

Trotz des aktuellen Trends, Statistiken zum Fetisch zu machen, und trotz der Einführung der Torlinientechnologie als erstem Schritt in Richtung eines Videobeweises, der den Schiedsrichter korrigieren könnte, hat sich der Fußball seine Subjektivität und seine Unvorhersehbarkeit erhalten. Alles kann passieren, und fast alles, was geschieht, beruht auf menschlichen Fehlern. Wenn Leistung nicht mit dem angemessenen Ergebnis belohnt wird, wenn der »Fußballgott« keine Gerechtigkeit walten lässt, dann blutet das Herz des Fans und wächst die Frustration. Aber der Fan bleibt treu ergeben, und die Teamgeschichte – die Siege und legendären Niederlagen – wird auch *seine* Geschichte. Spiel für Spiel, Saison für Saison bilden diese Erinnerungen neue Schichten, eine über der anderen, bis das Leben eines Fans im Tandem mit der Mannschaft gelebt wird. Selbst im Angesicht der frustrierendsten und schmerzlichsten Niederlagenserie – wie der trophäenlosen »Dürrezeit« des legendären brasilianischen Clubs Corinthians zwischen 1954 und 1977[77] oder den Schalker Jahrzehnten des Wartens auf den achten Meistertitel, die am letzten Spieltag 2001 in buchstäblich allerletzter Minute doch nur in einer »Meisterschaft der Herzen« kulminierten – würde der Fan nie seine Loyalität wechseln und sich ein erfolgreicheres Team suchen: Fan zu sein heißt, dass der Glaube vor langer Zeit gefestigt wurde. Wie in all unseren wirklich bedeutungsvollen Beziehungen wird sich diese emotionale Investition nie ganz bezahlt machen. Sie wird uns aufsaugen und erschöpfen, und es wird keinen Ausweg geben – aber unser romantisches Kapital wird mit jedem Spiel wachsen, das wir uns ansehen.

Manche Augenblicke im Businessleben können uns ein Gefühl der Bedeutsamkeit vermitteln, weil wir wertvolle Ressourcen wie Zeit, Sorgfalt oder Aufmerksamkeit investieren. Je unbequemer die Erfahrung ist, desto bedeutsamer fühlt sie sich an. Je mehr wir opfern, desto mehr gehören wir dazu. Je näher die Deadline rückt, desto lebendiger werden wir. Es gibt für einen Romantiker nichts Beängstigenderes als ein Leben in kompletter Bequemlichkeit und totalem Komfort – ständig, jederzeit, überall. Ist es das, was Sie Ihren Kunden und Angestellten bieten? Wieso?

Business-Romantiker würden alles dafür geben, (ein bisschen) zu leiden. Wir wissen, dass in den Bruchstellen zwischen Komfort, Zufriedenheit und Glück die Romantik lauert. Verlangen Sie von Ihren Kunden und Kollegen, sich ein bisschen anzustrengen. Machen Sie es umständlicher für sie, an Belohnungen zu kommen. Wirken Sie auf sie ein, bis sie sich mehr Mühe geben. Lassen Sie sie warten. Frustrieren Sie sie, damit sie wertschätzen, was sie nicht bekommen können. Und fahren Sie die ultimative Belohnung ein: permanente Unerfülltheit – und die Sehnsucht intakt.

7

Tu so, als ob!

Alles ist falsch, alles ist möglich, alles ist zweifelhaft.

Guy de Maupassant

Der große Gatsby, der Film des australischen Regisseurs Baz Luhrmann, war ein großer Kassenerfolg, wurde aber auch als totale Mogelpackung angesehen. Filmkritiker wetterten gegen Luhrmann, weil er der Welt seinen Autorenstempel aufgedrückt hatte. Statt eine »echte« Bebilderung von Fitzgeralds »echtem« Roman habe Luhrmann, so behaupteten die Kritiker, eine Fantasiewelt erschaffen, eine grelle und groteske Vergnügungsparkfahrt.[78] Im Gegensatz zu vielen Rezensenten mochte ich den Film sehr. Ich hatte das Gefühl, als würde ich Gatsbys Welt durch eine Discokugel betrachten. Alles schimmerte; die Welt war realer als real. In Wahrheit war sie eine Feier des Fakes. Luhrmann nutzte nicht zum ersten Mal diese Ästhetik – denselben kinematischen Zauber hat er in *Moulin Rouge* auf das Paris des 19. Jahrhunderts und in William Shakespeares *Romeo + Julia* auf das Verona des 16. Jahrhunderts angewandt. Wer eine getreue Wiedergabe von Fitzgeralds Universum sucht, bleibt besser zu Hause und liest das Buch. Aber warum sollten wir so etwas wollen? Schließlich ist jedes Kunstwerk ein Versuch, die Realitätswahrnehmung des Künstlers wiederzugeben – sie zu fälschen. Wie Picasso einmal gesagt hat: »Ich male oft Fälschungen.«

Denken wir an den Graffiti-Künstler Banksy, einen Provokateur, den der *Guardian* »einen Meister des Offensichtlichen«[79] genannt hat. Indem er Schablonenkunst und Epigramme nutzt, um die Fassaden bestehender Gebäude und Objekte zu unterwandern, verkündet Banksy seine künstlerische Vision mit einer gesunden Prise zivilen Ungehorsams. Noch berühmter ist er für seine schlagzeilenträchtigen Aktionen, bei denen er falsche Auftritte und falsche Nachrichten lanciert und so versucht, der Welt ein paar Wahrheiten zu entlocken. Er ließ einmal eine als Guantánamo-Häftling bekleidete aufblasbare Puppe in Disneyland zurück, und ein anderes Mal heuerte er einen echten Schuhputzer an, um die Schuhe einer Ronald-McDonald-Statue in New York zu putzen.[80]

Eine ähnlich provokante Täuschung lag bei einer Aufklärungskampagne vor, die UNICEF in Finnland durchführte. Bei »Be a mom for a moment« wurden blaue Kinderwagen, aus denen ein vom Band kommendes Babygeschrei drang, in vierzehn finnischen Städten auf belebten Plätzen abgestellt. Wenn Leute einen Blick in den Kinderwagen warfen, fanden sie einen Zettel mit der Mitteilung: »Danke, dass Sie sich kümmern. Wir hoffen, es gibt mehr Menschen wie Sie. UNICEF: Be a mom for a moment.« Die Reaktion von Medien und Öffentlichkeit war überwältigend. Alle wichtigen Fernseh-, Radio- und Online-Nachrichten berichteten. Die geschätzte Medienreichweite betrug nach zwei Tagen mehr als 80 Prozent der finnischen Bevölkerung.[81]

Die Gerissenheit von Banksys Arbeiten und der UNICEF-Kampagne spricht uns Romantiker an, weil uns die Faszination lieber ist als die Information, die Emotion näher als die Beweisführung. Donna Tartt bringt diese Alchimie zwischen Wahrheit und Illusion in ihrem Roman *Der Distelfink* auf den Punkt:

(...) zwischen der »Realität« auf der einen Seite und dem Punkt, an dem der Geist die Realität trifft, gibt es eine mittlere Zone, einen Regenbogenrand, wo die Schönheit ins Dasein kommt, wo zwei sehr unterschiedliche Oberflächen sich mischen und verwischen und bereitstellen, was das Leben nicht bietet: und das ist der Raum, in dem alle Kunst existiert und alle Magie.[82]

Wir Romantiker zelebrieren die Sensibilität für das Magische, für den Fake und nehmen gleichzeitig allgemein akzeptierte Wahrheiten auseinander. Wir blühen in diesem sich ständig verschiebenden Raum auf und benutzen ihn als Spielfeld für Provokationen und subversive Kommentare.

Nirgendwo leuchtet das mehr ein als im Social Web, wo die Linie zwischen dem Realen und dem Falschen rasch verschwindet und ein Niemandsland hinterlässt, das sich Schwindler und Provokateure zunutze machen können.

Twitter ist ein Paradebeispiel dafür. Wie Karen Wickre, eine unserer Business-Romantikerinnen im zweiten Kapitel, bestätigen kann, erlaubt uns der öffentliche Charakter von Twitter, zu performen, zu spielen, Posen auszuprobieren und unsere eigene Sicht auf die Welt in Szene zu setzen. Das Twitterversum ist voll von falschen Identitäten und Witzbolden: Accounts wie @WillMcAvoyACN und @PaulRyanGosling parodieren die Mainstream-Kultur mit einer unmittelbaren Feedbackschleife für die Dummheiten des Lebens. Ein Twitter-Feed wie @MayorEmanuel dreht die Schraube noch etwas weiter, indem ein ganzer Account geschaffen wurde, nur um die Mühen und die Fauxpas von Chicagos Bürgermeister Rahm Emanuel zu kommentieren. Mehr als 23 000 Follower verfolgen die Tweets der fiktiven deutschen Rentnerin @RenateBergmann (»Guten Morgen, hier schreibt Renate Bergmann. Ich wünsche Ihnen einen schönen Sonntag!«). Als die Moderatorin Sarah Kuttner in einem Tweet Renate Bergmann als ihre Oma bezeichnete, nahmen viele das für bare Münze, so überzeugend falsch ist die 82-Jährige.[83] Inzwischen hat »Renate Bergmann«, die im echten Leben Torsten Rohde heißt, es sogar zu einer Buchveröffentlichung gebracht,[84] sie twittert aber auch täglich fleißig weiter: »Das Lehrmädel hat mir die Haare gemacht. Mit Blauspülung! Ich sehe aus wie @HoneckerMargot. So kann ich doch nicht auf die Straße!« Auch die Twitter-Präsenz der Staatsratsvorsitzendenwitwe (»Zähne raus, Licht aus«) ist natürlich nur eine Parodie. Oft bleiben solche Twitter-Identitäten völlig anonym – die Maske wird jahrelang gewahrt –, während sie Horden von Followern anziehen.

Oder Eric Jarosinski zum Beispiel: Im wahren Leben ist er als amerikanischer Professor für deutsche Literatur und Philosophie bekannt, aber seine Fans in der ganzen Welt kennen ihn unter seiner Twitter-Identität @NeinQuarterly. Mehrmals täglich bekommen Jarosinskis treue Follower eine Prise seiner nihilistischen Empfindsamkeit in Form von Aphorismen, Wortspielen oder ungeschliffenen Sendschreiben aus dem Großstadtalltag (»Bei Starbucks bestelle ich auf den Namen Godot. Dann gehe ich.«).

Jarosinski, der einen düsteren Sarkasmus mit entwaffnender Offenheit vereint, nutzt Philosophie und Literatur dafür, die Macken und Befangenheiten unseres hyperverlinkten Lebens offenzulegen. »Tricksereien haben mich nie angesprochen«, sagt er mir, »aber es kommt mir wie ein natürlicher Weg vor, um Verbindungen herzustellen. Twitter ist wirklich der Ort, wo ich die Freiheit für alle Ideen finden kann, die mich interessieren: Respektlosigkeit, Verspieltheit, Provokation.«

Von Aktivisten gefälschte Marketingkampagnen geben uns die Chance, diese Ambivalenz auch in der Welt der Marken voll und ganz anzunehmen. Die Online-Anzeigenserie »Shell: Arctic Ready« nahm die Bemühungen des Ölriesen auf die Schippe, an der Nordküste Amerikas in der Arktischen See nach Erdöl zu bohren (eine Anzeige zeigte die sinkende *Titanic* mit dem Slogan: »Nie wieder: Lasst uns loslegen!«).[85] Der gehackte Twitter-Account von Burger King verkündete, dass das Unternehmen an McDonald's verkauft werde und dass alle Mitarbeiter unter Drogen stünden.[86]

Dieses Verschmelzen des Gefälschten mit dem Realen wurde auch von der Werbekampagne für einen Döner-Imbiss in Berlin vorgemacht. Der Spot für »Mustafa's Gemüse Kebap«, der in Kinos der Hauptstadt lief und dann ein YouTube-Hit wurde, parodierte detailverliebt die klassischen Werbespots des Kinderbreiherstellers Hipp. Da hielt eine Frau im Kornfeld statt eines Babys einen Döner im Arm, und der Imbissbesitzer trat persönlich mit den leicht abgewandelten Worten vor die Kamera: »Davor stehe ich mit meinem Namen.« Statt mit Klage zu drohen, schrieb Claus Hipp einen Brief, indem er ankündigte, gerne vorbeizukommen, wenn der Döner so gut sei wie die Werbung.[87] Interessant ist aber, dass die Werbung für den zu diesem Zeitpunkt schon außergewöhnlich gut laufenden Imbissstand von einer Werbeagentur aus der Nachbarschaft kostenlos entwickelt worden war – und dass die Idee von den Werbern an die Dönerverkäufer herangetragen wurde.[88] Es handelte sich also bei genauer Betrachtung weniger um Werbung für Babybrei noch in allererster Linie für Döner, sondern vor allem um geschicktes Guerilla-Marketing für die Werbeagentur selbst. Dass man dies durchschauen kann und sich trotzdem wie Claus Hipp bei jedem Ansehen erneut an dem Spot erfreuen kann, spricht für die Schönheit und den Charme der Parodie.

Solche Authentizitätserfahrungen inmitten von lauter Täuschung haben auch in unserem Leben als Verbraucher und Arbeitskräfte ihren Platz. Als Business-Romantiker genießen wir es, Masken zu tragen. Von Grimms Märchen über den Karneval in Venedig bis zum Mardi Gras, zu Halloween, Batman und dem Hackernetzwerk Anonymous – Masken erlauben uns, nicht nur vor anderen, sondern auch vor uns selbst zu fliehen. Sie verwandeln uns auf magische Weise von Individuen zu Ikonen. Religionen und Sekten haben das vor langer Zeit begriffen und benutzen Masken als Symbole für die urbildlichen Rollen der Menschheit. Auf diese Weise liegen Masken an den Bruchlinien zwischen dem Buchstäblichen und dem Symbolischen, dem Utilitaristischen und dem Transzendenten. Sie werden zum physischen Schutz getragen – man denke nur ans Fechten, an Sauerstoffmasken oder an die vor Luftverschmutzung schützenden Masken, an die wir uns auf Bildern aus Asien gewöhnt haben –, aber auch zum Zwecke der Tarnung und der Performance.

Als Verbraucher setzen wir uns Masken auf und probieren verschiedene Identitäten aus, wenn wir uns in die Showrooms begeben und die Produkte, Dienstleistungen und Markenwerte, die wir verehren – und in die wir emotionales Kapital investieren –, kaufen. So lädt Ralph Lauren, ein einfacher Junge aus der Bronx, zum Beispiel seine Kunden ein, die Maske der Schicken und gut Betuchten anzulegen.

Wir alle tragen auch am Arbeitsplatz Masken. Wir spielen, indem wir Aufgaben erfüllen und Ziele erreichen, die uns meist andere gesetzt haben. Wir inszenieren unsere eigene Geschichte, indem wir unsere Interaktionen choreografieren und verschiedene soziale Rollen spielen. Diese Formen der Performance werden immer unentbehrlicher für unsere »Performance-Beurteilung«. Die Wissensökonomie hat viele unserer quantifizierbaren, konkreten Aufgaben automatisiert und uns nur den unscharfen Bereich der subjektiven Aufgaben überlassen: Wahrnehmungen zu prägen; Beziehungen aufzubauen und zu pflegen; unsere Reputation zu managen; unausgesprochenes Wissen zu sammeln und zu teilen; sich Respekt, Popularität, Autorität und Einfluss zu erarbeiten. Wie Matthew B. Crawford, der Autor des (etwas unglücklich eingedeutschten) Buchs *Ich schraube, also bin ich: Vom Glück, etwas mit den eigenen Händen zu schaffen,* in der *New York Times* schreibt, sind wir zu »symbolischen Wissensarbeitern« geworden:[89]

Ein Manager muss viele Entscheidungen treffen, über die er Rechenschaft ablegen muss. Anders als bei einem Unternehmer mit seinem eigenen Geschäft können die Entscheidungen allerdings jederzeit von jemandem aufgehoben werden, der in der Nahrungskette weiter oben steht (und irgendwer steht immer weiter oben in der Nahrungskette). Es ist wichtig für Ihre Karriere, dass dieses Aufheben nicht wie eine Niederlage aussieht und, noch allgemeiner gesprochen, müssen Sie viel Zeit damit verbringen zu managen, was andere über Sie denken.

Wenn man grob übertreiben wollte, könnte man sagen, dass wir nicht länger das sind, was wir machen oder tun – wir sind, was andere denken, das wir sind. Wir sind diejenigen, die man mag oder fürchtet. Wir sind das, was man uns *nicht* sagt. Das hat weitreichende Auswirkungen. Unsere Projekte und Initiativen beziehen immer mehr Abteilungen ein, immer mehr Stakeholder, und im Ergebnis entfernen wir uns immer weiter von jeder Form des befriedigenden Gefühls, die eigene Arbeit erledigt zu haben. Wenn wir die lineare To-do-Liste von Ursache und Wirkung abschaffen, bleibt uns nur noch das »To-be«, wir können nur noch »sein«: unsere persönliche Marke entwickeln und ihrem Versprechen gerecht werden, als Symbol unserer Arbeit dienen und es die Welt wissen lassen.

Das ist ein schwankendes und ungeschütztes Terrain, und viele von uns brauchen mehr als eine Rolle, um sich auf ihm zurechtzufinden. Deshalb tragen wir Masken, wenn wir bei der Arbeit sind, und wir führen Rituale durch, die unsere fragilen Identitäten formen: Man denke nur an all die Wochen-, Monats- und Vierteljahresberichte; die immer wiederkehrenden Zwischennachfragen und Beurteilungen; die täglichen Stehmeetings, die unter Entwicklerteams so verbreitet sind, und die inoffiziellen Klausurtagungen. Man denke an die Sonderkomitees, Task Forces und Kollegialgremien, die geschaffen werden, um Macht (und ihre Wahrnehmung) weiter zu streuen, die uns aber auch eine Vielzahl von Bühnen zur Verfügung stellen, auf denen wir agieren müssen. Und man denke an die parallelen Karrierewege, die clevere Personalabteilungen sich ausgedacht haben, um unseren verschiedenen Identitäten mehr Verwirklichungsmöglichkeiten zu geben, wobei oft zwischen einem »Titel« (z. B. Senior Associate oder Vorgesetzter) und einer »Rolle« (z. B. Retail Practice Leader, regionaler Marketingmanager) unterschieden wird. Manche Wissensarbeiter sehen in all diesen Ritualen vielleicht nur einen Morast von Unternehmensbürokratie, aber Business-Romantiker schätzen jedes einzelne von ihnen als eine Gelegenheit, andere Seiten ihres Ichs zu erkunden. Die Hierarchien mögen heute flacher sein, aber es gibt mehr Pfade denn je für unsere symbolische Wissensarbeit, in anderen Worten: dafür, unsere Performance zu faken.

Diese Sehnsucht nach größerer Ausdehnung, nach einer Geschichte unseres Arbeits-Ichs, die über lineare Narrative hinausgeht, spiegelt sich endlich auch in den Networking-Tools der sozialen Medien wider.

Ein in Berlin ansässiges Start-up-Unternehmen, das den treffenden Namen Somewhere trägt, macht sich gerade daran, LinkedIn und konventionellere Lebensläufe zu ersetzen. Somewhere, das ein bisschen wie ein Pinterest für Berufstätige daherkommt, ist eine visuelle Entdeckungsplattform für diesen Zweck. Einzelpersonen oder Teams posten Fotos und Bildunterschriften, die die Geschichte ihrer Arbeit erzählen. Und wenn sie das tun, können sie mit anderen teilen, was sie am liebsten machen und wie sie es machen (»Was machst du wirklich?«, lautet die prägnante Frage, die die Website stellt). Somewhere erlaubt es den Nutzern, sich selbst als widersprüchliche und komplexe Menschen zu präsentieren und ihre Leidenschaften, Gefühle und ästhetischen Präferenzen zur Schau zu stellen. Diese Narrative verbinden sie ganz nebenbei mit anderen, gleichgesinnten Berufstätigen. Wenn man sich die Seite von Somewhere ansieht, wird sofort offensichtlich, dass die Präsentationen des »Arbeits-Ichs« künstlerische Schöpfungen sind. *Alle* tun nur so, als ob! Für Romantiker ist das eine wunderbare Sache. Endlich werden Karrieren als uneindeutig und immer im Fluss abgebildet, und die Identität eines Berufstätigen wird als nicht fest umrissene Rolle dargestellt. Justin McMurray, Mitgründer von Somewhere, sagte mir, dass er die Firma 2012 gründete, um Beschäftigten wieder »die Kontrolle darüber zurückzugeben, wie die Geschichte ihrer Arbeit erzählt wird«. »Die Leute führen so faszinierende Arbeitsleben: Es ist unsere Hoffnung, dass wir die Welt der Arbeit öffnen, den Leuten helfen, hinter die Kulissen zu schauen, Inspiration zu finden und diejenigen Menschen zu finden, mit denen sie arbeiten sollten«, meinte er.

Natürlich sind nicht alle Arbeitswelten auf den ersten Blick so faszinierend oder ästhetisch geschlossen. Im Jahr 2005 arbeitete der Film- und Fernsehproduzent und Performance-Künstler George Nachtrieb an einem Auftrag der Biogenetik-Firma Amgen, als er einen künstlerischen Impuls verspürte.

»Wir waren in so einem stereotypen Büro ohne Fenster und mit vielen, vielen Reihen von Cubicles«, erzählt er mir. »Bei Meetings war es völlig akzeptierter Brauch, dass die Leute aufstanden und dann einfach vor ihrer PowerPoint-Präsentation herumstanden und die Folien Wort für Wort vorlasen. Niemand sagte jemals: ›Das ist eine furchtbare Form der Informationsvermittlung.‹«

Diese Erfahrung führte Nachtrieb mit seiner langen Vorgeschichte künstlerischer Experimentierfreude dazu, ein Alter Ego mit dem Namen Steve Musselman und eine völlig fiktive Firma zu erschaffen: YD Industries (YDI) produziert alles von dinosaurierförmigen Verhütungsschwämmen über »Butter Pups«, einen Butter-Snack am Stiel für Kinder, bis zu Rindfleisch von mit Tofu gefütterten Rindern. Musselman gibt regelmäßig Seminare in Performance-Räumen in Los Angeles und San Francisco, bei denen er Themen wie »Wie man scheitert« und »YDI-Erfolg« behandelt, inklusive der unabdingbaren Gruppenarbeit und Brainstorming-Runden.

Das hört sich vielleicht alles mehr nach einer Satire an, die Künstlerkreise ansprechen will, aber Nachtriebs Arbeit gewinnt bei echten Unternehmen an Beliebtheit. Als jemand, der in San Francisco, im Herzen der Start-up-Kultur lebt, hat er erkannt, dass der Drahtseilakt seiner Seminare zwischen Wahrheit und Kunstgriffen ein fruchtbares Spielfeld für das Erforschen von Innovationsprozessen eröffnet. Jüngst hat er sich sogar mit einem früheren Producer der Designfirma IDEO zusammengetan, um Seminare für Start-ups zu entwickeln.

»Wir haben eine Sitzung für eine Gruppe von Ingenieuren veranstaltet, und die waren völlig verwirrt«, erzählt er lachend. »Aber nach wenigen Minuten der Präsentation haben es fast alle kapiert.

Ich habe ihnen die Chance gegeben, ihre eigene Arbeitspraxis mit etwas Abstand zu sehen. Ingenieure zum Beispiel konzentrieren sich oft nur darauf, was machbar ist, und sie arbeiten meist unter zu starren Vorgaben.«

Nachtriebs Präsentation hat ihnen Improvisationstechniken aus dem Theater beigebracht, wie zum Beispiel das »Ja, und« – eine Regel, die besagt, dass jeder Vorschlag eines Improvisationsdarstellers von seinen Mitspielern mit einer positiv bekräftigenden Zustimmung beantwortet werden muss. Die alternative Spielfläche von YDI – mit ihrer Absurdität und ihrem Gefühl ironischer Verspieltheit – hielt die Ingenieure davon ab, fantasievollerfinderische Möglichkeiten durch Praktizismus zunichtezumachen. Nach einer von Nachtriebs Sessions kam einmal eine Frau auf ihn zu und sagte: »Ich bin immer noch nicht sicher, ob das echt war oder nicht.« Nichts hätte ihn glücklicher machen können.

Die Geschäftswelt sollte sich von Versuchen wie YDI und Somewhere inspirieren lassen und das »Ich« als ein spielerisches Behältnis zahlloser Wahrheiten und Lügen, Performances und Probeaufführungen, Büros und Zuhauses, Arbeitszeiten und Überstunden annehmen. Stowe Boyd, ein Beobachter der digitalen Ökonomie, weist auf Folgendes hin: »In der neuen Arbeitswelt ist die Arbeit kein Ort, wo man hingeht, sie ist eine Sache, die man macht. Du bist die Arbeit.«[90] Wir alle tun so, als ob, um dieses Gefühl zu erlangen.

Während Angestellte darin bestärkt werden, vielfältige Wahrheiten zu akzeptieren, erlauben wir unseren Chefs allerdings bisher nicht, inkonsistent zu sein. Stur lehnen wir Führungskräfte ab, die Masken tragen, um multiple Rollen darzustellen; die zwischen verschiedenen Facetten ihres Charakters hin und her wechseln. Die Demaskierung ist sogar zum jüngsten Business-Kampfschrei geworden. In einem Blogeintrag für die *Harvard Business Review* fordert Peter Fulda: »Chefs, lasst eure Masken fallen«, und ermahnt sie: »Seid einfach ihr selbst.«

Die extreme Kontrolle durch die Internet-Öffentlichkeit hat die Bandbreite der angemessenen Ausdrucksmöglichkeiten für Führungskräfte in der Wirtschaft noch weiter eingeengt. Sie sitzen nun in einem Glashaus, in dem jede Spur von Emotion möglicherweise einen Skandal verursachen kann. Wie sollen sie auf ihre Impulse reagieren, sich irrational verhalten oder eine ungeahnte Emotion zum Ausdruck bringen, wenn Tausende oder sogar Millionen von Augen ständig Rechenschaft von ihnen verlangen? Es wird von ihnen erwartet, dass sie konsistent, angepasst und vorhersehbar bleiben. Schaffen sie das nicht, wirft man ihnen vor, dass sie »Umfaller« seien oder schlimmer noch Hochstapler. Was wir ausstrahlen und wie wir uns verhalten, muss immer übereinstimmen. Das ist unsere Messbasis für Integrität.

Aber *ein* Leben ist nicht genug. Als Konsumenten, Angestellte oder Chefs treibt uns der Wunsch, der Uniformität und Kontinuität zu entkommen, dazu, dass wir Charakterzüge von Meistern der Illusion wie Schwindlern und Trickbetrügern übernehmen. Insbesondere Trickbetrüger und Unternehmensgründer haben viele Eigenschaften gemeinsam: Der Bauernfänger preist eine Vision an, von der er weiß, dass sie nie Realität wird, während der Unternehmensgründer zumindest glaubt, dass sie es werde. Beide wissen, dass es nur allzu menschlich ist, sich hereinlegen zu lassen. »Das große Geheimnis der Kunst ist es, dass niemand möchte, dass sie wahr ist«, so hat es der Psychotherapeut Adam Phillips einmal formuliert.[91]

Das »Hochstaplersyndrom« ist in der Arbeitswelt weit verbreitet und gut belegt,[92] und man tritt ihm am besten entgegen, indem man es zelebriert. Die Harvard-Psychologin Amy Cuddy, die nonverbales Verhalten in seiner Beziehung zur Macht erforscht, fordert dazu auf: »Tue so, als ob du es seist, bis du es wirst.«[93] Um zu veranschaulichen, worauf sie hinauswill, erzählt sie ihre eigene Geschichte: Als junge Harvard-Professorin kam sie sich vor wie eine Hochstaplerin und stellte ihre Fähigkeiten als Wissenschaftlerin in Frage. Dann erkannte sie, dass gerade ihr Gefühl, eine

Hochstaplerin zu sein, sie kurieren könnte: Sie fing an, im Hörsaal eine vorgetäuschte Pose des Selbstvertrauens und der Kompetenz einzunehmen. Anfangs fühlte sie sich dabei unbehaglich, so wie ein Schauspieler bei den ersten Proben für eine neue Rolle. Im Laufe der Jahre gewöhnte sie sich allerdings daran, und die Rolle begann nahtlos mit ihrer Vorstellung von sich selbst zu verschmelzen.[94] So zu tun, als wäre man jemand anderes, ist der erste Schritt dazu, jemand anderes zu werden. Wenn wir uns wie Hochstapler benehmen, strecken wir in Wahrheit unsere Flügel aus und verschaffen uns Raum für weiter ausgreifende Versionen unseres Ichs.

Verstehen Sie mich nicht falsch: Ich plädiere nicht dafür, dass Business-Romantiker zu Trickbetrügern oder zu Meistern der Täuschung werden. Ich empfehle allerdings anzuerkennen, dass Vernunft oft wenig mit unserem Bekenntnis zu einem Unternehmen oder einer Marke zu tun hat. Es wäre töricht zu ignorieren, dass wir alle an etwas glauben wollen, das wir nicht ganz verstehen. Hoffnung und Glaube sind die Triebkräfte hinter den meisten menschlichen Unternehmungen.

Niemand weiß dies besser als die Amerikaner. Eine Nation von Einwanderern – von denen ich einer bin – hat eine besondere Wertschätzung für diejenigen, die nur so tun, als ob, zumindest am Anfang. Amerika wird nicht ohne Grund das »Land der unbegrenzten Möglichkeiten« genannt; eine starke Vorstellungskraft und ein erweiterter Realitätsbegriff sind Schlüsselelemente der amerikanischen Mentalität, inzwischen auch meiner. Seit zwölf Jahren lebe ich in dem Land und habe inzwischen neben der deutschen auch die US-Staatsangehörigkeit. Amerikaner, wie ich einer geworden bin, haben sich immer mehr für die Zukunft als für die Vergangenheit interessiert, und wir neigen dazu, uns irrational überschwenglich unseren Zukunftserwartungen hinzugeben: Alles ist möglich, alles kann wahr werden, wenn wir nur fest daran glauben. Wir haben die Wall Street, das Silicon Valley und Hollywood, vom theatralischen Spektakel Washingtons ganz zu schweigen. Wir ergehen uns in Heldenmythen und Großstadtfolklore. Wir haben eine Schwäche für große Überredungskünstler. Von frühester Kindheit an lernen wir, unsere Geschichten zu erzählen – lernen, wie wir die erzählerischen Fäden unseres Lebens, unseres Skripts und unserer persönlichen Marke gestalten. Wir sind besessen von unseren Stars, und wir lieben die Geschichte hinter der Geschichte, die Ikonografie, die Metaerzählung, das Making-of und den Blick auf die Politik als ewigen Wettkampf. Natürlich ist es ein schmaler Grat zwischen Vision und Hybris, Wunder und Trugbild, Vertrauensvorschuss und Fake. Aber selbst Zyniker werden zugeben müssen: Der amerikanische Traum ist nach wie vor die machtvollste romantische Idee für jeden, der ins Business will. Und ich glaube nicht, dass man Amerikaner sein muss, um sich von ihm inspirieren zu lassen.

Als Business-Romantiker müssen wir keine Angst vor Täuschungen haben. Um Uniformität und Kontinuität zu überwinden, können wir aus Fiktionen Wahrheiten machen; wir können Schönheit aus Illusionen erschaffen; und wir können transformative Veränderungen aus uns selbst heraus in Gang setzen. Romantiker interessieren sich mehr für subjektive Erfahrung als für objektive Realität, mehr für die Wahrnehmung von Authentizität als für tatsächliche Wahrheit. Welche Hipp-Werbung ist bewegender, die echte oder die Satire? Für den Business-Romantiker lautet die Antwort: beide. Wir suchen nach dieser Mehrdeutigkeit in allen Bereichen unseres Lebens – nach Dopplungen, nach dem Objekt und seinem Schatten, nach der Maske und ihrem Träger. Das gibt uns die Freiheit, die Realität zu verzerren, Ereignisse vorzutäuschen, zu behaupten, jemand anderes zu sein. Wir produzieren immer neue Illusionen, um uns davor zu schützen, desillusioniert zu werden.

Als Brand Marketer können wir falsche Marken und Kampagnen erschaffen, die echte Emotionen bloßlegen. Als Chefs können wir Masken tragen, die uns helfen, die volle Bandbreite unserer Persönlichkeit zu offenbaren – zu zeigen, wer wir wirklich sind. Als symbolische Wissensarbeiter können wir unsere Geschichte mit einem Blick für Ästhetik formen. Als Unternehmensgründer können wir die Charaktereigenschaften von Trickbetrügern nachahmen und uns eine Welt ausmalen, die mit der Realität nicht übereinstimmt, jedenfalls *noch* nicht. All diese Bemühungen sind aus der romantischen Sehnsucht nach dem Flirt mit der raffinierten Lüge geboren, mit der Möglichkeit eines anderen Lebens, mit der Idee, das nicht alles ist, was es scheint. Und in der, andersherum, der Schein stets die Mittel heiligt.

8

Hüte das Geheimnis

Ein Lächeln ist eine Tür,
die halb geöffnet und halb geschlossen ist.
Jennifer Egan

James Bond, der berühmteste Spion der Welt, ist zugleich eines der bestgehüteten Geheimnisse unserer Kultur. Beim charismatischen und stets undurchsichtigen Bond weiß man nie genau, woran man ist. Er zieht uns magnetisch an, nur um uns durch seine Distanziertheit und Unnahbarkeit wieder abzustoßen. Nach einer Garde lässig-eleganter Bonds à la Roger Moore und Pierce Brosnan hat der aktuelle Darsteller – der britische Schauspieler Daniel Craig – die Spionage-Ikone zu ihren romantischen Wurzeln zurückgeführt und damit wieder näher an die Figur heran, die der Autor Ian Fleming ursprünglich erdacht hatte. In seinem Buch *Geheimakte 007 – Die Welt des James Bond* beschreibt Kingsley Amis den Urvater aller Bonds als einen Helden wie von Byron erdacht, »einsam, schwermütig, von der Natur mit einem schönen Körper beschenkt, der gewisse Verwüstungen aufweist, mit einem ebenso schönen, aber gezeichneten Gesicht von düsterem, brütendem Ausdruck, mit einer Tünche von Kälte oder Zynismus, vor allem aber rätselhaft, im Besitz eines dunklen Geheimnisses«. [95]

Von Bonds Aura des Geheimnisvollen kann man sich auch im Geschäftsleben inspirieren lassen. Verraten Sie nicht alles; lassen Sie die Leute grübeln. Wenn man Geheimnisse wohldosiert einsetzt, können sie Chancen eröffnen und für Spannung sorgen. In der von Transparenz besessenen Kultur unserer Zeit kann es aufregend sein, wenn manche Erfahrungen im Dunkeln bleiben.

Natürlich kann Geheimhaltung auch eine finstere Seite haben. Wenn Firmen sich von Angst treiben lassen und ihre Paranoia überhandnimmt, dann können Geheimnisse auf die Menschen erdrückend, korrumpierend oder vereinnahmend wirken. Ich rede also keinesfalls verschwörerischen Meetings hinter verschlossenen Türen das Wort, Geheimprojekten, die man hinter dem Rücken der Kollegen vorantreibt, oder einem kompletten Mangel an Transparenz in den Entscheidungsprozessen oder bei der Verbraucherinformation. Klar ist, dass Geheimbündelei unter den Eliten einen unheilvollen Klang hat, weil sie die Trennlinien zwischen den Mächtigen und den Machtlosen offenlegt. Aber man sollte den Wert von Geheimnissen oder Geheimbesprechungen auch nicht völlig geringschätzen. In ihren harmloseren Varianten wecken sie unsere Neugier und unser Einfühlungsvermögen. Und sie zwingen uns dazu, darüber nachzudenken, was uns wirklich wichtig ist. Wenn alles offenliegt, liegt nichts offen. An welcher Stelle machen wir also dicht?

Uneindeutigkeit (oder auch nicht)

Den natürlichen Platz für einen solchen Nimbus des Geheimnisvollen bietet in der Geschäftswelt die Marke. Sie bildet das immaterielle (und oft genug unsichtbare) Kapital eines Unternehmens; sie ist eine Quelle von enormem Wert, die aber notorisch schwer zu erfassen, geschweige denn zu messen ist. Es ist kaum überraschend, dass es der Marketingbranche schwerfällt, sich auf eine allgemeingültige Methodologie zu einigen, mit der man den »Markenwert« quantifizieren könnte (so kamen zum Beispiel jüngst zwei der führenden Rankings zu extrem voneinander abweichenden Bewertungen für Apple. BrandZ findet, dass Apples Marke 185 Milliarden Dollar wert sei, während die Markenberatung Interbrand ihren Wert bei »nur« 98 Milliarden Dollar sieht. Das ist ein Unterschied von immerhin 87 Milliarden Dollar!).[96]

Die Idee der »Marke« bleibt esoterisch und opak und ist doch immer noch das einflussreichste Konzept im Geschäftsleben. Sie ermöglicht es uns, eine kollektive Identität zu begreifen und zu benennen, die auf unzähligen, im Laufe der Zeit individuell und gemeinsam gemachten Erfahrungen beruht. Sie stellt die Soft-power eines Unternehmens dar.[97]

Das Markenkonzept hat sich dabei im Laufe der letzten beiden Jahrzehnte erheblich gewandelt. Als in den neunziger Jahren die Effektivität von Massenwerbung abzunehmen begann, kamen neue Marketingformate auf, die darauf reagierten, dass die Märkte und die fragmentierten Zielgruppen sich immer weiter zerstreuten und zunehmend im Fluss befanden. Das im Jahr 2000 verfasste *Cluetrain Manifesto* wurde für die Marketing-Profession zu einer hellsichtigen Charta, die bereits viele der fundamentalen Veränderungen vorwegnahm, die später das Aufkommen der sozialen Medien auslösen sollte. Sie führte auch den Gedanken des Conversational Marketing ein.

Heutzutage erwartet man von Marken, dass sie anregende Gesprächspartner sein sollen, die ständig Inhalte liefern: Sie stoßen Online-Dialoge an, beteiligen sich an ihnen oder kuratieren sie mit interessanten Beiträgen; sie treten mit eigenen Meinungen, Standpunkten oder sogar Debattenanstößen hervor. Schnelligkeit ist in der neuen Zeit so wichtig wie Wendigkeit: Mal muss man rin in die Kartoffeln und dann wieder raus – eben noch hü und jetzt schon hott sagen. Zwar müssen die Werte einer Marke und ihr Verkaufsargument konsistent bleiben, aber die Experten empfehlen, die Botschaft ständig weiterzuentwickeln: Bloß ein und dasselbe Statement immer und immer zu wiederholen würde bedeuten, in einen sterbenslangweiligen Monolog zu verfallen – Konsumware statt Konversation.[98]

So kommt es, dass Markenmanager sich immer stärker als Reporter verstehen. Sie behalten im Blick, welche Geschichten in den sozialen Medien zu Trends werden, und springen auf sie auf. Manche bezeichnen das als Newsroom Marketing.[99] Und durch

Native Advertising – noch so ein Modewort der letzten Zeit – verwischen Marketingleute gezielt die Grenzen zu journalistischen Inhalten. Seitdem viele Unternehmen, darunter Cisco, General Electric, IBM und Starbucks, damit angefangen haben, eigene Qualitätsinhalte zu produzieren, verschwimmen die Trennlinien zwischen traditionellen Medien und Marketing. Einige renommierte Journalisten haben bereits die Seiten gewechselt und mit Berufsbezeichnungen wie Content Strategist oder Chefredakteur bei Wirtschaftsunternehmen angeheuert. Das Marken-Megafon ist zur Quasselstrippe geworden, zu einer Art Freundesersatz, der sich an den nationalen und globalen Debatten beteiligt – stets erreichbar, persönlich und transparent.

Über alledem sind die Verbraucher zu Experten darin geworden, Medien- und Marketing-Spin zu erkennen, selbst wenn der sich für noch so clever hält. Sie sind längst intelligent und informiert genug, eine Gurke eine Gurke zu nennen und einen Reinfall einen #fail. *Dell Hell,* die Online-Wutanfälle des Bloggers Jeff Jarvis über die Produkte und den Kundenservice von Dell[100] oder *United [Airlines] Breaks Guitars,* der YouTube-Hit des kanadischen Musikers Dave Carroll aus dem Jahr 2009,[101] sind zu Klassikern geworden.

Die Bank JPMorgan Chase durfte hautnah erleben, wie ihre Marke wahrgenommen wird, als sie im Geiste der Offenheit zu einer Twitter-Fragerunde lud, stattdessen aber sechs schmerzliche Stunden lang überwiegend harsche Kritik und Mobbing (»@jpmorgan an wen schicke ich meinen Lebenslauf? Ich bin smart und moralisch flexibel«) einstecken musste.[102] Der britische Unterhaltungsmedienhändler HMV verlor gar völlig die Kontrolle über sein Social-Media-Team, als einige abtrünnige Mitglieder den Account dafür benutzten, Massenentlassungen im Unternehmen live zu twittern (unter dem Hashtag »hmvXFactor-Firing«).[103] Denkt man an solche und an viele andere Beispiele, dann versteht man auch, wieso manche Marken online ihre Contenance verlieren: Berühmt wurde der Fall, als Nokia Neuseeland seinen Twitter-Followern ein schlichtes »F…k you« schickte.[104] Selbst Freunde stoßen irgendwann an ihre Grenzen.

Unternehmen müssen die Tatsache akzeptieren, dass nun ein weltweites Publikum, das niemals schläft, ihre Äußerungen und ihr Verhalten beobachtet und sie genauestens unter die Lupe nimmt. Was in Las Vegas passiert, landet am Ende auf YouTube. Und es ist noch komplizierter. Einerseits haben die Marken heute weniger Kontrolle, weil, wie man so sagt, »deine Marke das ist, was andere Leute über dich sagen, wenn du nicht im gleichen Raum bist«. Andererseits haben sie aber auch mehr Kontrolle: Dank der sozialen Medien bekommen sie jetzt Zugang zu jenem Raum, und zwar jederzeit. Die Verfechter radikaler Transparenz fordern, dass eine Marke 24 Stunden am Tag am Draht bleibt, immer »da«, immer im Gespräch sein müsse. Aber nachdem Transparenz und Offenheit zur Norm geworden sind, werden sie inzwischen derart inflationär eingesetzt, dass sie echte Vertrauenswürdigkeit, Individualität oder Nähe nicht mehr vermitteln. Der Druck, so sichtbar wie möglich zu sein, und das Verlangen nach Authentizität machen es für Marken entmutigend schwierig, noch irgendwie hervorzustechen und zu ihren jeweiligen Zielgruppen eine Verbindung herzustellen, die auch wirklich etwas bedeutet.

Und genau da kommen Business-Romantiker ins Spiel. Zu versuchen, auf jeden Informationsfitzel zu reagieren, der über uns in den digitalen Weiten in Umlauf ist, entspricht nicht unserer Vorstellung von einem fesselnden Gespräch. Wir ziehen uns lieber wie Greta Garbo zurück – immer begehrt, aber immer unerreichbar. Transparenz interessiert uns nicht als Tugend an sich. Marken müssen vieldeutiger sein, und sie verlieren ihre Kraft, wenn sie zu uniform, zu beständig werden. Im Zeitalter des Dialogs können sie eloquent sein, aber sie dürfen nie ganz explizit werden.

Und Gelegenheiten zur Remystifizierung bieten sich zuhauf. Nehmen wir etwa das Brand Book. Viele Markenstrategen sprechen sich dafür aus, Markenrichtlinien zu entwickeln, die detaillierte Anweisungen dazu enthalten, welche Botschaften, welcher Sprachgebrauch, welche Präsentationsstile, welche Designs und welches Verhalten geeignet seien, die Versprechungen der Marke und ihr Image zu unterstützen. Ich habe schon Markenbücher zu Gesicht bekommen, die nur zwei Seiten dünn waren, und andere, die (ganz im Ernst!) mehr als zweihundert Seiten umfassten und Regeln für jede einzelne auch nur im Entferntesten denkbare Ausdrucksform der Marke vorgaben – von der Plazierung von Bildern in PowerPoint-Vorlagen bis hin zur richtigen Wortwahl bei Elevator Pitches auf Networking-Veranstaltungen. Ich selbst war in meiner Karriere dafür verantwortlich, eine Reihe von Brand Books zu erstellen, und ich habe einige Jahre gebraucht, um zu erkennen, warum ich ihnen gegenüber immer eine solche Abneigung hatte. Natürlich gefiel es mir nicht, mich Regeln zu unterwerfen – ich nehme an, kein »Markenbotschafter« mag das. Wirklich entscheidend ist aber, dass ich nicht an den vorgeblichen Zweck eines Markenbuchs glaube. Wenn man etwas codifizieren, wenn man es berechnen kann, dann ist es keine Marke!

Die stärksten, robustesten und absolut unverwechselbaren Marken sind die, die keine Brand Books brauchen. Denn bei ihnen versteht (oder besser *erahnt*) jedermann innerhalb und außerhalb des Unternehmens das Markenversprechen. Die DNS von Frog Design war zum Beispiel so einzigartig, dass neue Angestellte kein Brand Book bekamen; stattdessen luden wir sie zu einem Kundentreffen ein. »Den Sprung ins kalte Wasser wagen« war das Motto. Ähnlich wie Ideologien, Sekten, Volksstämme und andere Gesinnungsgemeinschaften kultivieren Marken in ihrem Zentrum ein Geheimnis, eine mystische Leerstelle, die nicht gefüllt werden darf. Apple mag vielleicht ein Brand Book haben, aber die Attraktivität der Marke rührt von der persönlichen Aura, die Steve Jobs verkörperte, und von der wohlorchestrierten Geheimhaltung und dem großen Mysterium, das er um jeden neuen Produkt-Launch inszenierte. Wir haben Apple kollektiv geliebt und gehasst – und oft beide Extreme gleichzeitig verspürt. Und das ist genau das, was eine große Marke mit uns anstellt.

Dasselbe gilt für Elevator Pitches. Ich habe nie wirklich verstanden, warum manche Leute von ihnen so besessen sind, und habe mich bei allen Firmen, bei denen ich gearbeitet habe, glatt geweigert, einen zu entwickeln. Bei Frog Design haben wir immer gewitzelt: »Elevator Pitch? Viel Glück! Du wirst eine lange Aufzugfahrt brauchen.« Frog war eine komplexe Organisation, für deren Verständnis man eine Menge implizites Wissen brauchte; ein plump vereinfachender, standardisierter Waschzetteltext von hundert Wörtern wäre niemals in der Lage gewesen, zu erfassen, »worum es bei uns geht«.

Meine Vertriebskollegen bei Frog wollten immer, dass ich so viel wie möglich mit unserer Arbeit für Blue-Chip-Kunden werben sollte, aber vielen dieser Kunden widerstrebte es, öffentlich als Referenz herzuhalten (bedingt durch das »Not-invented-here-Syndrom« hatten sie kein Interesse daran, einer von außen hinzugeholten Agentur irgendeine Anerkennung für ihre Innovationen zukommen zu lassen). Wir hatten keine andere Wahl, als aus dieser Schwäche eine Stärke zu machen, und im Laufe der Jahre lernte ich schließlich die Vorzüge zu schätzen, die das hat. Ich hielt meine Kollegen dazu an, bewusst einen geheimnisvollen Nimbus aufzubauen, wenn sie nach unserem Kundenportfolio gefragt wurden: »Nun ja, das ist ein bisschen schwierig, wissen Sie, unsere Arbeit ist auf dem Markt so präsent, so topinnovativ, dass die meisten unserer Kunden nicht wollen, dass wir darüber reden. In ungefähr zwei Jahren wird es in den Regalen stehen, und dann können wir auch offen darüber sprechen.« – »Wir arbeiten für fast alle Marken auf der Fortune-500-Liste, und wahrscheinlich haben auch Sie schon ein Produkt benutzt, das wir entworfen haben.« – »Nein, tut mir leid, mehr darf ich dazu nicht sagen.«

Für Business-Romantiker ist die bewusst vage Äußerung, die mehr Fragen offenlässt, als sie beantwortet, das effektivste Brand

Book und der bestmögliche Elevator Pitch. Sie verschafft keine Klarheit; sie weckt Neugier, und manchmal verwirrt sie sogar. Achten Sie mal darauf, wie viele Menschen sich leicht vorbeugen, wenn man ihnen nur eben so viele Informationen gibt, wie gerade genug ist, also anders gesagt, nicht wirklich genug: »Können Sie das ein bisschen genauer erklären?«

Meisterlich wird diese Kunst des Nimbus von McKinsey beherrscht, der »bekanntesten, verschwiegensten, höchstbezahlten, renommiertesten, dauerhaft erfolgreichsten, am meisten beneideten, vertrauenswürdigsten, unbeliebtesten Unternehmensberatungsfirma der Welt«. So hat es das *Fortune*-Magazin schon 1993 ausgedrückt.[105] Mehr als zwanzig Jahre später klingt diese Beschreibung noch immer zutreffend, was die anhaltende Stärke der Marke bezeugt, die einmal der Pionier im Bereich der Beratungsleistungen für Chefetagen war. McKinsey, oft einfach »die Firma« genannt, waren die ersten, die eine schlagkräftige Mischung aus überlegenen Analysefähigkeiten und einer Allzweck-Management-Strategie etablierten, die für sich in Anspruch nahm, der in den Unternehmen vorhandenen Expertise und der Erfahrung von Branchenspezialisten überlegen zu sein.

Es steckte aber immer noch mehr dahinter. »Man kann nicht dafür gefeuert werden, dass man McKinsey angeheuert hat«, lautet eine Managerweisheit. Sie veranschaulicht die emotionalen Faktoren, die ein integraler Teil des Unternehmenserfolgs sind. Weil die konkreten Ergebnisse von Strategieratschlägen oft nur schwer abgeleitet werden können, haben diese Faktoren ein noch größeres Gewicht als in anderen Branchen. Der Investmentbanker und Spezialist für Unternehmensfusionen Felix G. Rohatyn hat es mit einer Bemerkung auf den Punkt gebracht: »Wie kann man Ratschläge beurteilen? Man sollte die Leute, die den Rat bekommen haben, fragen, wie sie sich fühlen.«

Die Lebensfähigkeit von professionellen Beratungsdienstleistungen beruht auf der Vorstellung, dass der Berater mehr wisse als der Kunde. Managementberatungen sind »Lösungsläden«, wie

sie der Management-Denker Clayton Christensen nennt.[106] Sie
kommen von außen in das Unternehmen eines Kunden und
haben dabei das Mandat, den Status quo aufzumischen. Sie empfehlen eine »Lösung« und legitimieren dadurch (oft unpopuläre)
Entscheidungen ihrer Kunden. Besonders McKinsey geht, vielleicht mehr noch als seine Wettbewerber, einen unsichtbaren
Handel mit seinen Kunden ein. Im Kern seines Geschäftsmodells
geht es um einen ganz immateriellen Wert: einer *Annahme* von
Autorität, die *tatsächliche* Autorität verleiht. Die Empfehlung
»der Firma« wird nicht hinterfragt, weil sie mit einer Aura des
Elitären einhergeht, der etwas Geheimnisvolles anhaftet.

Andere Unternehmensdienstleister – wie zum Beispiel Architekten – haben sich in eine Welt hineinmanövriert, in der die Preise
für ihre Arbeitszeit und Spesen auf der Basis von Gesamtkosten
festgelegt werden, die nur selten die ganze Breite ihrer Arbeit,
geschweige denn die dadurch geschaffenen Werte widerspiegeln.
Anders bei McKinsey. Um ihre Empfehlungen zu entwickeln,
bündelt die Firma verschiedenste Dienstleistungen – von der
Recherche über die Entwicklung von Szenarios bis zur Planung –
in einem finalen, maßgebenden Strategiedokument. Während
andere Berufszweige zunehmend gezwungen werden, ihre Leis-
tungspakete »aufzuschnüren«, weil die Kunden mehr Transparenz verlangen, hat McKinsey bislang jeden Einblick in seine
Blackbox erfolgreich verwehrt. Zu viel Transparenz würde
schlicht das Nutzenversprechen in Frage stellen. Folgerichtig
trennt die Firma scharf zwischen Insidern und Outsidern; sie hält
eine Kultur der Undurchsichtigkeit aufrecht und schwört ihre
Kunden auf Geheimhaltung ein. Irgendwelche Ergebnisse ihrer
Arbeit offenzulegen ist tabu. Die Folge ist üblicherweise keinerlei
öffentliche Aufmerksamkeit, und negative Schlagzeilen gibt es
eigentlich nur, wenn offenkundig wird, dass ein Ratschlag
schlecht war. Von Time Warners unglückseliger Fusion mit AOL
über die gescheiterte Strategie von General Motors gegenüber der
japanischen Konkurrenz[107] bis hin zu AT&T (denen McKinsey

geraten hatte, Handys als Nischenmarkt anzusehen) sind McKinseys öffentlich gewordene Fehler gut dokumentiert. Aber sie scheinen dem Ruf der Firma nicht ernstlich geschadet zu haben – und ganz gewiss nicht ihrer Aura.

Für McKinsey bedrohlicher ist das wachsende Risiko der Kommodifizierung. Schon jetzt fangen manche Beratungsunternehmen damit an, aus einem Teil ihres Wissens »Mustervorlagen« zu machen und fertige »Produkte« aus einem Teil ihres geistigen Eigentums. Sollte allerdings McKinsey seine Fähigkeit aufs Spiel setzen, mehr als nur Lösungen nach Schema F anzubieten, dann würde das die eigentliche Quelle seines einzigartigen Markenversprechens untergraben. In dem Moment, in dem ein Unternehmen nur ein und dieselbe Antwort auf die jeweils gestellte Frage gibt, wird es sehr schnell merken, dass seine Arbeit kommodifiziert, also zur reinen Ware gemacht, oder outgesourct wird. Es entbehrt nicht einer gewissen Ironie, dass McKinsey zwar klare Strategien, analytische Strenge und Effizienz predigt, aber letzten Endes durch die schwer zu fassende Kraft immaterieller Dinge Erfolg hat. In einer der am stärksten zahlengetriebenen Branchen überhaupt, in der mit der größte Verdrängungswettbewerb herrscht, sind Ungewissheit und Geheimhaltung nach wie vor unbezahlbar. Nur die Romantiker überleben.

Die Managementlehre sträubt sich dagegen, zuzugeben, dass Unternehmen Uneindeutigkeit brauchen; Romantiker hingegen wissen, dass sie ein wesentlicher Faktor für langfristigen Erfolg sein kann. Die Firma der Modedesignerin Eileen Fisher ist ein Paradebeispiel dafür. Ihre Arbeit ist auf die Bedürfnisse von Frauen jeder Altersgruppe ausgerichtet, die sich unangestrengt und mit einem Sinn für Eleganz kleiden wollen, ohne zu viel Aufmerksamkeit auf den von ihnen gewählten Stil zu lenken. Ihre Unternehmenskultur ist perfekt auf diese Designphilosophie, die für ihr Understatement bekannt ist, abgestimmt: Ein gedämpfter Stil, der Distinktion über Abgrenzung stellt. In einem Profil im *New Yorker* hat Fisher die einzelnen Einheiten ihrer Firmenstruktur beschrieben: Das »Konzept-Kernteam« und »das Führungsforum« sowie »eine andere Art von Unternehmensführung«, bei der die Chefin »den Prozess erleichtert« und »die Räume offen hält«.[108] Der Artikel merkt an, dass Fishers Beschreibung sich wie ein hermetischer Text lese: »Immer dann, wenn das Gespräch auf die Arbeitsweise der Firma kam, wurde die Sprache eigenartig und gewunden, als solle etwas verschwiegen werden.« Selbst die stellvertretende Kommunikationschefin von Fisher, Hilary Old, die beim Gespräch dabei war, war »ebenso machtlos, das Unerklärliche zu erklären«.

Business-Romantiker erkennen, dass Unklarheit und Geheimhaltung wirkungsvolle Methoden sind, um ein Identitätsgefühl in einer Organisation zu fördern. Oder es sogar zu verändern. Anstelle inklusiv ausgerichteter Workshops, die »alle ins Boot holen« wollen, oder von Crowdsourcing, das sich die kollektive Intelligenz zunutze machen will, streben Romantiker nach geheimnisvolleren Formaten.

Beim Design- und Architekturbüro NBBJ identifizierten wir zum Beispiel dreißig »Vordenker« aus allen NBBJ-Filialen und luden sie dazu ein, »nbbX beizutreten«. Wir positionierten nbbX als die »Vordenker-Plattform von NBBJ«, aber in Wahrheit war nbbX etwas anderes: eine Ehrenmedaille für die ideenreichsten Denker im Unternehmen, ein exklusiver, handverlesener Zirkel mit Ritualen und Symbolen, ein spezieller Klub mit strikten Verhaltensregeln und einem hohen Grad an zwischenmenschlichen Verbindungen und gegenseitigem Vertrauen. Mit anderen Worten: nbbX war eine Geheimgesellschaft.

Für den Start von nbbX organisierten wir ein eintägiges »Lab«. Wir hatten nur ein Gestaltungsprinzip für den Tag: Es sollte an eine Hochzeit erinnern. Wir gaben unseren Kollegen zu verstehen, dass es eine Ehre sei, an nbbX teilnehmen zu dürfen; wir erwarteten von ihnen, sich den ganzen Tag Zeit zu nehmen – von neun Uhr morgens bis neun Uhr abends. Um die Sache noch spannender zu machen, sagten wir nie explizit, was der Zweck des Treffens sein sollte, und erlaubten es unseren Gästen so, die leeren Stellen mit Hilfe ihrer eigenen Vorstellungskraft auszufüllen: Würde es nur eine Übung am Whiteboard mit den üblichen Berichten aus der Gruppenarbeitsphase sein? Oder würden sich irgendwelche Überraschungsgäste – Zauberer, Mönche, Gurus – für eine gemeinschaftliche Meditation zu uns gesellen? Die Unruhe und Aufregung war mit Händen zu greifen. Immer mehr Kollegen baten darum, auch eingeladen zu werden (wir lehnten höflich, aber bestimmt ab), und die Vorfreude wurde immer größer, je näher der Tag des Events rückte.

Bei NBBJ, einer Firma, die für ihre höchst inklusive und demokratische Kultur bekannt war, eine Geheimgesellschaft zu gründen war eigentlich ein Sakrileg. Über Jahrzehnte hinweg war NBBJ als ein geschäftstüchtiges Architekturbüro mit einer siebzigjährigen Tradition und hochkarätiger Kundschaft gut gefahren. Die Firma zeigte eine stark ausgeprägte *Identität,* die auf einer Reihe weithin akzeptierter Werte und Verhaltensweisen beruhte, sie hatte aber keine *Agenda* (ich schaue mir immer diese beiden Aspekte an, wenn ich das vorhandene Potenzial und die strategische Entwicklung eines Unternehmens beurteilen soll). NBBJ fehlte ein klares Argument, das über die architektonische Praxis und das gestalterische Können hinausging. Man war zwischen dem materiellen Handwerk und höher fliegenden Zielen gefangen, zwischen Emsigkeit und Intellekt. Die Firma war sich ihrer Verantwortung – das Leben der Menschen durch gebaute Umwelt in großem Maßstab zu verbessern – klar bewusst, und doch fürchteten sich viele Menschen im Unternehmen insgeheim davor, eine Meinung außerhalb des Felds der Architektur zu äußern. Das bescheiden und leise auftretende Unternehmen hatte eine tiefverwurzelte Abneigung dagegen, über die eigene Arbeit zu reden, und es hatte starke kulturelle Vorbehalte dagegen, in die Arenen kontroverser Diskussion hinabzusteigen.

Diese Bescheidenheit war nobel, aber sie war auch ein Handicap. Unternehmensdienstleiter, aber eigentlich alle Unternehmen stehen heute vor Märkten von beispielloser Komplexität: Von der Unübersichtlichkeit der Stakeholder-Raster bis hin zu den vielfach miteinander verknüpften soziopolitischen Themen unserer Zeit wird alles nur immer komplizierter. Der amerikanische Innovationsberater Adam Richardson spricht von den »X-Problemen«: schwer zu lokalisieren, schwer auszudrücken und unglaublich schwer zu lösen.[109] Ein Unternehmen wie NBBJ kann X-Probleme auf zwei Arten angehen: mit seiner Arbeit oder seinem Denken – idealerweise mit beidem. Wie ich bereits im Zusammenhang mit McKinsey dargelegt habe, läuft eine Dienstleistung, deren Wert üblicherweise in Stundensätzen erfasst wird, Gefahr, kommodifiziert, zur Ware gemacht, zu werden. NBBJ hatte gar keine andere Wahl, als sich einen Ruf als ein Netzwerk von Denkern zu verschaffen, deren Ideen bis zu seinen Kunden und weit darüber hinaus reichen konnten. Unsere größte Chance war es, die Grundursachen und die wichtigsten Hebel für positiven gesellschaftlichen Wandel zu identifizieren. Die größte Herausforderung war es, ein Designbüro und zugleich *mehr* als ein Designbüro zu sein. Das bedeutete, dass wir Fragen stellen mussten, auf die wir (noch) keine Antwort geben konnten.

Die fruchtbaren Diskussionen, die sich beim nbbX-Lab entwickelten, gaben unseren dreißig Kollegen die implizite Erlaubnis, sich sehr weit vorzuwagen und Meinungen über Themen zu äußern, die ihnen wichtig waren – als Architekten, aber wichtiger noch als Menschen. Unmittelbar nach dem Lab starteten wir einen Blog, fingen an, zu Gesprächen beim Mittagessen einzuladen, holten Experten von außerhalb hinzu und etablierten andere Gesprächsformate: Das alles half NBBJ dabei, sich mit der Vorstellung anzufreunden, dass man sich aus seiner Wohlfühlzone herausbewegen musste.

Das X in nbbX stand genau dafür: unbekanntes Terrain, Ergebnisoffenheit, die unsichtbare Welt, das Abenteuerliche und das Ungewisse. Darüber hinaus markierte es die Reichweite unserer Initiative innerhalb und außerhalb des Unternehmens: von

Fragen über Meinungen und Perspektiven letzten Endes hin zu einer ehrgeizigen intellektuellen Agenda. Wir »hackten« die altehrwürdige Marke von NBBJ – die vier Buchstaben stehen für die Initialen der Firmengründer – und ersetzten das J im Firmennamen durch ein X. Wir schufen einen romantischen Freiraum: ein X für Doppelbedeutungen.

Diese Formen von Geheimtreffen sind außerhalb der Grenzen des eigenen Büros genauso provokativ. Stellen Sie sich vor, wie Sie sich mit dem Design eines neuen Produktfeatures herumschlagen, und ein geheimnisvoller Unbekannter bietet Ihnen bei einem ungewöhnlichen Geschäftsevent seinen Rat an. Am Ende der Veranstaltung stellen Sie fest, dass der Unbekannte in Wirklichkeit Jony Ive ist, Apples berühmter Chefdesigner. Willkommen bei House of Genius, einer Veranstaltungsreihe für Führungskräfte und Unternehmer, die Anonymität dafür nutzt, bessere Bedingungen für Zusammenarbeit und Ideenaustausch zu schaffen.[110] Eine typische Veranstaltung von House of Genius bringt fünfzehn bis zwanzig Teilnehmer mit drei Vortragsgästen zusammen, von denen jeder eine fünfminütige Präsentation über eine Schlüsselherausforderung oder ein betriebswirtschaftliches Problem hält. Zu Beginn der Sitzung werden die Teilnehmer gebeten, ihren Hintergrund nicht zu nennen (»nur Vornamen«), damit ihre Ideen für sich selbst stehen können und jeder das Gefühl bekommt, gleichermaßen etwas beitragen zu können, ohne Rücksicht auf Egos oder soziale Vorurteile. Diese Chancengleichheit ermöglicht – verbunden mit der Weigerung, vorab Inhalte zu verraten – einen Dialog, der auf Bauchreaktionen aufbaut und jeden Filter beseitigt, der den kreativen Prozess behindern könnte. Am Ende des Meetings werden alle Identitäten enthüllt, was oft von vielen »Ooohhs« begleitet wird. Jony Ive war anwesend. Oder auch nicht.

Limitierte Ausgaben

Geheimgesellschaften wie nbbX oder House of Genius sind für Unternehmen und ihre Führungsetagen wichtig, aber sie sind auch wirksam in Kundenerlebnissen. Geheimhaltung schafft einen Raum für unsere wahren Sehnsüchte (und nicht bloß unsere »Bedürfnisse«). Konkreter gesagt, erlaubt die Anonymität es uns, freier zu sprechen und uns unseren Gefühlen hinzugeben, ohne uns vor Konsequenzen in der realen Welt oder vor Gefahren für unsere Reputation zu fürchten.

Insbesondere das Internet hat das Nutzenversprechen der Anonymität gewaltig gesteigert: Je mehr wir durch die sozialen Medien von uns selbst zeigen, desto mehr suchen wir nach Orten, an denen wir uns verstecken können. Nach Message-Boards (4chan) und Geständnisseiten (PostSecret) gibt es jetzt selbstverständlich auch Apps dafür: Whisper, das im Mai 2012 an den Start ging, ermöglicht es Nutzern, anonym Nachrichten mit anderen Nutzern in ihrer Nähe zu teilen. Und während dieses Buch geschrieben wurde, hatte gerade Secret seinen Auftritt als die neueste App für anonymes Sharing, die einfach jeder haben musste. Secret, das mit Anschuldigungen zu kämpfen hatte, es stelle ein Forum für Cybermobbing zur Verfügung[111], ermöglicht es einem, gegenüber seiner existierenden Kontaktliste aus den sozialen Netzwerken Geständnisse zu machen oder andere Mitteilungen zu posten – aber eben anonym. Unter jedem »Geheimnis« können andere im Netzwerk sehen, wo es gepostet wurde, wie viele Nutzer es kommentiert haben und wie viele es mit einem Herzchen bewertet haben. Je mehr Herzen, desto weiter verbreitet sich das Geheimnis im Netzwerk des Nutzers und dann in den Netzwerken seiner Freunde. Dieses Prinzip offenbart ein interessantes Paradoxon: Je stärker die Währung des sozialen Kapitals ist, sei es durch soziale Bindungen oder durch die Popularität von Inhalten, desto stärker gefährdet wird die Anonymität. Aber andererseits geht es uns ja gerade um die Gefahr, nicht wahr?

Indem Secret uns direkt mit Risiko, Bloßstellung und Scham in Berührung bringt, befriedigt es gleichermaßen unser Verlangen nach Anonymität und unseren Wunsch, gesehen zu werden. Die App legt offen, wie zwiespältig unsere Einstellungen zu Privatsphäre und öffentlicher Aufmerksamkeit sind: Wir Romantiker sind gerne anonym, das stimmt; aber nur, wenn uns andere dabei zusehen. Secret veranschaulicht noch ein anderes Kennzeichen der Post-Wissensökonomie: den erfahrbaren Wert des Nichtwissens. Die App handelt gezielt mit der Währung des Zweifels und ermöglicht alle möglichen Tricksereien und »Ratespiele«. Die Schwachpunkte der Nutzer sind die größten Stärken der App. Was über Secret mitgeteilt wird (z. B. »Ich arbeite bei Evernote, und wir stehen kurz davor, übernommen zu werden« oder »Ich habe mit der Frau meines besten Freundes geschlafen«), könnten Gerüchte oder echte Geständnisse sein; sie könnten unwahr sein, aber mit Sicherheit wecken sie unsere Neugier, besonders wenn sie, anonym, von jemandem aus unserem Netzwerk stammen. Wir haben eine Schwäche für Dinge, die wir nicht wissen. Wissen ist Macht, aber Nichtwissen ist die romantischere Erfahrung.

Darum funktioniert auch Secret Cinema so gut, eine Veranstaltungsreihe, die in Großbritannien ins Leben gerufen wurde. Secret Cinema hat das traditionelle Erlebnis des Kinobesuchs völlig neu belebt und es sozialer, umfassender, interaktiver und vor allem geheim gemacht. Sie müssen sich das wie ein Blind Date mit einem Kinofilm vorstellen. Es handelt sich um eine Zusammenkunft von Menschen, die sich, an ungewöhnlichen Orten, zu »Mystery-Vorführungen« von Filmklassikern einfinden, von *Casablanca* über *Alien* bis zu *Blade Runner*. Die Zuschauer wissen vorher nicht, welchen Film sie sehen werden, auch wenn sie vor der Veranstaltung einige Tipps und subtile Hinweise bekommen. Außerdem werden sie ausdrücklich gewarnt, es *nicht* weiterzuerzählen. Nicht alle halten sich an diese Forderung, wodurch Secret Cinema eine sehr gut besetzte unbezahlte Vertriebsabteilung hat.

Der Vorlauf für jede Veranstaltung macht die Aufregung und die Ungeduld, endlich dabei sein zu dürfen, nur noch größer. Die Vorführungen selbst entwickeln oft ein Eigenleben und beziehen auch Live-Auftritte, Musik und Essen mit ein. Bei einer Vorführung von Wim Wenders' *Der Himmel über Berlin* trat zum Beispiel ein Trapezkünstler synchron zu der Trapezszene im Film auf. Für *Die Verurteilten* verwandelte Secret Cinema die Cardinal-Pole-Schule im Londoner East End in ein Gefängnis. Für die Vorführung von Ridley Scotts *Prometheus* machte Secret Cinema aus einem Lagerhaus ein Raumschiff und aus den Besuchern Crewmitglieder in Arbeitsoveralls. 14 000 Menschen bezahlten im Laufe mehrerer Wochen jeweils 35 britische Pfund dafür, einen Film zu sehen, der sich als Gillo Pontecorvos *Schlacht um Algier* entpuppte, den die meisten von ihnen wahrscheinlich schon kannten.

Secret Cinema vereint sozusagen Alternate Reality Games mit Flashmobs. Vor kurzem hat die Firma damit angefangen, »immersive Vorführungen« neuer Filme, wie zum Beispiel Wes Andersons *Grand Budapest Hotel,* noch vor ihrem Kinostart zu veranstalten.[112] Der Gründer und Geschäftsführer Fabien Riggall glaubt, dass Secret Cinema »die Zukunft des Kinos« sei. Vielleicht gehen wir nicht mehr ins Kino, um einen Film zu *sehen;* vielleicht gehen wir hin, um ihn zu *erleben.*

Das könnte womöglich auch ganz gut die Zukunft der Musik beschreiben. Im Jahr 2012 hat der Popstar Beck sein Album *Song Reader* als »Notenblätter« herausgebracht – als schön verpacktes physisches Produkt. Anstatt die zwanzig neuen Songs selbst aufzunehmen, lud Beck seine Fans dazu ein, sie selbst aufzunehmen und online zu teilen. Dadurch sorgte er für eine künstliche Verknappung: Er selbst spielte die Songs nur bei Konzerten, während das Fehlen eines digitalen Produkts einen neuen und obskuren Markt für »Coverversionen« schuf. Dieses Format erlaubte es Fans und Musikern weltweit, ihr eigenes Beck-Album (mit) zu gestalten, während gleichzeitig Becks Konzerte nur noch attraktiver wurden.

Romantiker genießen das Flüchtige, den Zauber des vorüber-
gehenden Augenblicks. Nichts ärgert uns mehr als ein Video in
schlechter Qualität von einem unvergesslichen Live-Ereignis,
ein jämmerliches Scheinbild des ikonischen Augenblicks, bei dem
man »hätte dabei gewesen sein müssen«. Darum gibt es bei den
Live-Veranstaltungen von Pop-Up Magazine, einer handverlese-
nen Eventreihe, die sich als »weltweit erstes Live-Magazin, gemacht für Bühne, Bildschirm und Live-Publikum«, bezeichnet,
kein Archiv der Auftritte. Die Organisatoren versprechen sogar:
»Nichts wird in Ihrer Mailbox landen. Nichts wird online gestellt
werden. Nichts wird gefilmt oder aufgenommen. Eine Ausgabe
existiert nur für eine Nacht, an einem Ort.«

In einem Zeitalter, in dem alles, was wir sagen und tun, permanent im Internet aufgezeichnet wird, sind flüchtige Medien
wieder auf dem Vormarsch. Noch vor wenigen Jahren wäre die
Foto-Sharing-App Snapchat, die Bilder nach wenigen Sekunden
automatisch löscht, undenkbar gewesen; heute ist sie der Gold-
standard einer neuen Welle der Vergänglichkeit.

Eine Gruppe von Theaterautoren aus New York nutzt Flüchtig-
keit sogar als Gestaltungsprinzip ihres ganzen Projekts. Die
Gruppe, die sich wegen der dreizehn beteiligten Autoren 13P
nennt, hat ihre Organisationsstruktur »das Implosionsmodell«
getauft. Jedem der dreizehn Autoren wurde die Gelegenheit gegeben, seine eigene Produktion zu leiten. Sobald jeder der Autoren an der Spitze einer Produktion gestanden hatte – dreizehn
Stücke insgesamt –, verpflichtete sich die Kompanie zur Selbst-
auflösung. Indem sie von vornherein ihr Haltbarkeitsdatum be-
kanntgab, machte die Gruppe deutlich, dass ihr Fokus auf der
Arbeit lag, nicht auf der Institution.

»Das langfristige Ziel war es nicht, profitabel zu sein. Es ging einfach nur darum, etwas zu opfern, um etwas zu machen. Denn als
diese Dinge – also die Aufführungen – gemacht waren, war es
vorbei«, hat mir Rob Handel, einer der Gründer, gesagt.

In einem Interview mit der *Huffington Post* hat ein anderes Mitglied von 13P, Young Jean Lee, gesagt: »Es war eine der reinsten künstlerischen Erfahrungen, die ich je hatte. Ich habe meine eigene Truppe, und Tatsache ist, dass ich mir Sorgen darüber machen muss, ob ich dauerhaft meine Angestellten bezahlen und das Geschäft am Laufen halten kann. Ich habe dort nicht diese reine künstlerische Erfahrung, bei der ich machen kann, was ich will. So funktioniert es nun mal nicht.«

»Was kann man tun, wenn Zukunftsfähigkeit kein Ziel ist?«, hat die Mitgründerin Madeleine George hinzugefügt. »Es eröffnet einem alle Arten von aufregenden Möglichkeiten.«

Im Jahr 2012 kamen die Mitglieder von 13P nach fast zehn Jahren preisgekrönter Produktionen zu einer Abschiedsfeier im Public Theater in New York zusammen. Implosion war das Thema bei jedem der feierlichen Toasts, bei den Performances und Ansprachen. Dann kam der Countdown – 5-4-3-2-1 –, und eine Sekunde später war 13P Geschichte.

Negativer Raum

Meine Tochter und ich waren neulich in einem Spielzeuggeschäft in der Nachbarschaft, weil die Eigentümer eine ganz besondere Überraschung organisiert hatten: eine Porträtsitzung mit Karl Johnson, einem der bekanntesten Scherenschnittkünstler Amerikas. Der Andrang war groß, und wir mussten lange warten. Bevor meine Tochter endlich an der Reihe war, ihren Platz als »Modell« einzunehmen, nutzte ich die Zeit, um den Künstler bei der Arbeit zu beobachten.

Johnson saß an jenem Tag von neun Uhr morgens bis sechs Uhr abends ohne Unterbrechung auf einem kleinen Stuhl in dem Laden und schuf an die sechzig Porträts. Er bat die Kinder, ruhig zu sitzen, und machte ein bisschen freundlichen Smalltalk mit ihnen, damit sie sich wohl fühlten. Während er redete, schnitt er die ganze Zeit freihändig das Papier. Seine Schere bewegte sich unaufhaltsam über das Papier, aber er nahm seine Augen nie vom Modell. Er scannte die Umrisse des Kinds vor ihm und übertrug das visuelle Muster in die Schnitte seiner Schere. Ich war sprachlos ob der Komplexität seiner Aufgabe und ihrer gleichzeitigen Einfachheit. »Scherenschnittporträts erfassen das Wesen ihres Gegenstands – wer sie sind – so vereinfacht, wie es nur geht«, hat Johnson in einem Social-Media-Eintrag geschrieben.[113]

Später habe ich gelesen, dass er sein einzigartiges Talent auf seine angeborene Einäugigkeit zurückführt. Er kann nur mit seinem rechten Auge sehen. Er sagt, dass ihn das zwinge, die Entfernung und die Form eines Gegenstands abzuschätzen, indem er sich dessen Schatten genau ansieht, was heißt, dass er die ganze Welt als eine Abfolge von Silhouetten betrachtet. Auf diese Weise arbeitet er den Sinn *ex negativo* heraus, indem er andere Informationen auslässt – oder ausschneidet. Er erzeugt durch scheinbar zufällige Linien eine Wahrnehmung von dreidimensionaler Tiefe und kann die Einzigartigkeit eines Menschen – die Seele – auf einen Blick zum Vorschein bringen.

Einem Meister wie Johnson bei der Arbeit zuzusehen ließ mich daran denken, wie bestimmte Marken eine Kunst des negativen Raums kultivieren und immer gerade so viel Sichtbarkeit schaffen, dass sie selbst »abwesend« bleiben. Wie ein Nachbild nach dem Blick in eine Lichtquelle bleiben sie gerade durch ihren Abgang, ihre Leere und ihre Zurückhaltung in unseren Köpfen sichtbar. Nur ihre Silhouette bleibt zurück. Wie verschwindet eine Marke auf geschickte Weise?

Die Mode-Kultmarke Maison Martin Margiela (MMM) kann einem da einige Hinweise geben. Das Modehaus hat sich in seiner ganzen zwanzigjährigen Geschichte in Anonymität gehüllt, und sein namensgebender Designer, Martin Margiela, wird bei seinen eigenen Modenschauen oft von einem leeren Stuhl vertreten. Die Modewelt hat sich an solches Verhalten des scheuen Designers gewöhnt. Wo andere die Nachfrage nach Allgegenwart und nach überlebensgroßen Persönlichkeiten bedienen, profitiert er von seiner Unsichtbarkeit, aus der er einen ganz unerwarteten Aktivposten gemacht hat. Margiela, ein Absolvent der Königlichen Akademie der Schönen Künste in Belgien, verbrachte die frühen achtziger Jahre als Assistent von Jean Paul Gaultier. Damals war die Mode in Belgien, und besonders in Antwerpen, stark von den radikaleren unter den dekonstruktivistischen Designern, wie zum Beispiel Rei Kawakubo von Comme des Garçons, inspiriert. Indem Margiela sich mit einer Gruppe gleichgesinnter Designer zusammenschloss – die sich die Antwerpener Sechs nannten –, begann er damit, die subversiven Ideen der Dekonstruktion nach Europa zu bringen, Kleider aufzureißen und Nähte sichtbar zu machen. Viele der Modeerscheinungen, die uns heute ganz selbstverständlich vorkommen – etwa zerrissene Jeans oder die Verwendung von recycelten Industriematerialien in Kleidungsstücken –, können direkt auf seinen Einfluss zurückgeführt werden. Anstatt eine Geschichte rund um seine Modelinie zu entwickeln, wurde die charakterlose Fassade zum Wesen der Marke; sogar bei den Modenschauen sah man oft »gesichtslose« Models, bei denen große Perücken den ganzen Kopf bedeckten. Bis heute durchzieht dieser Un-Persönlichkeitskult die Ästhetik der Marke: Läden werden nie durch Schilder identifiziert; das Personal in den Läden und in der MMM-Zentrale trägt normale weiße Laborkittel; Weiß ist die allgegenwärtige Farbe aller Geschäfte und der Laken, die alle Möbelstücke und alle Auslagen in den Geschäften bedecken; Verpackungen sind monochrom und haben kein Logo; und bei Modenschauen sitzt meist zuerst, wer zuerst kommt, wodurch man die in der Branche übliche Hierarchie der Sitzplätze umgeht. Selbst für Brancheninsider ist es unmöglich, Martin Margiela direkt zu erreichen. Alle Anfragen an die Firma müssen per Fax an Maison Martin Margiela gerichtet werden. Alles an MMMs Kreativprozess vermittelt einem die Potenz der Abwesenheit. Das führt dazu, dass die Gefolgsleute und begeisterten Fans die Rolle von Sprechern der Marke übernehmen. Sie verbreiten den Insider-Scoop, den die Marke selbst nicht mal zur Kenntnis nimmt. Abwesenheit dient als implizite Einladung zur Teilnahme.

Im Jahr 2009 gab der MMM-Mehrheitseigner Renzo Rosso öffentlich zu, dass Margiela schon seit langer Zeit nicht mehr in der Firma gesehen wurde: »Er ist hier, aber er ist nicht hier.«[114] Wenige Monate später gab eine Pressemitteilung bekannt, dass Margiela das Unternehmen verlassen habe, aber kein Kreativdirektor ernannt werden würde, um ihn zu ersetzen.[115]

Ähnlich wie MMMs Gestaltungsprinzip der Abwesenheit predigt das japanische Einzelhandelsunternehmen Muji die Tugenden der »Leere«. Als Sohn eines Shinto-Priesters stellt Kenya Hara, der Artdirector von Muji, diese Leere in den reichhaltigen Kontext der japanischen Religion des Shintoismus und insbesondere des Shinto-Schreins. Den Besuchern einer Konferenz erzählte er:

Es gibt keine Möglichkeit, sich mit den Göttern zu verabreden. Das Einzige, was wir tun können, ist, die Götter als Gäste einzuladen. Es gibt in Japan eine merkwürdige Struktur, die für uns ganz alltäglich ist. Sie heißt Shiro. Sie besteht aus vier Pfeilern, die in einem Viereck angeordnet sind und deren Spitzen durch ein Strohseil miteinander verbunden sind. Im Inneren gibt es nichts. Das heißt, es ist leer; genau genommen ist es Leere. Wenn wir einen Zustand der Leere schaffen, kommen vielleicht die Götter, die die Kräfte der Natur sind, um sie zu füllen. Weil Leere selbst die Möglichkeit ist, gefüllt zu werden, können die Götter, die alles sehen, gar nicht anders, als den leeren Raum zu bemerken. Aber das gibt uns keine Gewissheit, dass sie ihn betreten werden. Sie könnten ihn möglicherweise betreten. Das könnte möglicherweise von großer Bedeutung sein. Das, wofür die Menschen beten, ist diese Möglichkeit.[116]

»Leere ist keine Botschaft«, schloss Hara. »Ein leeres Gefäß anzubieten heißt, eine einzige Frage zu stellen und auf ewig bereit zu sein, eine enorme Vielzahl von Antworten zu akzeptieren.«

205

Das erinnert mich an das, was mir der griechisch-britische Foto-
graf Platon, der durch seine Porträtaufnahmen von Weltpoliti-
kern berühmt wurde, einmal über seine Arbeit erzählt hat: »Ich
versuche, so leer wie möglich zu sein, wenn ich mich meinem Gegenstand nähere. Es ist so, als sähe ich die Person zum ersten Mal,
und mein leerer Kopf erlaubt es mir, in ihnen diejenigen zu erkennen, die sie wirklich sind.«

Marken wie MMM und Muji und Künstler wie Platon laden uns
dazu ein, über eine Geschäftswelt nachzudenken, in der Brand
Books und Elevator Pitches das Thema völlig verfehlen. Ihrer
Ästhetik ist gemeinsam, dass es ihnen eher darum geht, Bedingungen und Voraussetzungen zu schaffen, als Resultate, fast so,
als seien sie Chemiker, die die richtigen Elemente zusammen in
ein Reagenzglas oder ein anderes Behältnis geben müssen, bevor
sie sie mit dem Bunsenbrenner erhitzen. Sie beschwören einen
Zustand des aufnahmebereiten – nicht des passiven – Wartens
herauf.

Dieses aufnahmebereite Warten könnte man – in romantischem
Sprachgebrauch – auch gut als Warten auf den Musenkuss definieren. Der italienische Notizbuchhersteller Moleskine, der seinen Börsengang bei einer Bewertung von über 600 Millionen US-
Dollar feiern konnte – ein verblüffender Anachronismus in einer
Welt, die dieser Tage normalerweise Tech-Start-ups und Digital-
produkte verherrlicht –, hat ein ganzes Geschäftsmodell auf der
romantischen Vorstellung einer modernen Muse aufgebaut. Die
legendären Notizbücher aus Papier waren einst durch Künstler
wie van Gogh, Hemingway und Picasso berühmt geworden, aber
bereits so gut wie verschwunden, als im Jahr 1997 ein kleiner Mai-
länder Verlag die Marke und das Unternehmen Moleskine gründete. Die Firma begann, das Notizbuch sehr geschickt als ein
dinghaftes Reservoir des Kunstvollen und Verspielten zu ver-
markten, als das nostalgische Tagebuch für die Ideen, Einsichten
und Emotionen des vernetzten modernen Menschen.

Die Geschichte hinter dieser Renaissance ist schon für sich selbst genommen romantisch: Maria Sebregondi, im Management von Moleskine für Markenpflege und Kommunikation zuständig, erzählte mir, dass ihr und zwei ihrer Freunde die Idee Mitte der Neunziger während eines Segeltörns vor der tunesischen Küste gekommen sei. Ihre Vision war es, das altmodische Skizzenbuch des Künstlers in das Zeitalter der digitalen Nomaden zu übersetzen und dabei den immer mobilen Wissensarbeiter anzusprechen. Sebregondi und ihre Freunde wollten ein nostalgisches, physisches Artefakt schaffen, das dessen digitale Gerätschaften ergänzen würde. Sie gibt zu, dass sie einfach ihrer eigenen Leidenschaft gefolgt sind, anstatt auf kommerzielle Aspekte zu achten, geschweige denn sie zu prüfen.

Die Notizbücher dienen als das, was Sebregondi die »analoge Cloud« nennt – als offene Plattform für miteinander geteilte Nähe und Imagination. Ähnlich wie bei Muji ist die Assoziation, die man mit der Marke Moleskine hat, und das, was sie verspricht, Leere. Leere ist ein Luxus in einer Zeit, die Konnektivität und Transparenz über fast alles andere stellt. Und doch gilt Moleskine nicht als Luxusmarke. »Anders als Luxus, der exklusiv ist, ist Kultur inklusiv«, sagt Sebregondi, »und Moleskine ein Teil einer Populärkultur, zu der jeder Zugang hat.« Moleskine-Notizbücher sind demokratische Vehikel der Selbstdarstellung und zugleich handgefertigte Objekte, die als konkrete, schlichte Gefäße unseres komplexen Lebens dienen. Die Bücher bieten dem modernen Nomaden einen emotionalen Anker, eine Heimat fern der Heimat, während sie gleichzeitig ein Mittel der Neugier, der Entdeckungen und der Erkundungen darstellen. Sie sind der narrative Kompass für den modernen Geschäftsreisenden: voller Kontext (in jedem Buch steckt ein Zettel, der Moleskines Geschichte in Erinnerung ruft) und doch völlig offen für etwas Neues. Die leeren Seiten des Notizbuchs kommen einem wie eine Chance vor, das eigene Leben neu zu erfinden. Jedes neue Buch ist eine ungeschriebene Geschichte, und es beinhaltet das romantische Versprechen, wieder ganz von vorne anzufangen.

Vor kurzem ist Moleskine eine Partnerschaft mit dem Organizer-Software-Anbieter Evernote eingegangen, um eine Kollektion von »smarten Notizbüchern« zu entwickeln, und die beiden Firmen bereiten noch andere digitale Initiativen vor. Ich fragte Sebregondi, ob dieser Übergang zur Onlinewelt die Reinheit der Erfahrung und die Integrität der Leere gefährden könnte, für die Moleskine steht. Sie ist da unbesorgt: »Die digitale Welt bietet eine unendliche Menge an leerem Raum.«

Den negativen Raum, mit dem Marken wie MMM, Muji und Moleskine handeln, machen sich auch andere Marken zunutze, vor allem solche mit einer starken Identität und dem nötigen Selbstvertrauen, dem Unbekannten seinen Platz zu lassen: Die Website der Creative Artists Agency (CAA), der legendären Talentagentur aus Hollywood, zeigt nur die Kontaktdaten der Firma und sonst nichts. Als Besucher vermittelt einem das die Botschaft: CAA ist die Topfirma in dieser Stadt, exklusiver geht es nicht, und Vertraulichkeit und Klasse sind ihre besten und wichtigsten Empfehlungsschreiben. Die Seite ist ein »Schleier«, den nur die Eingeweihten beiseiteziehen können. Wie bei einer Geheimgesellschaft ist die Hülle glanzlos und unscheinbar, was den versteckten Kern nur noch geheimnisvoller und attraktiver macht.

Die Münchner Augustiner-Brauerei hat es geschafft, zum Branchenführer, ja sogar zum Quasi-Monopolisten in ihrer Heimatstadt und gleichzeitig zu einer omnipräsenten Kultmarke in den Szenevierteln von Berlin, Hamburg und sogar New York aufzusteigen – ohne einen Cent für Werbung auszugeben.[117] Es gibt keine Plakate, keine Werbespots, kein Sponsoring von Augustiner, *natürlich* keine Facebook-Seite und nicht einmal Brauereiführungen. Einzig und allein die bauchige Flasche – ein Typus, den lange Zeit nur noch Augustiner benutzte – mit ihrem Etikett, das so aussieht, als sei die Zeit in den sechziger Jahren stehengeblieben, dient den Kunden als Projektionsfläche. Augustiner ist so erfolgreich, nicht obwohl, sondern *weil* die Brauerei sich unsichtbar macht. Tradition, brauhandwerkliche Qualität, Heimat- und Nostalgiegefühl, unverfälschter Biergenuss – all die Assoziationen, die andere Biermarken (auch die anderen Münchener Brauereien) in aufwendig inszenierten Werbespots heraufbeschwören müssen, scheint Augustiner von alleine auszustrahlen – gerade weil das Unternehmen sie nicht ausspricht. Das Versprechen von Augustiner ist ein implizites, aber umso romantischeres.

Ganz anders wiederum funktioniert die Marke Evian: Nur mit ihrer Aura hat sie die alltäglichste Ware der Welt, Wasser, in ein Luxusobjekt verwandelt. Das Produkt ist die reine Fantasie: Die klare Oberfläche des Genfersees; ein Glas Wasser auf einer Festtafel in Paris; eine kühle Flasche während eines Marathons. Evian ist der Inbegriff des *Je ne sais quoi*. Wie alle großen romantischen Marken ist sie eine Einladung dazu, sich etwas auszumalen.

»Transparenz« und »Offenheit« sind in den vergangenen Jahren zu Modewörtern geworden. Open Government; Open Source; Open Innovation; Open Leadership – die Liste ließe sich noch lange fortsetzen. Vom ökologischen Fußabdruck ihrer Produkte und Informationen über die Zulieferketten bis hin zu Mitarbeiterfeedback, Produktinnovation und firmenweiter Strategie überbieten Unternehmen einander zusehends im Teilen von Informationen, um das Vertrauen ihrer Stakeholder zu gewinnen.[118] Weit verbreitet ist der Glaube, dass all diese Offenheit zu mehr Legitimität, Verantwortlichkeit und freierem Zugang zu Ideen und dadurch zu verbesserter Leistung führe. Aber es ist wichtig, zu erkennen, dass das einen Preis fordert. Der Kunstkritiker und Kurator Deyan Sudjic schreibt:

> Das Symbol der Transparenz ist ein zweischneidiges Schwert. In der Transparenz manifestieren wir Demokratie und Klarheit – Licht, das auf dunkle Stellen fällt. Wenn man jedoch bei Tageslicht auf eine durchsichtige Glaswand blickt, sieht man ein Spiegelbild

seiner selbst. Wenn wir in einer Welt leben sollen, in der wir auch weiterhin Innovation fördern, dann brauchen wir die schmutzige Vitalität der Undurchsichtigkeit.

Ich liebe diese Formulierung von der »schmutzigen Vitalität der Undurchsichtigkeit«, die für mich ein Kennzeichen echter Kreativität ist. Sprichwörtlich eine Tür zu schließen – ob es die Tür zum eigenen Büro oder die Tür zu einer Marke ist – ist schließlich keineswegs immer eine schlechte Sache. In ihren unschuldigeren Spielarten regen Geheimnisse unsere Empathie und unsere Neugier an und zwingen uns dazu, zu überlegen, was uns am meisten bedeutet. Exzessiver Gebrauch von Transparenz bedroht nicht nur unsere Vorstellung von Privatsphäre, sondern auch die Romantik des Verborgenen.

Als Antwort auf radikale Transparenz benutzen Business-Romantiker einen Nimbus des Geheimnisvollen, um romantische Räume zu eröffnen, die es uns erlauben, das zu genießen, was wir nicht sehen können: Pop-up-Läden, die unangekündigt auftauchen; Restaurants an geheimen Orten, die nur durch Mundpropaganda gefunden werden können; oder »Dunkeldinner«.

All diese neuen Dienstleistungen begrenzen bewusst eine Dimension unserer Nutzererfahrung, als würde man ein Bein eines Hockers absägen: Snapchat, die Foto-Sharing-App, vernebelt die Erinnerung, indem sie Online-Permanenz verweigert; Secret vernebelt die Identität seiner Nutzer; das Pop-Up Magazine vernebelt die Allzeit-Verfügbarkeit; und Secret Cinema, die Mystery-Filmvorführungsreihe, vernebelt den Inhalt, indem der gezeigte Film vorab nicht genannt wird. Diese undurchsichtigen und flüchtigen Formate stehen mit ihrem Design für eine neue Gattung von Medien und Services für die Post-Wissensgesellschaft. Es handelt sich um eine Welt, in der die überwältigende Fülle an Daten und Fakten, die online verfügbar ist – die Klarheit –, nur unseren Wunsch nach dem Obskuren steigert. Willkommen in der »Fehlinformationsökonomie«.

Unsere romantischen Geschäftsmodelle, Marken, Kundenerfahrungen und charismatischen Führungskräfte blühen durch
das auf, was man nicht weiß, und durch den Luxus, nicht alles
»sharen« zu müssen. Business-Romantiker ziehen Understatement, Schweigen, Leere und sogar Abwesenheit der dogmati-
schen Transparenz und Dauerpräsenz vor. Wir weigern uns, bestimmte Dinge zu erklären oder zu enthüllen – nicht weil sie
heilig sind, sondern weil wir *wollen,* dass sie heilig sind. Dinge,
die nicht ewig bleiben, bleiben länger. Erlebnisse im Dunkel er-
hellen unsere Sehnsüchte. Wenn Sie ein Schlaglicht auf etwas
werfen wollen, verstecken Sie es! Erfinden Sie Geheimagenten,
Undercover-Projekte und Mysterien in Ihrem Unternehmen.
Versuchen Sie ausnahmsweise mal, einige Türen zu schließen.
Die Dinge, die wir wegschließen, die Geschichten, die wir für uns
behalten, die Schatten, die wir werfen, die leeren Stellen, die wir
ausschneiden: Sie bringen uns dazu, mehr zu wollen.

9

Trenne dich

Ich bin nicht sentimental – ich bin so romantisch wie du.
Der Unterschied ist, dass die sentimentale Person denkt,
die Dinge würden dauern – die romantische dagegen vertraut
verzweifelt darauf, dass sie es nicht tun.

F. Scott Fitzgerald

Die Performance-Künstler Marina Abramović und Ulay gingen
in den siebziger Jahren eine heftige romantische Beziehung miteinander ein, während deren sie zusammen in einem Lieferwa-
gen lebten und arbeiteten. Als sie spürten, dass ihre Beziehung
an ein Ende gekommen war, beschlossen sie, von gegenüberlie-
genden Enden kommend die Chinesische Mauer zu erwandern,
um sich auf halbem Wege für einen letzten Kuss zu treffen.
Abramović brach in Shan Hai Guan auf, an der Küste des Gelben
Meers, und Ulay in Jai Yu Guan in der Wüste Gobi. Nachdem sie
fast 2500 Kilometer gelaufen waren, trafen sie sich in der Mitte
und küssten sich, wandten dann einander den Rücken zu und sahen sich fast dreißig Jahre lang nicht wieder. Dieser perfekt cho-
reografierte letzte Kuss markierte das Ende ihrer gemeinsamen
Reise. Es war ihr Punkt am Ende des Satzes.[119]
Große Symphonien plätschern nicht einfach leise aus – *pling,*
pling, pling –, während nach und nach schon das Publikum auf-
bricht. Da gibt es den großen Tusch, die triumphierende letzte
Handbewegung des Dirigenten, jenen winzigen, aber scheinbar
unendlichen Moment der Stille und dann die finale Leerstelle
und die Aufforderung zum Applaus. Man kann überhaupt nur
etwas beenden, wenn man dem Publikum die Gelegenheit zu
allem verweigert. Ein starker Schluss erfordert den Mut und die
Überzeugung zu sagen: »Ich habe euch alles von mir gegeben.

Mehr gibt es nicht. Auf Wiedersehen.« Solche Schlüsse – die Punkte am Ende des Satzes – bedeuten nicht, dass es keine offenen Fragen mehr gäbe; sie bedeuten allerdings, dass nun der Vorhang zu ist.

Wenn es ums Business geht, neigen wir dazu, die Kraft dieses Schlussakkords zu unterschätzen. Wir verstehen etwas von Anfängen – sie schüchtern uns vielleicht ein und fordern uns heraus, aber sie versprechen uns immer auch den Thrill des Neuen: Ja, ein neues Abenteuer beginnt. Ja, wir leben! Aber wir sind oft verwirrt oder fühlen uns sogar ganz elend, wenn etwas endet. Ob in unseren Erfahrungen als Chefs, Angestellte oder Kunden: Es kann einem schwerfallen, Dinge gut zu beenden. Weil wir darin so wenig Übung haben, fehlen uns schlicht die erforderlichen Fähigkeiten, und wir scheitern oft daran, den emotionalen Tribut vorherzusehen, den Trennungen fordern. Eine geschäftliche Scheidung ist immer noch eine Scheidung, mit all den verletzten Gefühlen und Kollateralschäden, die dazugehören. Die Postmortem-Besprechung nach einer jahrelangen gemeinsamen Unternehmung oder Anstellung ist so viel mehr als eine Abfolge von trockenen Fragen, so viel mehr als die Checkliste für eine Analyse nach dem Muster »lief gut/lief nicht so gut«: Es ist ein Moment der Trauer; ja, der Abschluss eines Projekts kann sogar oft zu unterschiedlich stark ausgeprägter Wochenbettdepression führen.

Wie respektieren wir die Momente des Abschließens in unseren Erfahrungen als Angestellte und Kunden? Und die in unseren eigenen Karrieren? Wir brauchen mehr Pläne für (Un-)Happy Ends, mehr Rituale für das, was Susan Sontag das »ständig wiederholte Wechselspiel aus Trennung und Rückkehr« genannt hat.

Romantische Führungspersönlichkeiten können kreative Wege finden, um Übergangsphasen etwas Heiliges zu verleihen. 1995 war der damalige Vorstandschef von Samsung, Lee Kun-hee, gerade dabei, aus dem Produzenten billiger Elektronikartikel einen Innovationsführer im Mobilfunkmarkt zu machen. Anstatt Memos zu verteilen oder das Management zusammenzurufen, um die Werte der Marke und des Unternehmens zu diskutieren, wies er Samsungs Fabrikarbeiter an, auf einem Feld neben den Fertigungsanlagen einen Berg aus 150 000 fehlerhaften Mobiltelefonen zu errichten. Tausende Mitglieder der Belegschaft wurden angewiesen, sich um den Haufen herum aufzustellen und zuzusehen, wie der ganze Hügel aus Technikteilen in Brand gesteckt wurde. Als die Flammen schließlich erloschen waren, wurden Bulldozer herbeigeholt, um die Überreste abzuräumen. Die Botschaft war klar: In der Mobilfunktechnologie durfte nur das Allerbeste auf den Markt kommen. Alles andere musste in Flammen aufgehen. Heute ist Samsung der Weltmarktführer bei Smartphone-Verkäufen. Im vierten Quartal 2013 verkauften sich die Galaxy-Handys sogar besser als Apples sagenumwobenes iPhone.[120] »Die Große Telefonverbrennung von 1995 ist in der Firma eine Legende. Sie war ein Höhepunkt in der Geschichte von Samsung und von dessen Chef«, sagt Sam Grobart, ein Reporter der *Bloomberg Businessweek,* der vor kurzem ein Profil der pressescheuen Firma geschrieben hat. Bis zum heutigen Tag wird neuen Angestellten bei Samsung von diesem Ereignis erzählt, und es dient als Quelle der Inspiration und der Angst gleichermaßen. »Die Macht des Mythos wird bei Samsung regelmäßig zum Einsatz gebracht«, hat Grobart beobachtet.

In krassem Gegensatz zu Samsungs »Schlussakkord« steht das legendäre Massenbegräbnis, das der Computerspielproduzent Atari einst einem gefloppten Produkt angedeihen ließ.[121] Im Jahr 1982 hatte die damals schnell wachsende Firma in den USA ihr Videospiel *E. T. The Extra-Terrestrial* herausgebracht. Im Windschatten des Blockbuster-Kinofilms sollte es eigentlich ein todsicherer Hit werden. Wurde es aber nicht. Die anfänglichen Verkäufe waren noch ganz respektabel, aber bald beschwerten sich die Nutzer über die schlechte Spielbarkeit, und nach kurzer Zeit wurde *E. T.* vom Markt genommen. Bis heute gilt es als »das schlechteste Videospiel aller Zeiten«, und der Vorfall trug dazu bei, dass die ganze Videospielindustrie in eine Krise schlitterte, die in Japan als »Atari-Schock« bekannt ist.

Und was machte Atari? Das Unternehmen kaufte Millionen unverkaufter Speichermodule von *E. T.* und anderen im selben Jahr gefloppten Spielen zurück, brachte sie im Schutze der Dunkelheit Lkw-ladungsweise nach New Mexico und vergrub sie dort – in einem Betonmantel, so, als seien sie radioaktiv – in der Wüste, ganz in der Nähe des Ortes, an dem die erste Atombombe gezündet worden war. Wie Samsungs Große Telefonverbrennung vereinte Ataris unorthodoxe Aktion das Praktische mit dem Symbolischen: Es wird angenommen, dass dieses Massenbegräbnis Atari erlaubt hat, das entsorgte Material steuersparend abzuschreiben. Aber für den Romantiker ist der eigentlich bemerkenswerteste Aspekt an dieser Undercover-Operation der rituelle Ausdruck der Scham des Unternehmens – der Versuch, ein aufsehenerregendes Scheitern durch eine heimliche Beisetzung zu verschleiern, aber eben auch zu zelebrieren.

Augenblicke des Abschließens und des Übergangs ereignen sich jeden Tag auch in unseren Erfahrungen als Kunden, selbst wenn es dabei nur selten um Freudenfeuer oder Undercover-Beerdigungen geht. Denken wir an die Luftfahrtbranche: Viele Fluglinien haben Schwierigkeiten damit, den Anfang einer Reise richtig hinzubekommen – Verspätungen, lange Warteschlangen und Gate-Wechsel in letzter Sekunde sind nur einige der Unannehmlichkeiten –, aber viele von ihnen sind Meister des Schlussakkords. Die Flugbegleiterinnen kündigen nicht nur das Ende der Reise an und verabschieden die Passagiere mit einem routinierten »Danke, dass Sie heute mit uns geflogen sind. Wir wünschen einen schönen Tag oder eine gute Weiterreise«, sondern sie stellen sich, wenn das Flugzeug das Gate erreicht hat, an der Ausgangstür auf, um persönlich »Auf Wiedersehen« zu sagen. Für den Piloten ist es ebenfalls Brauch, sich dann zu zeigen und Lebewohl zu sagen; auch das ist eine nette Geste. Allen Beteiligten vermittelt sich dadurch ein Gefühl der Erleichterung: »Wir sind sicher gelandet. Es hat uns viel bedeutet, dass Sie uns Ihr Vertrauen geschenkt haben, und es war uns ein Vergnügen, Sie zu bedienen – auf Wiedersehen.« Die niederländische Fluglinie KLM verteilt sogar ganz spezielle Geschenke an ihre Business-Class-Passagiere: Miniaturhäuser aus Keramik, die sich als Schnapsfläschchen entpuppen. Bei Air Berlin gibt es zumindest für alle Fluggäste ein Stück Schokolade – gewiss nicht zufällig in Herzform.

Dieser Moment des Abschieds vom (hoffentlich) wiederkehrenden Kunden ist ein Schlüsselmoment in allen Erfahrungen, die man als Kunde macht – nicht nur, weil die ersten und letzten Eindrücke die Wahrnehmung der Servicequalität prägen, sondern auch, weil das Geschäft im Grunde an dieser Stelle bereits abgeschlossen ist. Jede Aufmerksamkeit, die einem nach der eigentlichen Transaktion zuteilwird, ist ein dankbar entgegengenommener Bonus. Wie können Sie eine Exit-Strategie für Ihr Business – für jenen Punkt in Zeit oder Raum, an dem die Transaktion endet – entwickeln, um sicherzugehen, dass Sie Ihre Kunden mit übervollem Herzen davonziehen lassen?

Das fällt Ihnen vermutlich leichter, wenn Sie wissen, dass Ihre Kunden auch wiederkommen werden. Aber falls diese Sie für immer verlassen, hat übergroße Freundlichkeit einen noch viel größeren Wert. Statt zu versuchen, Ihre Kunden zurückzugewinnen – sie über die Gründe ihres Abschieds zu befragen oder aggressiv zu umwerben –, versuchen Sie, das Ende der Beziehung zu akzeptieren und stilvoll zu begehen: Erweisen Sie Ihrem »Ex« die Ehre, indem Sie Ihre Anerkennung und Dankbarkeit ausdrücken.

Ebenso wichtig sind sorgfältig geplante Abschiedsmomente für das Ende eines Anstellungsverhältnisses, sei es, weil jemand entlassen wird oder weil er selbst kündigt. BWL-Seminare bereiten uns nicht auf die Gefühlsintensität vor, die wir bei solchen Erfahrungen verspüren.

Rowan Gormley, Gründer und Vorstandschef des britischen

Weinversandhändlers Naked Wines, verlor 2010 seinen Job bei Virgin. Er war mehr als zehn Jahre im Unternehmen gewesen und hatte eng mit dem Gründer und Vorstandschef von Virgin, Sir Richard Branson, zusammengearbeitet, um Virgin Wines auf den Weg zu bringen. Nachdem der Geschäftszweig an Dritte verkauft worden war, mit deren Plänen Gormley nicht einverstanden war, wurde er gefeuert – und nahm seine zwölf Angestellten gleich mit. In einem grimmigen Akt der Rebellion reichten alle zwölf gleichzeitig per E-Mail ihre Kündigungen ein, gingen dann gemeinsam mit Gormley in den nächsten Pub und beschlossen, ihre eigene Firma zu gründen. Sie waren zugleich aufgeregt und ängstlich, wenn sie an das dachten, was nun kommen würde. Aber die Tatsache, dass sie alle noch zusammen waren und ihre Werte und Prinzipien nicht verletzt hatten, tröstete sie. Gormley bezeichnete diesen Moment mir gegenüber als einen der bedeutendsten seines Lebens: »Wir hatten so viel zu verlieren, so viel zu gewinnen, alles war möglich.« Naked Wines, das neue Unternehmen, das er mit seinen früheren Virgin-Kollegen gegründet hat, wurde in Großbritannien nach vier Jahren profitabel, und 2012 zog Gormley nach Napa Valley in Kalifornien, um das US-Geschäft an den Start zu bringen.

Gormley entschied sich für einen Abgang mit der großen Geste des Showmans; andere bevorzugen einen ruhigeren Schlussakkord, der ihr Ehrgefühl und ihren Respekt für das Unternehmen herausstellt. Hier kann uns wieder einmal der Sport eine Vorlage liefern. Frank Rijkaard, der frühere Trainer des FC Barcelona, ist ein ideales Beispiel. Zu Anfang seiner fünfjährigen Amtszeit gewann er zwei nationale Meisterschaften und den Champions-League-Titel, aber in seinen letzten zwei Jahren in Barcelona schaffte er es nicht mehr, dem stolzen Klub zu irgendwelchen neuen Schalen oder Pokalen zu verhelfen. Im Mai 2008 markierte dann eine erniedrigende 1:4-Niederlage gegen den Erzrivalen Real Madrid den absoluten Tiefpunkt einer stürmischen Saison. Barças damaligem Präsidenten Joan Laporta blieb keine andere Wahl, als Rijkaard zu entlassen. Jedermann wusste, dass seine Zeit in Barcelona vorbei war. Und doch schaffte es Rijkaard, sich im Angesicht der sich abzeichnenden Tragödie seinen Optimismus und seine Integrität zu bewahren. Er verteidigte seine Spieler konsequent und kritisierte sie nie öffentlich. Stattdessen steckte er die Wut und Frustration der Fans mit einer unerschütterlichen Arbeitsethik ein, die immer auf das nächste Spiel ausgerichtet war.

In Rijkaards letztem Spiel mit Barça, einem Standardsieg über eine zweitklassige Mannschaft, gelang dem jungen Stürmer Giovani dos Santos ein Hattrick. Jedes Mal, wenn der Ball ins Netz traf – und jedes Tor war kunstvoller und schöner als das vorangegangene –, wandte sich der Teenager Rijkaard zu. Der Trainer, der normalerweise für sein stoisches Verhalten während Spielen bekannt war, war aufgesprungen, lächelte breit, riss beide Arme in die Höhe und jubelte, als hätte sein Team gerade das Champions-League-Finale gewonnen. Es war ein bemerkenswerter Moment, ein bewegender Freudenausbruch in der Zeit seiner Trainerdämmerung. Rijkaard verstand nur zu gut, dass Würde letzten Endes wichtiger war als Trophäen – besonders für einen Verein, der stolz darauf ist, *més que un club* oder »mehr als ein Klub« zu sein, wie das Klubmotto lautet. In seiner letzten Pressekonferenz sagte Rijkaard einfach: »Es war mir eine Ehre, für diesen Verein zu arbeiten.«

Wir brauchen mehr solcher ehrenhaften Abgänge und Abschlüsse; Übergänge und Wechsel, die es uns erlauben, uns von unserer besten Seite zu zeigen. Nehmen wir den Abschied des Gründers und Vorstandschefs von Groupon, Andrew Mason, im Jahr 2013. Als er an der Spitze der Rabattgutschein-Website abtrat, schrieb Mason einen Brief an die »Menschen von Groupon«, der mit den Worten begann: »Nach viereinhalb intensiven und wunderbaren Jahren als Vorstandschef von Groupon habe ich entschieden, dass ich mehr Zeit mit meiner Familie verbringen möchte. Nur ein Scherz – ich wurde heute gefeuert.«[122] Auch wenn man bei den ersten Zeilen des Briefs vielleicht noch an eine Art Streich denken konnte, wollte Mason eigentlich sagen, dass man ihn zu Recht gefeuert hatte. Er erklärte seinen mehr als elftausend Angestellten, dass er sein Gespür für das Wachstum der Firma verloren habe und dass ein neuer Chef ihnen mehr »Luft zum Atmen« geben werde. Es war ein bemerkenswert eleganter Abgang – zugleich selbstironisch und großzügig –, weil er Groupons Belegschaft Mut machte, nun mit Selbstvertrauen und einer klaren Vision weiterzuarbeiten. Mason machte buchstäblich Platz. Er bat seine früheren Kollegen darum, den neuen Vorstandschef gut aufzunehmen, und ermahnte sie gleichzeitig dazu, weiter hervorragende Leistungen zu erbringen.

Masons Brief sticht in der Kultur der Großunternehmen heraus. In den meisten Fällen bekommt man es bei Entlassungen mit banalen Euphemismen, gemischten Gefühlen, Schuldzuweisungen und einer beträchtlichen Verlegenheit und Angst bei allen Beteiligten zu tun. Der Vorteil einer Entlassung ist es, dass das Ende definitiv ist, und in diesem Fall erweist sich die Unbarmherzigkeit des Firmenprotokolls vielleicht sogar als Segen. Der Punkt am Ende des Satzes ist überdeutlich und wird für jedermann durch erniedrigende Entmachtungsrituale sichtbar gemacht: den Schreibtisch leer räumen und alle privaten Gegenstände in einem Pappkarton wegtragen zu müssen, zum Beispiel. Und doch kann in dem Moment, in dem der entlassene Mitarbeiter durch die Drehtür verschwunden ist, ein Prozess aufrichtigen Nachdenkens beginnen. Zumindest für die Person, die geht. Von dem Manager, der ihr gekündigt hat, wird erwartet, dass er oder sie sich schnell anderen Dingen zuwendet, weil das die Business-Logik nun mal so vorschreibt. Ich erinnere mich, wie eine frühere Chefin von mir, nachdem sie gerade ein Dutzend Mitarbeiter entlassen hatte, immerfort wiederholte »Ich muss hier eine Firma führen«, so als suche sie nach Absolution.

Freiwillige Kündigungen hingegen sind kniffliger, als man gemeinhin denkt. Selbst wenn wir im Guten gehen, bleibt doch ein

Abschied in Würde, der sich für alle Seiten gut anfühlt, die Ausnahme. Wir fürchten uns davor, die Kontrolle über unser Narrativ zu verlieren. Und dann stehen wir auch noch vor der einschüchternden Aufgabe, das komplexe Beziehungsgeflecht, das wir im Laufe der Zeit aufgebaut haben – samt all unserem institutionellen Wissen –, zu entwirren.

Ich habe in meiner Karriere dreimal gekündigt, und jedes Mal habe ich die emotionalen Aspekte der Trennung unterschätzt. Meine Kündigung bei Aricent war die extremste Erfahrung. Im Jahr 2010, als ich Chief Marketing Officer von Frog Design war, wurde ich angefragt, ob ich auch die Marketingabteilung von Aricent leiten wollte, einer IT-Firma, die das Mutterunternehmen von Frog war. Deren Investoren, eine große Private-Equity-Gruppe, machten gerade einen strategischen Vorstoß, um die technischen Fähigkeiten von Aricent – einem Unternehmen mit 10 000 Mitarbeitern, fast ausschließlich in Indien – mit Frogs Prestige im Sachen Kreativität und Innovation zusammenzuführen. Das Managementteam und der Aufsichtsrat waren der Ansicht, dass mein Verständnis für Markenbildung und meine Kenntnis der eigenwilligen Frog-Kultur mich in den Stand versetzen würden, das Gesamtunternehmen höherwertig zu plazieren, indem ich die Markenarchitektur vereinheitlichte.

Selbst auf dem Papier klang das schon wie eine Mission impossible, aber die Herausforderung war zu spannend, um sie sich entgehen zu lassen. In meiner neuen Position musste ich nun Gemeinsamkeiten zwischen zwei radikal verschiedenen Unternehmen finden: Die Ingenieurskultur von Aricent stand gegen die Designkultur von Frog; Nerds gegen Hipster; Verlässlichkeit gegen Kreativität; Größe gegen Intimität. Mein Job war es im Grunde, beide Kulturen hinter mir zu lassen: den »dritten Weg« zu entwickeln – eine neue Vision, die auf dem Markt als Fundament einer einheitlichen Geschichte dienen konnte.

Als Marketingchef von Aricent musste ich mehrmals im Jahr an unsere Standorte nach Gurgaon, Bangalore und Chennai reisen.

Bei jedem Besuch saß ich im Innenhof eines anderen Gewerbeparks herum oder wurde zwischen Büros und Flughäfen hin- und hergeshuttlet, wobei ich nicht nur meinen Fahrer bestens kennenlernte, sondern auch den Geruch des Vanille-Wunderbaums in seinem Auto. Die ganze Unternehmung erinnerte mich an den olympischen Fackellauf: Ich kam immer und immer wieder zu Besuch, nur um noch eine Hand mehr zu schütteln, bei noch einem Angestellten der örtlichen Stadtverwaltung Gehör zu suchen. Nach einem Jahr der Kampagnenarbeit enthüllten wir dann mit großem Tamtam unsere neue Marke – die »Aricent Group« – in Indien und an unseren zwanzig anderen Standorten weltweit. Ich bekam Fotos von Menschen auf dem ganzen Erdball. Auf jedem einzelnen sah man Angestellte, die orangefarbene Aricent-Ballons hochhielten und jubelten. Wir hatten das Unmögliche möglich gemacht.

Die Begeisterung währte allerdings nur kurz, und an ihrer Stelle wurden bald einander widersprechende Agenden sichtbar. Die Mentalitäten der Ingenieure und Designer prallten aufeinander. Die Firma hatte Schwierigkeiten damit, die Zusammenarbeit zwischen Tausenden über die halbe Welt verteilten Angestellten vernünftig zu organisieren. Schließlich gerieten auch die Verkaufszahlen ins Stocken, und der institutionelle Rückhalt fing an zu bröckeln. Der Aufsichtsrat änderte seinen Kurs, und unsere Mission war tot.

Ich erinnere mich, wie ich auf meiner letzten Reise nach Indien um drei Uhr morgens mit meinem Kollegen und Leidensgenossen, dem Vertriebschef, dem man wie mir die Aufgabe gestellt hatte, die zwei Unternehmen zu verzahnen, in der Lounge des Flughafens von Delhi saß: »Auf das Ende eines Traums«, sagten wir, als wir mit unseren Kingfisher-Bierflaschen anstießen. Ich war als Freund gekommen und ging als Tourist wieder nach Hause.

Ich war gescheitert – zumindest fühlte ich mich so –, und ich hatte keinerlei Grund mehr, noch länger zu bleiben. Ich beschloss, meine Stelle zu kündigen, und rief meinen Boss, den Vorstandschef von Aricent, an, um ihm zu sagen, dass ich gerne in meine frühere Rolle bei Frog Design zurückkehren würde. Nachdem man mir den Wind aus den Segeln genommen hatte, konnte ich es gar nicht abwarten, vorzeitig von Bord zu gehen. Aber ich fühlte mich auch dafür verantwortlich, beim Übergang zu helfen. Über drei Monate hinweg löste ich mich langsam von der Firma. Statt eines symbolischen Schlussakkords, eines Kusses an der Chinesischen Mauer oder einer großen Verbrennung zog sich mein Abschied vom Unternehmen lang und schwerfällig hin. Ich starb einen Tod der tausend Abschiede, die schmerzvoller waren als all die vielen Momente des Schmerzes, die ich in meiner konfliktbeladenen Zeit bei Aricent durchlitten hatte. Ich baute Stück für Stück ab, meine Autorität schwand; ich fühlte mich immer weniger beteiligt und mit der Firma verbunden, bis ich schließlich ganz verschwand.

Wie meine eigene Geschichte zeigt, ist es wichtig zu verstehen, dass ein romantisches Ende davon abhängt, »wo man mit seiner Geschichte aufhört«, um ein Zitat des Regisseurs Orson Welles abzuwandeln. Wenn wir Trennungen planen, dann können wir uns von den Webtechniken der Navajos, eines Stamms amerikanischer Ureinwohner, inspirieren lassen. Auf allen Navajo-Textilien findet sich eine kleine, dünne, horizontale Linie, die sich normalerweise vom zentral angeordneten Muster an den äußeren Rand zieht, mit dem äußeren Bereich kontrastiert, aber oft dieselbe Farbe hat wie das Feld in der Mitte. In der Sprache der Navajos lautet die Bezeichnung für diesen »Pfad der Weberin« *ch'ihónít'i* oder *'atiin,* was man als »Weg nach draußen« beziehungsweise »Straße« übersetzen kann. Der Pfad, der auch »Geistlinie« genannt wird, soll die Energie und den Geist, die in das Textil eingewoben wurden, freisetzen, damit die Weberinnen sie einsetzen können, um andere Stücke zu weben.[123] Der Bruch im Muster erlaubt es den Weberinnen, sich selbst emotional von dem gewebten Produkt zu lösen, so dass es verkauft werden kann. Der absichtliche Webfehler verhindert, dass sie volle Meisterschaft erreichen, und hält Vorstellungskraft und Inspiration am Leben. Das Design wird beschädigt, damit der Geist intakt bleiben kann. Die Weberinnen, die alles gegeben und in ihr Textil gesteckt haben, bekommen wieder etwas zurück. Ihr Produkt ist nie vollkommen, und darum können sie wieder von vorne anfangen.

In unseren Jobs haben wir vielleicht Pläne für die nächsten hundert Tage, aber nur selten für den letzten. Wir vergessen oft, den »Weg nach draußen« zu planen. Und dann nehmen die Dinge plötzlich ein Ende, bevor wir (mit ihnen) Schluss machen konnten.

Die gelungensten Abschiede eröffnen einen echten Raum für Reflexion und Trauer und für das Versprechen der Erneuerung. Sie können das Mythische in uns heraufbeschwören – wie Samsungs Große Telefonverbrennung –, oder sie können uns an unsere besten Eigenschaften erinnern – wie Andrew Masons Abschied von Groupon oder Frank Rijkaards letzte Momente mit dem FC Barcelona. Romantiker wissen jeden dieser Schlussakkorde zu honorieren.

Stoßen Sie mit zwei Flaschen Kingfisher an, und sagen Sie der Welt, dass der Traum vorbei ist. Weben Sie eine »Geistlinie« in Ihre Kundenerfahrungen, Projekte und Beziehungen und auch in Ihre Karriere ein. Trainieren Sie Ihren Trennungsmuskel, und bleiben Sie stets auf dem Quivive: Trennen Sie sich mindestens einmal im Jahr von einem Kollegen, einem Kunden, einem Partner oder einer Marke. Lernen Sie Trennungen als Präventivschläge gegen Ernüchterung und Enttäuschung schätzen. Kündigen Sie! Wenn wir gehen, müssen wir uns dem stellen, was wir wirklich wollen: Es ist der ultimative Akt romantischer Auflehnung. Als Romantiker geben wir entweder alles – oder nichts.

10

Überquere den Ozean

Falls ich einmal heirate, will ich sehr verheiratet sein.

Audrey Hepburn

Neulich habe ich mit einer Freundin zu Mittag gegessen, die als Investmentberaterin für ein sehr großes Unternehmen der Gesundheitsbranche arbeitet. Als ich sie nach ihrem neuen Posten in der Firma fragte, den sie jetzt seit etwa einem Jahr hat, schaute sie mich nur an, seufzte und sagte:»Der Thrill ist weg, Tim.« Wir sprachen darüber, was das für sie in ihrem Alltag bedeutet.»Ich lebe in Flughäfen. Ich bin immer auf dem Sprung und muss in null Komma nichts auf Kunden reagieren. Gleichzeitig langweilt mich diese ganze Routine zu Tode: die Sicherheitschecks im Flughafen, die Hotelminibars, die Meetings in den immer gleichen Restaurants in den immer gleichen Städten. Ich fühle mich alt in diesem Job ...«

Meine Freundin, Mutter von drei Kindern, träumte von einer Arbeitserfahrung, die ihr mehr Inspiration oder zumindest Energie vermitteln würde. Als sie anfing, als Consultant zu arbeiten, machte es ihr Spaß, mit Leuten in Kontakt zu kommen und Kunden zu helfen. Es hatte etwas Aufregendes, sogar Glamouröses, von jetzt auf gleich in verschiedene Städte auf der ganzen Welt zu düsen. Ihr Koffer stand stets gepackt im Schlafzimmer bereit.

»Als ich jünger war, hat mich die Packliste von Joan Didion aus ihrer Essay-Sammlung *The White Album* sehr inspiriert«,[124] gestand sie mir.»Die hat bei mir wirklich einen starken Eindruck hinterlassen.« Die Schriftstellerin Didion beschreibt ihre Liste von Gegenständen, die sie auf gefährliche Reportagereisen mitnahm, mit kühler Präzision und der ihr eigenen Ironie. Als meine

Freundin mit der Arbeit als Beraterin anfing, bewahrte sie jahrelang eine Abschrift in ihrem Schlafzimmerschrank auf:

Zum Einpacken und Anziehen:
2 Röcke
2 Westen oder ärmellose Trikots
1 Wollpullover
2 Paar Schuhe
Strümpfe
BH
Nachthemd
Morgenrock
Pantoffeln
Zigaretten
Bourbon
Beutel mit: Shampoo, Zahnbürste, Zahnpasta, Seife, Rasierer, Deodorant, Aspirin, Rezepte, Tampax, Gesichtscreme, Puder, Babyöl
Zum Tragen:
Mohairdecke
Schreibmaschine
2 genormte Blöcke und Federhalter
Akten
Hausschlüssel

»Ich weiß, dass das lächerlich klingt, weil meine Reisen und meine Arbeit nicht das Geringste mit Journalismus oder mit Joan Didion zu tun hatten, aber irgendwie kamen mir meine Dienstreisen allein dadurch, dass ich mich mit einer so einflussreichen Kultfigur in Zusammenhang brachte, beinahe aufregend vor. Allein dadurch, dass ich an ihre Packliste dachte – ich meine, Bourbon, um Himmels willen! Zigaretten! Stell dir mal vor, das heute durch die Sicherheitskontrolle zu bringen! –, konnte ich mich mit so etwas wie einer größeren Geschichte in Verbindung bringen, einer Art durchlaufendem kulturellem Faden. All das übrigens auch, weil ich eine berufstätige Mutter bin und Didion als feministische Ikone für mich immer eine Inspiration gewesen ist.«

Ich sagte meiner Freundin, dass sie für mich eine Business-Romantikerin sei – wenn auch eine heimliche –, und sie begann zu lachen: »Vielleicht. Aber sag das bloß nicht meinen Kunden!«

Ist es nicht bemerkenswert, wie ein vermeintlich so unbedeutender Gegenstand wie eine Packliste es schafft, unsere Stimmung zu heben – wenn sie nur von der richtigen Inspirationsquelle stammt? Sie kann der profanen Erfahrung von Geschäftsreisen eine tiefere Bedeutung verleihen; sie kann an den Zeitgeist rühren und es uns erlauben, unsere Erlebnisse mit der Allgemeinheit zu teilen. Für meine Freundin hieß das, dass sie jedes Mal Didion zuzwinkern und ihr bewundernd zunicken konnte, wenn sie von der Flughafen-Security wieder wegen ihres kleinen Fläschchens Gesichtscreme schikaniert wurde.

Wenn es aber nur solch kleiner symbolischer Gesten bedarf, warum erscheint es einem doch oft so schwierig, die Romantik zurückzuerlangen, wenn sie erst einmal verlorengegangen ist? Ich fragte meine Freundin, was aus ihrer Sicht notwendig wäre, um die alte Heiterkeit in ihrem derzeitigen Arbeitsumfeld zu spüren. »Oh, ich weiß nicht«, sagte sie. »Ich fand jemanden wie Joan Didion mal romantisch, weil ich jünger war und auch abenteuerlustiger. Jetzt trage ich so viel Verantwortung, und ich habe das Gefühl, dass ich in so viel mehr Richtungen gleichzeitig gezerrt werde. Wenn ich reise, bin ich nur genervt und fast so was wie hirntot. Bei der Arbeit geht es für mich heutzutage um Routine. Ich habe manchmal das Gefühl, dass ich sie einfach verschlafe.«

Was kommt zwischen dem Thrill und der Aufregung des ersten Mals und unserem letzten Moment des Abschieds, unserem Schlussakkord? Für so viele von uns, die sich irgendwo auf der Mitte der Reise befinden, ist es eine Phase des Nachdenkens. Manche von uns werden frustriert, zynisch oder streitlustig. Andere haben eher das Gefühl, dass sie in ihrer Arbeit so etwas wie

Meisterschaft erreicht hätten, und verspüren die tiefe Befriedigung, Bestleistungen zu erbringen. Ob wir diese Mitte nun als einen Ort der Erneuerung und des Neuerwachens ansehen oder als einen Ort, von dem aus wir unser wachsendes Gefühl des Selbstvertrauens und des Erfolgs bei der Arbeit beurteilen, so bietet sie den Romantikern doch in jedem Fall einen großartigen Überblick. Wir können auf uns selbst zurückblicken, so wie wir früher waren, und uns über manche unserer fehlgeleiteten und simplizistischen Vorstellungen von einst wundern, und wir können unsere Gedanken in die Zukunft wandern lassen und für ein mögliches Ende oder für Übergänge planen. Es ist ein Ort, an dem wir den Verlust der Unschuld beklagen oder uns über die Chance freuen können, die Anfänge einzuordnen und besser zu verstehen. So oder so müssen Business-Romantiker eine Entscheidung fällen: Welcher Sache haben wir uns verschrieben?

Alter und Erfahrung spielen dabei natürlich eine Rolle. Die Sozialpsychologin Heidi Grant Halvorson hat es so ausgedrückt: »Je älter wir werden, desto mehr wollen wir uns an das klammern, was wir schon haben – die Dinge, für die wir so hart gearbeitet haben. Wir haben auch mehr Erfahrung im Umgang mit Schmerz und Verlust, nachdem uns das Leben schon ein bisschen herumgeschubst hat und wir einige Lektionen auf die harte Tour gelernt haben.«[125]

Business-Romantiker erleben in diesem Mittelstadium neue und oft reichere Formen der Befriedigung. Die Ekstase der frühen Jahre – die Aufregung bei der ersten Beförderung oder dem allerersten Pitch – ist vergangen, aber sie wird oft von einem Gefühl der inneren Ruhe und der Akzeptanz im Umgang mit dem Rhythmus und den Ritualen der Arbeit ersetzt. Am wichtigsten ist vielleicht, dass diejenigen unter uns, die sich in dieser Mittelphase befinden, gelernt haben, wie sie die vergleichsweise wenigen Momente der Entspannung im Leben richtig genießen können. Halvorson drückt es folgendermaßen aus: »Glück wird weniger zur energiegeladenen, *total aufgeregten* Erfahrung eines

Teenagers, der eine Party feiert, während die Eltern aus der Stadt sind, und mehr zu der friedlichen, entspannenden Erfahrung einer überarbeiteten Mutter, die sich schon den ganzen Tag auf das heiße Bad gefreut hat.«

Es ist zum Beispiel kein Zufall, dass die meisten unserer romantischen Helden aus jenem Sommer am Genfersee – Byron und Shelley etwa – früh gestorben sind. Es ist eine Sache, nur seinem Bauchgefühl zu folgen, wenn man gesund und voller Potenzial ist; es ist etwas ganz anderes, wenn man sich über seine Altersabsicherung, Krankenkassenbeiträge und Hypotheken Gedanken machen muss. Eine aktuelle Studie, die im *Journal of Organizational Behavior* erschienen ist, weist auf die Unterschiede in den Vorstellungen von Arbeitszufriedenheit hin, die zwischen Berufstätigen unter dreißig und älteren Berufstätigen bestehen.[126] Die Befunde zeigen, dass jüngere Berufstätige sich mehr für Chancen und für das Aneignen von Fähigkeiten interessieren, während sich die älteren mehr Engagement von den Mitarbeitern und eine gute Work-Life-Balance wünschen. Am interessantesten war allerdings die Tatsache, dass ältere Berufstätige immer noch auf die Aufregung aus waren, die Beförderungen und die Aneignung neuer technischer Fertigkeiten ihnen verschaffen. Sie verlangen allerdings eine klarere Definition der wechselseitigen Bindung zwischen ihnen und ihrem Arbeitgeber.

Matthew Stinchcomb war einst der erste Mitarbeiter, den die Gründer der E-Commerce-Seite Etsy eingestellt hatten, und ist heute dort in der Geschäftsführung unter anderem für die Werte des Unternehmens zuständig. Er beschrieb mir seine Vision von Bindung an den Arbeitsplatz: »Ich suche immer nach Gelegenheiten für unsere Mitarbeiter, sich mit unserer größeren Vision, den Handel neu zu denken, zu identifizieren.« Stinchcomb gibt dabei bereitwillig zu, dass manche Jobs in der Wissensarbeit erfüllender sind als andere: »Wenn man im Kundendienst arbeitet und am Tag Hunderte E-Mails von frustrierten Leuten beantworten muss, ist es viel schwerer, sich mit Etsys Grundwerten zu identifizieren. Darum brauchen wir auch eine Kultur, die den Mitarbeitern andere Ventile gibt, um Kreativität und Verbundenheit zu spüren.« Er beschreibt eines der Kernprojekte des Unternehmens – die Etsy School –, die den Angestellten Zeit und Raum bietet, ihre Begabungen und Leidenschaften mit anderen Arbeitskollegen zu teilen. Die Schule nutzt die Ressourcen und Räume der Firma, und viele Seminare werden während der Arbeitszeit unterrichtet. Indem Etsy private Interessen in den Rhythmus des Arbeitstags einbezieht, verpflichtet sich das Unternehmen dazu, am Arbeitsplatz Chancen zur Selbstverwirklichung zu bieten.

Stinchcomb hat die Unternehmenswerte von Etsy formuliert, und er legt großen Wert darauf, offen darüber zu sprechen, wie unser Engagement im Laufe unseres Arbeitslebens abebbt und wieder zunimmt. »Es gibt sicherlich Momente des Tages, an denen ich frustriert oder gelangweilt bin«, sagte er. »Ich denke, das ist einfach die menschliche Natur. Ich nehme das, wie es ist, und ich versuche, mich meiner Angst offen zu stellen: ›Was, wenn jemand mitkriegt, dass ich nicht bei der Sache bin?‹ In solchen Momenten versuche ich zu sagen: ›Ich gehe kurz spazieren.‹ Ich will nicht im Internet rumsurfen und so tun, als wäre ich beschäftigt.«

Stinchcomb hat Etsys ultimatives Leitprinzip – »Bleib dir treu, immer« – erdacht, um die Verpflichtung der Firma zu einem authentischen Dialog mit ihren Mitarbeitern zu erfassen. »Sich treu zu bleiben« heißt für Romantiker, zuzugeben, dass wir manchmal keine Romantik herbeizaubern können. In anderen Momenten heißt es, unsere Ängste, inkompetent und nicht engagiert genug zu sein, anzuerkennen. Anstatt sie zu verleugnen, indem wir uns hinter sinnloser Beschäftigung verstecken, stellen wir uns unseren Ängsten und benennen sie. Und wie mit allem im Leben akzeptieren wir, dass unsere Leistungskurve gelegentlich abflacht. Selbst Business-Romantiker werden gewisse Zeiträume in einem mittleren Bereich zubringen, in dem sie Atempausen zwischen den Hochs und Tiefs einlegen. Wenn wir »uns treu bleiben« – wenn wir uns selbst gegenüber ehrlich bestimmen, wo wir stehen und wo wir hinwollen –, dann rücken diese Täler zwischen den Gipfeln unsere Erfahrungen erst so richtig ins rechte Licht.

Sich mit seinen Bindungen und Verpflichtungen zu beschäftigen führt einen unvermeidlich zum Rätsel der modernen Paarbeziehungen. Nirgendwo ist das besser dargestellt worden als in Richard Linklaters Filmtrilogie, die die sich immer weiterentwickelnde Romanze eines Liebespaars mit Kultstatus verfolgt: Jesse, gespielt von Ethan Hawke, und Céline, gespielt von Julie Delpy. Im ersten Film – *Before Sunrise* – sehen wir Jesse und Céline dabei zu, wie sie sich im Laufe einer ungemein intimen Nacht in Wien ineinander verlieben. Sie verlieren einander aus den Augen, nur um ein Jahrzehnt später in *Before Sunset* romantisch wiedervereint zu werden. Der dritte Film – *Before Midnight* – zeigt Jesse und Céline in der »Mitte ihres Lebens«. Sie sind jetzt beide über vierzig und haben zwei Kinder, eine Hypothek und ein regelrechtes Minenfeld von Beziehungsproblemen. Alle drei Hauptbeteiligten des Films – Linklater, Hawke und Delpy – sprachen in einem Interview mit der *New York Times* über den kreativen Prozess.[127] »Wir hatten ursprünglich die Idee, sie einfach an einem typischen Tag zu zeigen: Einer geht los und holt die Kinder, und erst später am Abend haben sie diesen Moment der Gemeinsamkeit«, sagt Hawke. Die drei Künstler bestreiten aber, dass dem Film der romantische Geist der zwei vorangegangenen fehle. Sie wollten, dass der Film auf romantische Möglichkeiten zurückblickt, aber eine Beziehung im mittleren Alter doch realistisch abbildet. Oder wie Hawke es ausdrückt: »Es kann nicht für immer die erste Liebe bleiben.«

Was können wir aus Bindungen lernen, die nicht mehr neu und frisch, sondern inzwischen »nicht mehr ganz die jüngsten« sind? Jesse und Céline können keine Wunschvorstellungen mehr aufeinander projizieren und hoffen, dass der andere ihre Defizite ausgleiche. Es wird immer schwieriger, eine Geschichte über jemanden zu erzählen, wenn man ihn erst mal kennengelernt hat, wenn man sich nicht mehr fremd ist. Nähe fragmentiert das Narrativ.

Und doch muss es möglich sein, die Romanze mit einer Person, einer Firma oder einer Karriere wieder neu aufleben zu lassen, auch in den mittleren Jahren. Wie können wir unser Berufsleben in dieser Mittelphase zu etwas Heiligem machen, indem wir uns neu darauf verpflichten? Wie können wir uns neu verlieben, statt einfach davonzugehen? Die Zeit, die ein Angestellter durchschnittlich bei einem Arbeitgeber verbringt, nimmt immer weiter ab, und die Vorstellung einer lebenslangen Karriere bei einem Unternehmen ist eine Sache der Vergangenheit.[128] In unserem Arbeitsleben sind wir immer auf der Suche nach dem nächsten Date, immer auf dem Markt, immer bereit für das nächstbeste Neue. Natürlich ist eine Anstellung keine Ehe, aber andererseits verbringen wir mehr Zeit bei der Arbeit als mit unseren Ehegatten oder Partnern. Was würde es für uns bedeuten, wenn wir, anstatt die Drehtür zu suchen, dort Zufriedenheit finden würden, wo wir sind?

Wir können unsere Bindungsgefühle stärken, indem wir mit dem Mythos der Sirenengesänge in der Geschäftswelt aufräumen. Einige von uns sind Unternehmerpersönlichkeiten von Natur aus und finden Romantik in jeder neuen Firma, die sie gründen. Aber auch das Unternehmerdasein hat seine »Mittelphase«, und nicht alle von uns verspüren eine Berufung, die stark genug ist, ihr zu widerstehen. Seth Matlins, der dabei geholfen hat, die Marketingberatungsabteilung bei der Creative Artists Agency (CAA) in Hollywood zu gründen, und Marketingchef beim Konzertveranstalter Live Nation war, hat sich aus seiner Marketingkarriere in Großunternehmen verabschiedet, um mehr Zeit in Social-Entrepeneurship-Initiativen zu stecken. Er malte sich die symbolischen Momente einer Geschäftsgründung aus, die frühen Morgenstunden, die er damit verbringen würde, das Markenkonzept zu perfektionieren, die langen Nächte, in denen er T-Shirts in

Kartons packen würde: Er würde kein Chief Marketing Officer mehr sein, sondern ein Unternehmer.

»Ich hatte diese Vision: ›Ich werde wie Jobs und Woz in ihrer Garage sein‹«, sagte er. »Aber diese Romantik kann sehr schnell vergehen. Die Zahl von Shirts, die man wirklich glücklich und mit voller Aufmerksamkeit für den Versand vorbereiten kann, ist begrenzt. Ich habe festgestellt, dass meine Frustrationsschwelle in meinem eigenen Unternehmen deutlich niedriger lag als zuvor in der Dienstleistungsbranche. Es war so viel schwerer.« Letzten Endes hat Matlins doch noch in seine neue Arbeitsidentität hineingefunden, aber er macht klar, dass der Weg eines Unternehmensgründers genauso anfällig für sterbenslangweilige Routinetätigkeiten ist wie eine Konzernkarriere.

Anders, als wir oft annehmen, braucht es eine Menge Mut, sich dem Dienst an einer Firma zu verschreiben. »Dienst an« ist das Schlüsselwort: Es bedeutet, dass wir uns ganz und gar in den Job einbringen, und zwar mitsamt unserer Autonomie. Im Gegensatz zu der großen Geste, den Job aufzugeben, um ein Unternehmen zu gründen, oder – das gegenteilige Extrem – seine Identität ganz den Bürointrigen und dem Firmendogma unterzuordnen, setzt Autonomie in einem mit vollem Einsatz erfüllten Job bei einem Unternehmen eine stille Stärke voraus. Gianpiero Petriglieri, Professor für Organizational Behavior an der Business-School INSEAD und zudem ausgebildeter Psychiater, glaubt, dass es sich lohne, diese Fähigkeit zu erlernen. Er weist darauf hin, dass es größten Mut erfordere, sich seine Unabhängigkeit zu erhalten, während man gleichzeitig auf dem Kurs der Firmenkultur bleibt. »Es erfordert immense Tapferkeit, einen gewissen Kontrollverlust zu akzeptieren und sich gleichzeitig sein Gefühl der Individualität zu bewahren. Daran muss man jeden Tag arbeiten«, sagte er mir.

Ich habe sieben Jahre lang bei Frog Design gearbeitet, aber die ersten drei Jahre verbrachte ich damit zu lernen, wie man sich in einer so hochkomplexen Organisation bewegt. Erst in meinen letzten Jahren dort hatte ich genug politisches Kapital erworben, um zu versuchen, wirklich etwas zu bewirken. Man verpasst vielleicht einen verlockenden neuen Job, wenn man seinem Arbeitgeber für mehr als ein paar Jahre treu bleibt, aber man gewinnt auch einiges: institutionelles Wissen und Kapital und vor allem ein Gefühl der Zugehörigkeit und des Mitbesitzes – eine reichhaltige und nuancierte Beziehung zu einem Unternehmen, das mit jedem Tag, der vergeht, mehr von seiner vollen Komplexität offenbart.

Ein Gespräch mit der Architektin Kay Compton hat mir etwas sehr Tiefgründiges über diese Art von Bindung und Verpflichtung veranschaulicht. Kay und ihr Mann, die beide leidenschaftliche Segler sind, hatten gemeinsam beschlossen, den Pazifik zu überqueren auf der sagenumwobenen »Kokosmilchroute«, die an all den schönsten Stränden des Südpazifiks vorbeiführt. 2007 verkauften sie ihr Haus in Seattle, entledigten sich all ihres Besitzes, legten den Kurs fest und stachen für eine Reise in See; fast zwei Jahre lang waren sie ganz auf sich allein gestellt. Während des größten Teils der Reise war die See ruhig: wunderbar sonnige Tage und warme, leicht windige Nächte.

Weil sie alleine segelten, wechselten sich Kay und ihr Mann mit den Pflichten ab: Wenn der eine als Kapitän »auf Wache« war, blieb der andere unter Deck.

»Es war eine Herausforderung, 24 Stunden am Tag so eng zusammen zu sein. Man muss unbedingtes Vertrauen in die andere Person haben. Dein Leben ist in ihren Händen, und du musst den Glauben daran haben, dass sie dich beschützen wird«, erzählte sie. Vertrauen und Glauben waren in der Mitte des weiten, leeren Ozeans nicht bloß theoretische Konzepte. Ihr Boot steuerte auf die Küste von Kalifornien zu, als sie von ihrem ersten »schweren Wetter« erwischt wurden mit Windböen von fast 90 Stundenkilometern und mehr als sieben Meter hohen Wellen.

»Ich erkannte, dass jetzt alles davon abhing, wie gut wir uns vorbereitet hatten«, erinnerte sich Kay: »Wenn man so weit draußen ist, kann man keine Hilfe herbeirufen. Die Küstenwache hätte Tage gebraucht, um uns zu finden. Man kann sich nur auf sich selbst und seinen Partner verlassen. Wenn man einmal erkannt hat, dass man da nicht rauskommt, kommt man damit zurecht. Man macht seinen Frieden mit der Situation.«

Dieses Gefühl der Selbstverpflichtung, sich den gegebenen Umständen zu stellen und Strategien zu finden, mit ihnen umzugehen, hat Kay und ihren Mann schließlich an sichere Gestade geführt. Aber sie denkt noch immer an jene Momente der existenziellen Angst zurück, in denen sie sich selbst Rechenschaft ablegen musste.

»Auf meiner täglichen Fahrt zur Arbeit gibt es eine Ampel, von der aus ich aufs Wasser blicke, und da denke ich immer an unsere Reise. Ich rufe mir in Erinnerung, wie es war, dort draußen zu sein, vom Ozean umgeben zu sein und nichts zu haben außer unserem Boot. Diese Erinnerungsstütze hilft mir dabei, über manchen Dingen zu stehen: Sie hilft mir, eine langfristige Perspektive zu haben.«

Als ich Kay fragte, ob die Erfahrung ihr Selbstgefühl bei der Arbeit verändert habe, antwortete sie, ohne zu zögern. »Absolut«, sagte sie. »Als mein Mann und ich auf dem Boot waren, konnte es nur einen Kapitän geben. Wir wechselten uns immer wieder ab, aber zu jeder gegebenen Zeit konnte immer nur einer der Anführer sein. Das findet sich in meiner Arbeit als Architektin wieder: Man muss in Teams arbeiten, und man muss die eigene Rolle und die Rollen der anderen verstehen. Es muss eine gewisse Klarheit in Bezug auf diese Rollen bestehen. Sie können wechseln, aber wenn jemand der Kapitän ist, dann streitet man nicht herum. Man fängt mitten auf dem Ozean keinen Streit an.«

Obwohl nur wenige von uns je unter solch extremen Umständen arbeiten werden, haben mich Kays Worte tief berührt. Wie oft habe ich mitten auf dem sprichwörtlichen Ozean eine Diskussion vom Zaun gebrochen, sei es mitten in einer Strategiesitzung oder einer Kampagne? Natürlich sollten Kritik und Diskussionen im

Business ihren Platz haben, aber es sollte auch einen Platz dafür geben, dem einmal bestimmten Chef zu vertrauen und an ihn zu glauben. Verpflichtung heißt, den Auftrag zu akzeptieren und den besten Weg zu finden, ihn auszuführen.

»Ich wünschte, alle könnten das fühlen, was ich auf der Reise gefühlt habe«, sagte mir Kay. »Wenn sie das täten, wäre die Welt ein völlig anderer Ort – das garantiere ich dir.«

Natürlich erfordert solche Selbstverpflichtung eine Verletzlichkeit. Viel zu viele von uns verbringen unsere Karrieren damit, uns in alle Richtungen fest abzusichern, nur unbeteiligt zuzusehen und abzuwarten, wer das Spiel gewinnen wird. Wenn wir uns wirklich binden wollen, müssen wir die Dinge zu unserer Sache machen.

Romantiker wissen, dass das nicht so leicht ist. Auch ich habe zu Beginn meiner Karriere alles getan, was in meiner Macht stand, um zu verhindern, dass ich als angreifbar wahrgenommen werde. Wenn ich Menschen mit einer Präsentation oder Initiative überzeugen wollte, war es immer mein Ziel, absolut hieb- und stichfest zu argumentieren. Ich ging in Meetings und war übervorbereitet, hatte mir umfangreiche Skripts aufgeschrieben, war mit Daten und Details bewaffnet und bereit, noch den entlegensten Einwand anzusprechen. Ich walzte mit etwas, was ich für eine unwiderstehliche Kombination aus auf der Hand liegenden Vorteilen, obsessiver Sorgfaltspflicht und mitreißender Leidenschaft hielt, über jeden Hauch eines Zweifels hinweg.

Viele dieser Meetings verließ ich mit einem Triumphgefühl und glaubte, dass ich große Unterstützung gesammelt hätte. Ich brauchte ein paar Jahre, um zu erkennen, dass ich damit falschlag. Es gab nämlich einen großen Unterschied zwischen »Daumen hoch« und »wir sind dabei«. Hochgestreckte Daumen hatte ich viele gesehen, aber oft bekam ich keinen echten, dauerhaften Einsatz. Meine Kollegen unterstützten meine Ideen, aber sie machten sie nicht wirklich zu ihrer eigenen Sache. Sie folgten meiner Idee, anstatt *unsere* Idee voranzutreiben.

Schließlich hatte ich eine Erleuchtung: Der perfekte Pitch ist der unvollkommene Pitch. Niemand will bloß den perfekten Plan eines anderen ausführen. Niemand will einer Sache etwas hinzufügen, die schon vollständig ist. Wir wünschen uns alle eine Einladung, mitzugestalten, mitzumachen und mitzubesitzen; eine Chance, etwas Neues zu machen – egal, wie klein oder unbedeutend es auch im Gesamtbild ist. Wir wollen keine rhetorischen Fragen beantworten oder nur ein paar leere Stellen in einem ansonsten makellosen Entwurf ausfüllen. Wir wollen eine Idee deuten, an ihr herumbasteln oder sie sogar »hacken«. Wir wollen in der Lage sein, vom Drehbuch abzuweichen. Wir binden uns nur wirklich, wenn wir auch Teil der Performance sind.

Ich versuche heute darauf zu achten, dass ich Luft zwischen meiner Idee und ihrer Präsentation lasse. Wenn ich eine Präsentation abliefere, zeige ich nur selten, wie weit sie in meinem Kopf schon fortgeschritten ist. Ich trete ein paar Schritte zurück. Ich redigiere, ich lösche. Ich lasse absichtlich Dinge aus. Ich schaffe Lücken, die andere ausfüllen sollen. Ich verzichte darauf, alle Schwachstellen herunterzuspielen. Die Pläne, die ich vorstelle, sind bewusst unvollständig und noch zerbrechlich. Sie haben Lücken, Schrammen, Risse. Sie sind so verletzlich, dass andere eine Chance sehen, sie zu beschützen, zu stärken, sie sich zu eigen zu machen. Und das ist der Moment, in dem es mit der Selbstverpflichtung ernst wird.

Dem Business-Romantiker sollte das ein Gebot sein: Wir spielen nicht, um ein Nullsummenspiel zu gewinnen. Unser Punktestand ist immer unausgeglichen. In unserer Gleichung fehlt immer irgendetwas. »Vollkommenheit ist Charakterlosigkeit«, hat der Künstler und Musikproduzent Brian Eno einmal gesagt.[129] Wir bilden unseren Charakter in Unvollkommenheit – und finden so die Romantik.

Genau wie wir Business-Romantiker uns gezielt verletzlich machen, suchen wir auch bei den Menschen, mit denen wir arbeiten, nach Spuren von Verletzlichkeit. Ihre »Gefällt mir«-Posts interessieren uns nicht; wir wollen wissen, was sie *lieben*. Wir sind davon überzeugt, dass Geschmack, Ästhetik oder – mit dem Begriff des Soziologen Pierre Bourdieu – gemeinsames »kulturelles Kapital«[130] wichtige Voraussetzungen sind, wenn man Leute einstellt. Darum habe ich vor kurzem angefangen, Bewerber zu bitten, den Proustschen Fragebogen auszufüllen, nur um mehr darüber zu erfahren, wer sie jenseits ihrer stromlinienförmigen Profile und hochglanzpolierten Lebensläufe wirklich sind. Der Proustsche Fragebogen ist nach dem französischen Schriftsteller Marcel Proust benannt, der als junger Mann für das Poesiealbum einer Freundin einen Fragebogen über seine Persönlichkeit ausgefüllt hatte. Er enthielt Fragen nach den Lieblingsheldinnen in der Dichtung, danach, welche Eigenschaften man bei einem Mann oder einer Frau am meisten schätze, nach den Lieblingstugenden, den Lieblingslyrikern, nach dem Traum vom Glück und dem größten Unglück und nach vielen anderen persönlichen Dingen und ästhetischen Präferenzen.

In den achtziger und neunziger Jahren wurde dieser Fragebogen vom *FAZ-Magazin* wieder berühmt gemacht. Und in jüngster Zeit hat das *ZEIT-Magazin* ihn für das digitale Zeitalter adaptiert und legt ihn seit einigen Jahren Bloggern vor. Als ich anfing, den Proustschen Fragebogen einzusetzen, war ich erstaunt, wie viel ich dadurch über die Leute erfahren konnte, mit denen ich arbeiten sollte. Einige Bewerber versuchten, den Fragebogen auszutricksen und besonders clever und geistreich zu sein, aber in den meisten Fällen konnte man falsche Töne sehr schnell von echter Leidenschaft unterscheiden. Was ist Ihre eigene Version des Proustschen Fragebogens? Was ist Ihre Bibel des guten Geschmacks? Was sind die Leidenschaften Ihrer Kollegen? Machen Sie es sich zum Gebot, herauszufinden, was ihre großen Lieben sind. Und zeigen Sie ihnen Ihre eigenen!

Es gibt keine Liebe ohne Verletzlichkeit. In einer Rede zur Graduierungsfeier des Kenyon College in Ohio hat der Schriftsteller Jonathan Franzen darauf hingewiesen, dass unser modernes

Leben im Grunde darauf ausgerichtet ist, dass uns Dinge »gefallen« sollen, was er als den »Ersatz der Kommerzkultur für die Liebe«[131] ansieht. Es ist viel bequemer, sich etwas »gefallen« zu lassen, als es zu lieben. Es braucht nur einen kurzen Klick bei Facebook; wir müssen nur ins nächste Einkaufszentrum gehen, um irgendetwas zu kaufen, und wir haben einen Akt des »Gefallens« vollbracht. Wenn es beim »Gefallen« ganz und gar um Kontrolle geht, dann ist Liebe der höchste Zustand der Verletzlichkeit. Wir setzen uns einem Risiko aus. Wir leiden. Wir legen unsere tiefsten Wunden und Träume vor der Welt offen, und wir versuchen, etwas Schönes aus ihnen zu machen.

»Liebe« ist vielleicht das größte Wort, aber im Büro ist jedwede Emotion schon viel verlangt. Robert Kirby, ein Literaturagent aus London, hat mir gesagt, dass er zwar im Büro kein Problem damit habe, das Wort »Liebe« zu gebrauchen, dass er aber immer noch das Gefühl habe, es sei bei Managementsitzungen tabu. »Um im Business ernst genommen zu werden«, sagt er, »habe ich das Gefühl, ich müsse meine Gedanken auf eine Weise strukturieren, die ›seriöser‹ klingt. Die statistischer und präziser ist – weniger inspirierend und dafür zweidimensionaler.« In der Tat werden die meisten von uns bestätigen können, dass die Kollegen es als Schwäche auslegen werden, wenn man bei einer Managementbesprechung (verletzte) Gefühle zeigt, und dass sie versuchen werden, diese Schwäche auszunutzen. Wenn man zugibt, etwas nicht zu wissen oder Fehler gemacht zu haben, wenn man aus einem Impuls heraus einen dummen Vorschlag macht, riskiert man es, dafür verlacht zu werden, dass man »nicht mit seinem Kopf denkt«. Ob im Chefbüro, in der Kaffeeküche, bei der Aufsichtsratssitzung oder der Mitarbeiterversammlung – diejenigen, die »romantisch« an ein geschäftliches Thema herangehen, bringen sich in eine peinliche Lage. Aber warum haben wir so viel Angst vor Peinlichkeiten? »Peinlichkeit ist manchmal ein gutes Zeichen«, hat der amerikanische Singer-Songwriter Andrew Bird mal über seine Arbeit an Liebesliedern gesagt. »Es kann sein, dass sie etwas sehr Wahres über einen offenbart.«[132] Business-Romantiker bekommen eine Gänsehaut und, ja, sie werden rot. »Wir müssen von dieser Vorstellung des ›Geschäftsmanns‹ oder des ›Vorstandschefs‹ wegkommen, von der Mobbingstimmung, dem Wettbewerbsgedanken von TV-Shows wie *Dragons' Den* und *The Apprentice,* von der psychologischen Bedrohung, die aus Angst entsteht«, sagt Kirby.

Manchmal, in den ödesten Momenten öder Meetings, wenn einer der Teilnehmer gerade seine Themenliste herunterrattert oder eine scharfe persönliche Attacke reitet, fangen im Kopf des Romantikers eine Million verschiedener Filmclips an zu laufen. »Was, wenn ich plötzlich anfange zu weinen? Wenn ich ihnen von meinen geheimsten Lieben erzählen würde? Würde mich das vernichten? Oder sie entwaffnen?« In solchen Augenblicken haben wir zwei Optionen: Wir können uns abkoppeln, oder wir können uns der Sache ganz und gar verschreiben. Wenn wir uns mental abkoppeln, schließen wir unsere privatesten Sehnsüchte weg; wir töten schrittweise jede Hoffnung darauf, den Thrill jemals wiederzufinden. Jedes Mal, wenn wir uns abkoppeln, stirbt ein kleiner Teil unserer Liebe. Wenn wir uns hingegen angreifbar machen, entscheiden wir uns dafür, alles zu riskieren. Wir nehmen die ganze Bandbreite unserer Emotionen und treten mit ihnen nach draußen, hier und jetzt.

Wenn das nächste Mal jemand in einer Besprechung eine abfällige Bemerkung macht, bringen Sie zum Ausdruck, dass die Person Ihre Gefühle verletzt hat (ja, benutzen Sie genau diese Worte). Wenn Sie erfahren, dass jemand hinter Ihrem Rücken negative Kommentare über Sie abgibt, konfrontieren Sie denjenigen, aber gestehen Sie Ihre eigene Verletzlichkeit ein, anstatt ihn zu beschimpfen. Sagen Sie ihm, dass Sie fest dazu entschlossen sind, es über den Ozean zu schaffen. Gemeinsam.

Als Romantiker müssen wir unsere Selbstverpflichtung zur Arbeit auch in den mittleren Jahren einhalten. Wir können uns als

Segler sehen, die einen Ozean überqueren, oder als Mannschafts-
kameraden, die gemeinsam etwas zu verlieren haben. Romantiker wissen, dass man sich die Reichtümer des Lebens nur er-
schließt, wenn man gemeinsam eine Geschichte teilt, die größer
ist als jeder Einzelne. Das fällt uns leicht, wenn unsere Arbeit und
Karriere uns Befriedigung verschafft. Es kann aber auch eine ein-
schüchternde Aufgabe sein, wenn wir irgendwo in der Mitte beginnen zu ermatten. Der Romantiker stellt sich diesen Aufgaben
durch: ein Übermaß an Aufmerksamkeit, ein Übermaß an Verletzlichkeit und ein Übermaß an Bindung und Selbstverpflichtung. Wie der Avantgarde-Komponist John Cage einmal gesagt
hat: »Wenn etwas nach zwei Minuten langweilig ist, probiere es
in vier. Wenn es immer noch langweilt, probiere acht, sechzehn,
zweiunddreißig und so weiter. Irgendwann entdeckt man, dass es
ganz und gar nicht langweilig ist, sondern sehr interessant.«[133]
Verschreiben Sie sich der Langeweile. Verschreiben Sie sich dem
Dienst an der Sache. Verschreiben Sie sich einem Leben in dem
Raum zwischen Autonomie und Hingabe. Vor allem aber: Verschreiben Sie sich der Arbeit. Zwei Minuten, vier Minuten, acht,
sechzehn, zweiunddreißig. Ein Leben lang.

11

Nimm den langen Weg nach Hause

Es ist ein stechender Schmerz in der Herzgegend,
der einen Menschen glatt umwerfen kann. Dieses Gerät ist
kein Raumschiff, es ist eine Zeitmaschine. Es läuft rückwärts
und vorwärts ... Dieses Gerät bringt uns an einen Ort,
an den wir uns zurücksehnen. Ich nenne es nicht das »Rad«,
sondern »Karussell«. Es lässt uns die Welt erleben wie ein kleines
Kind – es geht im Kreis herum, und dann geht es wieder nach Hause,
an einen Ort, von dem wir wissen, dass wir dort geliebt werden.
Donald Draper, in *Mad Men*

Mit jeder neuen Staffel der preisgekrönten Fernsehserie *Mad Men*
kehrt auch ein Gefühl der Nostalgie in die amerikanischen Haushalte zurück. »Ah, die Sechziger« – jenes glorreiche Jahrzehnt,
als große Ideen noch etwas bedeuteten, ob es nun der erste Mensch
auf dem Mond war oder das kreative Genie der Werber von der
Madison Avenue. Der Irrwitz von *Mad Men* bereitet uns ein
exquisites Vergnügen. Figuren wie Don Draper verleihen der
Welt der Werbung einen kulturellen Heiligenschein. Gleichzeitig kommen einem die Männer und Frauen der Madison Avenue
nie scheinheilig oder langweilig vor, weil das persönliche Chaos,
in dem sie leben, die tiefgreifenden Veränderungen ihrer Ära
widerspiegelt.

Die ihnen eigene Spannung zwischen Moral und Unmoral, Sta-
bilität und Anomie, Oberfläche und Tiefe ist auch das Markenzeichen der Business-Romantiker. Wenn Romantiker irgendetwas
sind, dann zerrissen. Wir sehnen uns zurück nach dieser in einen
Bernsteinschimmer getauchten Zeit, als die Arbeit noch als Bollwerk gegen den überall hervorbrechenden Wahnsinn der Welt
diente – und doch freuen wir uns gleichzeitig über die Augen-

blicke, wenn die festen Mauern brüchig werden und Haarrisse offenbaren, die entlang den Trennlinien von Klasse, Geschlecht und ethnischer Herkunft verlaufen und uns die »Faszination chaotischer Leben«[134] vor Augen führen. »Mad Men«-Protagonist Don Draper selbst zitiert ein Gedicht des amerikanischen Lyrikers Frank O'Hara, das die Widersprüche dieser Sehnsucht beschreibt: Warten wir nicht alle »in Ruhe darauf / dass mir meine katastrophale Persönlichkeit / wieder schön erscheint«?[135]

Nostalgie ist auch in Kinofilmen ein Evergreen, vielleicht am eindringlichsten in *Casablanca,* als Humphrey Bogart und Ingrid Bergman sich einander ihres wertvollen exklusiven Besitzes versichern: »Uns bleibt immer Paris.« Nostalgie ist nicht nur Sehnsucht nach einer vergangenen Zeit, in der alle weltlichen Dinge mit Bedeutung aufgeladen waren; sie bezeichnet auch eine zeitlosere, existenzielle Empfindung. Geprägt hat den Ausdruck im 17. Jahrhundert der Schweizer Arzt Johannes Hofer, der die geistigen und körperlichen Krankheiten von Soldaten auf ihre Sehnsucht nach der Heimat zurückführte. Der Begriff ist eine Kombination aus dem altgriechischen *nóstos* (Heimat) und *álgos* (Schmerz). Nostalgie bedeutet, dass wir an einer »alten Wunde« leiden: Wir sind von der tiefen Verbundenheit mit profunden Wahrheiten abgeschnitten. Als Wissensarbeiter tauschen wir Informationen aus, weil wir Instant Gratification und Wachstumszuwächse wollen, und wir nutzen dabei Technologie, um unsere Effizienz und Produktivität zu optimieren. Doch als Romantiker verspüren wir Nostalgie nach einer Zeit, in der die Zukunft weniger vorhersehbar schien und die Welt weniger hektisch.

Niemand erfasst dieses Gefühl besser als die Amisch-Futuristin, das Alter Ego von Alexa Clay, die ich bereits im vierten Kapitel erwähnt habe. Mittels sozialer Technologien will die Amisch-Futuristin ihre »Lowtech-Prophezeiung«, wie sie das nennt, verbreiten und das »analoge Nomadentum« hochleben lassen. Alexas Ziel ist es, dem Warum bei der Entwicklung neuer Formen von Technologie nachzuspüren. Warum bauen wir das?

Was wird es unserem Zusammenleben als Gesellschaft wirklich Neues geben? Sie beschreibt ihre Agenda als sokratisch: Indem sie eine moralische Haltung zur Rolle der Technik einnimmt, kann sie der Software-Community diese existenziellen Fragen stellen. Aber weil sie bei Tech-Konferenzen die Kleider einer Amisch-Frau trägt und mit sanfter Stimme spricht (bei der letztjährigen Bloggerkonferenz re:publica in Berlin verblüffte sie ein Publikum von 500 Menschen aus der Digitalbranche mit einer Meditation über die »Kraft der Buttermilch«[136]), werden ihre Nachfragen nie als aggressiv oder abschreckend empfunden. »Die Leute lieben es«, sagt sie mir. »Sie werden ganz aufgeregt, weil sie mit einer ›echten‹ Amischen sprechen.« Die Amisch-Futuristin ist auch auf Twitter, aber nur widerwillig: »Wir telegrafieren unsere Tweets – die werden dann von Leuten in Indien transkribiert, die sie online hochladen. Soziale Medien sind ein Greuel.«

Der amerikanische Romanautor Charles Yu klagt darüber, dass er sich nicht mehr in Technologie verlieben könne, und er gesteht: »Je sexier unser ganzes Hightech-Zeug wird, desto weniger bin ich in der Lage, irgendetwas dafür zu empfinden.«[137] Er erinnert sich noch daran, wie aufgeregt er früher war, wenn er sein E-Mail-Eingangsfach öffnete. »Ein privater Kanal hatte sich eröffnet, ein weit gedehntes Netzwerk von Kanälen, die das Innere meines Kopfs mit dem Inneren anderer Köpfe verbanden. Und dieses Netzwerk wurde Teil meiner inneren Kartografie. Es veränderte meine Landkarte der Realität. Die physische Welt gewann eine neue Dimension hinzu – immateriell, aber nicht weniger real.« Für Yu besteht das Problem darin, dass die Technologie inzwischen zu gut darin geworden ist, unsere reale Welt abzubilden. Er spricht mit Bedauern über einen nostalgischen »Möglichkeitsraum« – nicht im mathematischen Sinne, sondern er bezeichnet damit einen Ort innerhalb des Bildschirms, wo zumindest theoretisch alles passieren könnte.

Die traditionelle Aufgabe der Technologen ist es, das Territorium der Vorhersehbarkeit zu erweitern, die Wahrheit festzuschreiben und die Wohlfühlzone auszudehnen. Im Gegensatz dazu dehnen die zu Technologen gewordenen Romantiker Unbestimmtheit und Uneindeutigkeit aus und streben nach Authentizität, indem sie die Zone des Un-Wohlseins ausweiten. Anstatt Technologie als etwas zu sehen, das einem utilitaristischen Zweck dient, benutzen die Romantiker sie, um die merkwürdige Schönheit der Welt einzufangen und ein nostalgisches Gefühl des Staunens hervorzurufen.

Dieses Gefühl des Staunens wird an der School of Poetic Computation in New York unterrichtet, einer von Künstlern betriebenen Organisation, die Programmiertechnik nutzt, um Werke von sinnloser Schönheit zu schaffen.[138] Die Mehrheit der eingeschriebenen Studenten hat Erfahrung im Programmieren oder in Design, aber einige kommen aus ganz anderen Ecken – beispielsweise ein Beatbox-Musiker und ein Doktorand in Kriminalrecht. Die Gründer sagen, es sei ihre Intention, Arbeiten zu fördern, die eigenartig, unpraktisch und magisch sind. Ihr Motto lautet »Mehr Poesie, weniger Demos«, weil »Demonstrationen vom Endziel angetrieben werden«, während Gedichte ihren Wert durch ihre »ästhetische und emotionale Wirkung« gewinnen. Zu den ersten Projekten gehörte ein Eyewriter, der es Graffitisprayern erlaubt, mit ihren Augen zu malen, und ein Sonic Wire Sculptor, der ein 3-D-Zeichenwerkzeug nutzt, um damit Musik zu machen.

Diese Art von Ausbildung erinnert uns daran, dass bestimmte Innovationen einfach deswegen so stark sind, weil sie uns frühere Momente unseres Lebens ins Gedächtnis rufen – Momente, in denen wir die schlichte Freude des Machens und Schaffens genossen haben. Wir nennen unsere Zeit das Zeitalter der Konnektivität, aber wir könnten es genauso gut auch das Zeitalter der Rückverbindung nennen. Wir wollen uns gern an etwas anhängen, das wir intuitiv einmal wussten, aber im Laufe der Zeit vergessen haben: an die Integrität der Person, die wir sein wollen, und derjenigen, die wir wirklich sind, an die Integrität der linken und der rechten Gehirnhälfte, von Wissenschaft und Kunst, von Verstand und Herz. Wir befreunden uns bei Facebook mit alten Schulfreunden; wir holen uns bei Google Earth erneut Orte auf den Schirm, die wir einst in der Realität aufgesucht haben; wir spielen auf Spotify Songs, die wir mochten, als wir jung waren; wir schauen uns Filme auf iTunes an, die uns alles bedeuteten, als wir aufwuchsen. Diese Proustsche »Erinnerung an vergangene Dinge« wird in der virtuellen Welt vervielfacht und verstärkt. Das Echo unseres Lebens hat endlich seine Kammer. Die ersten Freundschaften, der erste Kuss, die erste Liebe, das erste Auto – wir versuchen, nochmals die Unschuld des »ersten Mals« zu erleben, als alles frisch und vielversprechend schmeckte, roch und sich anfühlte und das Leben ein einziges großes Reich der Möglichkeiten war.

Stellen Sie sich vor, wie anders Ihr Leben sich hätte entwickeln können, wenn Sie damals der Unbekannten gefolgt wären, die Ihnen in der U-Bahn in die Augen geblickt hat. Solange Sie jung sind, sind Sie sich dessen vielleicht nicht bewusst, aber wenn Sie älter werden, werden Sie erkennen, dass Ihr nicht gelebtes Leben genauso schwer, wenn nicht noch schwerer wiegt als jenes, das Sie geführt haben. Fernando Pessoa beschreibt in seinem *Buch der Unruhe* dieses Gefühl so: »Ich trage die Wunden aller Schlachten, die ich nie schlug.«[139]

Diese »alte Wunde«, diese nostalgische Sehnsucht danach, sich zu verbinden und wieder zu verbinden, findet ihren Ausdruck in den Markttrends unserer Zeit. Sie steht im Mittelpunkt des Aufstiegs alles traditionell und handwerklich Gemachten; und sie liegt auch dem Maker Movement zugrunde – einer Bewegung, die die Renaissance traditionellen Kunsthandwerks, das Do-it-yourself-Bastlertum und die Wiederkehr der Eisenwaren betreibt; Dinge, hinter denen in allen Fällen der Drang nach einer ganz handfesten Erfahrung von Arbeit steht, die die Entfremdung zwischen dem Hersteller und seinem Produkt überwindet. Erfindungsreichtum, die Entwicklung von Prototypen und handwerkliches Können werden in der Bewegung hochgehalten; Maker Faire genannte Kreativmessen boomen, inzwischen auch in Deutschland, und Hackerspaces haben Einzug auf Uni- und Firmen-Campus gehalten.

TechShop, eine Kette von Maker Spaces zum Beispiel, bietet seinen Mitgliedern die Chance, »Zeug zu bauen«. Für etwas mehr als 100 US-Dollar im Monat haben die Mitglieder Zugang zu offenen Werkstätten, Industriegeräten und Software, um ihre eigenen Produktprototypen zu bauen. Jim Newton, der Gründer und Aufsichtsratschef von TechShop, sagt, dass es ihn freue, zu sehen, wie drastisch sich der herkömmliche, »absurd lange« Weg von der Idee zum Produkt verkürze.[140] Er kann auf einige bemerkenswerte Erfolgsgeschichten wie das Kreditkartenzahlungsgerät Square verweisen, das in einer TechShop-Filiale entwickelt wurde. Der größte Wert von TechShop besteht jedoch nach Newtons Meinung darin, dass sowohl Konsumenten als auch Angestellte von Großunternehmen in die Lage versetzt werden, gemeinsam an ihren persönlichen Ideen zu arbeiten. General Electric und Ford gehören zu den großen Konzernen auf der Fortune-500-Liste, die eine Partnerschaft mit der rasch wachsenden Kette eingegangen sind, um so zu versuchen, weniger kapitalintensive Technologien voranzutreiben und ihre eigenen Fertigungskulturen mit neuen Elementen der Co-Creation und der offenen Werkstattarbeit zu beleben. Im Maker Movement ist alles Alte wieder neu.

Obwohl Nostalgie eine »alte Wunde« ist, die nie verheilt, hat die Forschung gezeigt, dass sie uns in Übergangsphasen helfen kann, dass sie unsere Großzügigkeit gegenüber Fremden anregen und uns durch Perioden der Langeweile, der Existenzangst und Einsamkeit führen kann.[141] Vielleicht ist das der Grund dafür, dass Nostalgie, bewusst oder unbewusst, zunehmend in unseren Produkten und Erlebnissen als Konsumenten widergespiegelt wird. Auch wenn bei ihnen der Reiz des Neuen und die Zukunft im Mittelpunkt zu stehen scheinen, erinnern uns die wichtigsten von ihnen jeweils an ein grundlegendes menschliches Streben: Denken Sie nur an den Tablet-Computer und unseren Wunsch, Dinge zu berühren; oder an soziale Medien wie Facebook, Twitter, Instagram und Pinterest, die auf unseren angeborenen Drang zu teilen ausgerichtet sind (und, im Fall von Instagram, unseren Drang, ein Foto in Sekundenschnelle durch Filter »altern« zu lassen). Dies sind neue Produkte und Dienstleistungen, die uns in die Zukunft führen sollen, und doch verbinden sie uns mit einer bestimmten Vorstellung der Vergangenheit.

Nichts ist nostalgischer als das Aufkommen der Handschriftlichkeit im Web. Der Web-Service Bond erlaubt es seinen Nutzern, handgeschriebene Notizen an Freunde zu schicken.[142] Und die Website Think Clearly bietet eine Reihe von handgeschriebenen Newslettern an, von denen jeder eine andere »existenzielle« Business-Krise beschreibt: »Diese Woche habe ich mich so gefühlt, als müsse ich bei meiner Arbeit in einem Meer der Unsicherheit waten.« Auf den handgeschriebenen To-do-Listen finden sich Aufforderungen wie: »Versuch dir vorzustellen, wie es ist, wenn deine Arbeit erledigt ist. Wenn du nicht mehr gebraucht wirst.« Und: »Schreib deine Kündigung. Du kannst sie in jedem beliebigen Format schreiben.«

Ähnlich ausgerichtet ist die Website The Rumpus, die fünf Dollar pro Woche von Leuten nimmt, die dafür schöne, altmodische Briefe von ihren Lieblingsautoren in ihrer Post finden wollen. Der Service nennt das ein »Print-Abonnement«.[143] Eine traditionelle Erfahrung wird mit den Mitteln der verlinkten Welt neu ausgerichtet.

Jonathan Harris, ein Künstler, der im Bereich des interaktiven Storytelling arbeitet, spielt in seinem Werk mit unterschiedlichen Konzepten von Nostalgie. Seine Website Cowbird ermöglicht es Menschen, durch Fotos, Videos, Soundmaps, Zeitleisten und eine Reihe von Charakteren ihre persönlichen Geschichten zu erzählen und mit anderen zu teilen.[144] Die Seite hat das Ziel, lange Erzählungen zu schaffen, die inmitten des kleinteiligen Lärms der sozialen Medien ein Gefühl von Langlebigkeit und Kontinuität befördern. Harris drückt es so aus:»Der Kram auf Twitter und Facebook scheint fortlaufend von seinem eigenen Reiz des Neuen aufgefressen zu werden. Jeder Eintrag wird von dem erdrückt, der ihm nachfolgt, und das passiert fortwährend, 24 Stunden am Tag. Es gibt nicht das Gefühl, dass man irgendetwas sammelt oder aufbaut. Eine Sache, die ich versucht habe zurückzubringen, ist das Gefühl, das ich hatte, als ich noch Skizzenbücher hatte und wusste, dass ich eine Aufzeichnung meines Lebens weitergeben konnte. Dieses Gefühl, etwas aufzubauen, nicht die ganze Zeit im jeweiligen Moment zu ertrinken.«[145] Nutzer können miteinander durch das »Geschenk« ihrer Geschichte kommunizieren. Harris sagt:»Es nimmt der Online-Existenz ein wenig die Einsamkeit, die dadurch entstehen kann, dass man nur in die Leere hineinruft.«

Einem ähnlichen Geist verpflichtet ist die Online-Zeitreisen-Seite FutureMe.org, die es Menschen ermöglicht, E-Mails an ihr »zukünftiges Ich« zu schicken.[146] Der Service stellt Nachrichten an Ihre E-Mail-Adresse, Jahre oder sogar Jahrzehnte nachdem Sie sie geschrieben haben, zu (man kann das genaue Datum bestimmen), und das Vergnügen dabei liegt in der Überraschung, einen Brief aus der Vergangenheit zu erhalten. Eine Sammlung öffentlicher, aber anonymer E-Mails ist in dem Buch *Dear Future Me* erschienen.

Die Macht der Nostalgie erweist sich auch als immer effektivere Zutat in Marketingkampagnen. Die Hilfsorganisation CARE zum Beispiel stellte großformatige Exemplare von »Care-Paketen« an belebten Orten überall in den Vereinigten Staaten auf.[147] Die Pakete erinnerten natürlich an CAREs ursprünglichen Namen – Cooperative for American Remittances to Europe – und an die Zeit der Berliner Luftbrücke und der Rosinenbomber, als die allerersten Care-Pakete das Überleben im Nachkriegseuropa sicherten. Bei jeder dieser Paketinstallationen brach ein überdimensioniertes Element wie zum Beispiel eine sprießende Maispflanze oder ein kleines, grünes Dorf aus dem Karton hervor, um die Botschaft zu vermitteln, dass CARE heute Autarkie, wirtschaftliche Chancen und Gerechtigkeit liefert und nicht bloße Überlebenshilfe. Die Organisation fordert das (ihr ja auch zustehende) geistige Eigentum am Konzept des Lebensmittelpakets zurück, stellt seine Aura wieder her und weitet es aus. Die Kampagne lädt uns dazu ein, an die allerersten Pakete zu denken, die im Mai 1946 im Hafen von Le Havre ankamen, und ein alltäglich gewordenes Konzept so mit seinen vielfältigen historischen Wurzeln in Verbindung zu bringen.

All diese Produkte und Dienste erlauben uns Einsichten in die »Retro-Innovation«: Das sind Ideen, die ein Produkt oder eine Dienstleistung aus der Vergangenheit nachahmen, um den Nutzer in eine längst vergangene Zeit zurückzutransportieren, oder die ein neues Format nutzen, um ein »altes«, sentimentales Bedürfnis zu bedienen.

In Deutschland war es vielleicht zuerst das Versandhaus Manufactum, das damit begann, den Menschen nicht nur einfach Haushaltsgegenstände, sondern vor allem die Idee einer besseren Vergangenheit zu verkaufen. »Es gibt sie noch, die guten Dinge«, lautet bis heute der Slogan des Unternehmens, das inzwischen acht Warenhäuser betreibt, und sein Erfolg war immer eng damit verbunden, dass es ihm gelang, nostalgische sinnliche Empfindungen anzusprechen; eine Haptik oder ein bestimmtes Geräusch, das in der Vergangenheit verlorengegangen zu sein schien – bis Manufactum es wieder zurückbrachte. Das Gewicht des Hörers des Bakelit-Telefons, das Gleiten des Gummierstifts über das Papier, der Geruch von Großvaters Rasiercreme: Mit all diesen Wahrnehmungen, die wir im Manufactum-Shop machen können, verknüpfen sich tatsächliche oder auch nur imaginierte Erinnerungen, die als Verkaufsargument mindestens so wichtig sind wie die angeblich überlegene Verarbeitungsqualität des Althergebrachten.

Das Konzept haben längst Unternehmen der verschiedensten

Branchen begriffen. Der Mini, der Fiat 500, der VW Beetle: Sie alle zitieren nicht nur eine vermeintlich bessere, charaktervolle Zeit des Autobaus, sondern auch eine nostalgisch aufgeladene Epoche der Unschuld. Im Jahr 2014 brachte der Eishersteller Langnese das von ihm in den siebziger und achtziger Jahren vertriebene Eis Dolomiti zurück – und wandte sich dabei gezielt nicht an die Kinder von heute, sondern direkt an die Nostalgiegefühle ihrer Elterngeneration: »Getreu dem Original sind die Farben genau so knallig und der Waldmeistergeschmack genau so waldmeisterig wie früher.«[148] Mit dem Eis wird den Kindern von einst eben auch die Sehnsucht nach der heilen Welt der alten Bundesrepublik verkauft.

Nostalgie kann uns auch dabei helfen, den Aufstieg kuratierter Plattformen zu erklären. Ein besonders erfolgreiches Beispiel ist Maria Popovas Website Brain Pickings, eine »menschengetriebene Entdeckungsmaschine für Interessantheiten«.[149] Popova feiert die Subjektivität, indem sie ihren Abonnenten eine Auswahl von Artikeln allein deswegen zuschickt, weil sie sie für lesenswert hält. Nach solchen Kuratorengestalten sehnen wir uns offenbar: Nach modernen Versionen der altmodischen Concierge, die uns als einzigartige Individuen respektieren und uns eine Zuflucht vor all den algorithmischen Empfehlungen und gefilterten Präferenzen bieten.

Derselbe Respekt für die Subjektivität kann auch in der Marktforschung angewendet werden. Das Feld der Designforschung behandelt seine Testpersonen ganz bewusst als komplexe menschliche Wesen, die nur durch Befragung und eine nahe, wenn nicht gar »eingebettete« Beobachtung verstanden werden können. Elyssa Dole, eine Designforscherin, mit der ich sprach, gestaltet sogar »Museen« der Kunden, die sie studiert hat. Sie baut für jeden von ihnen einen kleinen Schrein, den sie mit Porträts und all den Memorabilien und persönlichen Gegenständen dekoriert, die sie während ihrer Forschungsarbeit irgendwie sammeln konnte: Tagebucheinträge, Zeichnungen, Fotografien, ausgedruckte E-Mails und Textnachrichten, Transkripte von Interviews, U-Bahn-Fahrkarten, Konzerttickets, Bordkarten, Zeitschriftenartikel, Souvenirs und andere Objekte, die mehr oder weniger bedeutsam sind, um das Wesen oder zumindest das Bild einer Person heraufzubeschwören.

Dieses überbordende Abbild des Kunden als ein Museum scheint von dem Roman *Das Museum der Unschuld* des türkischen Schriftstellers Orhan Pamuk inspiriert worden zu sein. In dem Buch kehrt die männliche Hauptfigur nach dem tragischen Ende einer neunjährigen romantischen Beziehung mit seiner Geliebten in das Haus zurück, in dem sie sich geliebt haben, und fängt an, jedes einzelne Objekt zu sammeln, das vom Anfang bis zum Ende der gemeinsamen Liebesgeschichte irgendwie mit ihr verwoben ist.[150] Schlussendlich stellt er die Gegenstände aus und verwandelt das Haus in ein »Museum der Unschuld« (heute gibt es in Istanbul tatsächlich ein Museum der Unschuld, das auf dem Buch basiert). Wie Pamuk schreibt, sind Museen Orte, an denen Zeit in Raum verwandelt wird. Sie sind Behältnisse für Nostalgie und beschützen unsere größten Träume, Wünsche und Hoffnungen. Sie zeigen das, wonach wir uns sehnen, und verteidigen die radikale Idee, dass ein anderes Leben möglich sei.

Das Museum aller Museen ist die Voyager Golden Record der NASA, eine Sammlung menschlicher Klänge und Bilder, die an Bord der Voyager-Raumsonde durchs Weltall zieht.[151] Jedes einzelne Stück wurde ausgewählt, um die Erfindungsgabe und die Vielfalt des Lebens auf der Erde abzubilden, so dass eine außerirdische Lebensform vielleicht verstehen könnte, was es heißt, ein Mensch zu sein. Auf ihr finden sich Werke von Beethoven, Guan Pinghu, Mozart, Strawinski, Blind Willie Johnson, Chuck Berry und Kesarbai Kerkar. Selbst wenn diese Artefakte nie von irgendwelchen Außerirdischen gehört werden sollten, werden sie die Menschen der Zukunft immer an unsere unerklärlichsten Sehnsüchte erinnern und uns so an unser irdisches Zuhause binden.

Business-Romantiker halten die »alte Wunde« – unsere Sehnsucht nach einem Zuhause – in Ehren, weil es eine wichtige Quelle der Romantik ist. Wir schaffen Firmen, Produkte und Dienstleistungen, die den Schmerz nicht »heilen«, sondern ihm Legitimität verleihen, als einen Weg, Charakter zu zeigen und ihn zu stärken. In Seiten wie FutureMe.org und Think Clearly können wir Trost angesichts unserer größten Zukunftsängste finden. Das Maker Movement und die Do-it-yourself-Mentalität, zu der auch TechShops und Hackerspaces gehören, erkennen unser Bedürfnis nach erdenden Erlebnissen an: nach dem Taktilen, dem Sinnlichen, der menschlichen Handarbeit.

Fragen Sie sich selbst: Wie kann ich ein Business schaffen, das uns zurückbindet an eine wesentliche Empfindung, die in unserem modernen Leben unerfüllt bleibt? Welche traditionellen menschlichen Erfahrungen kann ich aktualisieren und mit den Technologien des digitalen Zeitalters wieder lebendig machen? Was ist Ihr Museum? Und was ist Ihr Gründungsmythos, die Romantik im Herzen Ihrer Geschichte? Was ist Ihr »Paris«? Wo ist Ihr Zuhause?

12

Stehe alleine, am Rande, ganz still

Sie sagte mir, es gebe viele Leute,
mit denen sie etwas machen konnte, aber niemanden,
mit dem sie nichts machen konnte.
Peter B. Bach, *The Day I Started Lying to Ruth*

Am 20. September 2013 wurden die Zuschauer der Late Night
Show von Conan O'Brien Zeugen eines unerwartet emotionalen
Moments: Der Komiker Louis C. K. löste sich vom Skript und
holte zu einem existenziellen Monolog über unsere Entfremdung
im Universum aus:

> Ihr müsst die Fähigkeit entwickeln, einfach ihr selbst zu sein und
> nichts zu machen. Das nehmen uns die Telefone, diese Fähigkeit,
> einfach nur dazusitzen. Das ist es, was es bedeutet, eine Person zu
> sein. Denn unter all dem, was in eurem Leben passiert, gibt es diese
> Sache, diese Leere – diese ewige Leere. Dieses Wissen, dass das
> alles umsonst ist und ihr alleine seid. Das ist da unten.[152]

Louis C. K.s Monolog war zugleich schreiend komisch und bewe-
gend. Er rührte an die Art und Weise, wie die ständige Konnektivität durch Mediengeräte und Social Media uns dazu bringt, uns
isolierter und sogar deprimiert zu fühlen. Jüngste Studien zur
»sozialen Genomik« legen den Schluss nahe, dass die digitale
Überwältigung sogar unsere evolutionäre Fähigkeit verringert,
uns mit anderen zu verbinden.[153] In einer Anspielung auf Alvin
Tofflers Buch über den *Zukunftsschock* von 1970[154] bezeichnet der
Kulturkritiker Douglas Rushkoff unseren gegenwärtigen Geis-
teszustand als *Present Shock,* als Gegenwartsschock, und beklagt
»den Bedeutungsverlust von allem, was nicht gegenwärtig ist –

weil der Ansturm von allem, was genau jetzt passiert, so gewaltig ist«.[155] Feedbackschleifen, die in Echtzeit entstehen, machen es uns immer schwerer, aus unseren Echokammern der Status-Updates und Tweets herauszutreten und stattdessen Zeit für unsere eigenen existenziellen Sorgen und Freuden zu haben.

Die Schriftstellerin, Forscherin und Beraterin Linda Stone verwendet den Begriff der »anhaltend geteilten Aufmerksamkeit«, um unser nervöses Verhalten des immer und jederzeit Online-Seins zu beschreiben, »das ein künstlich erzeugtes Gefühl der ständigen Krise beinhaltet«.[156] Aber anstatt unsere Symbiose mit den digitalen Gerätschaften nur zu bejammern oder den so heroischen wie sinnlosen Versuch zu machen, uns völlig von der Technologie abzukoppeln, schlägt sie vor, einfach das Thema zu wechseln: »Wir geraten in Stress, weil wir abgelenkt werden, uns aber konzentrieren und darum abkoppeln müssen. Aber wie wäre es, wenn wir unsere Fähigkeit weiterentwickeln würden, auf entspannte Weise anwesend und dabei wirklich verbunden zu sein, mit jedem einzelnen Moment und miteinander?«

Ihre Vision der Verbundenheit ist agnostisch in der Frage des Mediums. Es ist eigentlich egal, ob wir via Skype kommunizieren, auf unseren Handys Textnachrichten schreiben oder beim Kaffee einen Schwatz halten; ihr geht es darum, dass unsere Verbindungen intensiv sein und auf einer echten Anteilnahme am anderen beruhen sollten.

Das erinnert an ein Experiment, das Priya Parker und ihr Mann Anand die »Ich bin hier«-Tage nennen. An einem Sonntag in jedem Monat trifft sich in New York eine Gruppe von acht Freunden für einen Ausflug. Jedes Mal übernimmt ein anderes Mitglied der Gruppe die Rolle des »Kurators«, der eine urbane Entdeckungsfahrt plant. Das Ziel ist es, verschiedene Teile von New York zu besuchen und gleichzeitig Zeit und Gemeinschaft in einer bewussteren Form zu erleben. Bei einer Gelegenheit fuhr die Gruppe nach Harlem, um historische Boulevards und unbekannte Gassen zu entdecken. Ein anderer Ausflug wurde zum

Red Hook Day erklärt, und die Teilnehmer machten sich auf, das Industrieviertel am Brooklyner Ufer des East River zu erkunden, das gerade so rasch gentrifiziert wird.

Das Prinzip, das »Ich bin hier« zugrunde liegt, ist die Idee, dass es engere Verbindungen schafft, wenn man jeden Monat acht Stunden mit einer Gruppe von acht Menschen verbringt, als achtmal im Monat eine Stunde mit jedem einzelnen von ihnen. Jeder von ihnen ist dazu verpflichtet, voll da zu sein – und sie bringen ihre ganze Person mit: Körper und Geist. Was sie allerdings nicht mitbringen, sind Mobiltelefone, Laptops oder Tablets. Die Gruppe stützt sich auf den Begriff, den der Anthropologe Clifford Gertz für die Dichte von Kontextinformationen geprägt hat – die »dichte Beschreibung« –, und sie verspricht einander, lieber »dicht an nur einem Ort zu sein als überall, aber dünn«.[157] Anand beschreibt es so: »Wir reden den ganzen Tag. Wir laufen, wir reden; wir essen, wir reden; wir stöbern herum, wir reden. Das kann einem in der Zeit, in der wir leben, wie ein subversiver Akt erscheinen.«[158] Wenn das Gespräch von alleine erstirbt, dann lassen sie sich einfach geistig treiben oder starren in den Himmel.

Diese Idee der »dichten«, echten Präsenz ist auch das Prinzip, das hinter »Cloudspotting« steht. Gavin Pretor-Pinney, der Gründer der Cloud Appreciation Society, die mehr als 30 000 Mitglieder hat, beobachtet die Bewegungen der Wolken und zieht großes Vergnügen daraus, wenn er Wolkenformationen deutet, »die Schutzgöttinnen der Müßiggänger«, wie sie der griechische Komödiendichter Aristophanes einst nannte. Was die Cloudspotter da machen, das ist die perfekte Fallstudie dafür, wie scheinbar nutzlose Aktivitäten die Chance eröffnen, aufmerksamer und achtsamer zu sein. Pretor-Pinney kündet von dem immensen Wert, den eine »ziellose Aktivität« hat, die zu absolut nichts führt.[159] Cloudspotting muss keinem Zweck dienen und wird keines der Probleme dieser Welt lösen – aber genau darin liegt der Reiz. Die Wolken sind ein Sinnbild für das Wunder, das im

Alltäglichen steckt. »Man muss nicht vor dem Vertrauten fliehen und durch die ganze Welt laufen, um überrascht zu werden«, sagt Pretor-Pinney. »Man muss nur vor die Tür treten.« Echte Anwesenheit wird allmählich zum Kennzeichen von Luxus und sogar zu einer neuen gesellschaftlichen Etikette. In Sydney weigern sich einige Einzelhändler inzwischen, Kunden zu bedienen, die im Geschäft mit ihrem Handy telefonieren. Sie finden das schlicht unhöflich und bitten sich mehr Respekt aus. In vielen Läden der Stadt wurden schon Schilder angebracht, die die Kunden daran erinnern, dass sie ihre Telefone in den Taschen lassen.[160]

Ohne strafendes Element kommen die Hotels und Resorts aus, die damit experimentieren, ihren Gästen das Erlebnis echter Anwesenheit zu ermöglichen, indem sie ihnen ihre elektronischen Geräte abnehmen. Die Hotelgäste bezahlen für den Genuss, die Kontrolle abzugeben. Im Four Seasons Resort Costa Rica gibt es zum Beispiel ein Programm mit dem Namen Disconnect-to-Reconnect, das anbietet, die iPhones der Gäste für mindestens 24 Stunden in einem Schließfach einzuschließen.[161] Es scheint so, als würden diejenigen von uns, die am meisten verlinkt und verbunden sind, so unfähig sein, von alleine den Stecker zu ziehen, dass wir dafür bezahlen, damit ein unparteiischer Dritter das Kommando übernimmt.

Manche Unternehmen haben es sogar geschafft, eine Strategie des Kundenservice zu entwickeln, die auf »dichter Anwesenheit« beruht. Das Online-Versandhaus Zappos zum Beispiel belohnt seine Kundenservice-Mitarbeiter nicht für die Zahl der Telefonate, die sie pro Stunde erledigen. Stattdessen belohnt man dort die Mitarbeiter, wenn sie *länger* am Apparat bleiben, und kombiniert das noch mit einem »Glücks-Rating«.[162] Zappos vermittelt seinen Mitarbeitern und seinen Kunden, dass es auf die Qualität des Gesprächs ankomme, nicht darauf, wie schnell und effizient es beendet wird. Sie legen Wert darauf, für jede Person wirklich da zu sein und nicht quer über den ganzen abstrakten Datensatz hinweg immer nur ein bisschen Präsenz zu zeigen.

All diese Strategien stehen in krassem Gegensatz zu den Erwartungen, die heute an Führungspersonal gestellt werden. Wenn es eine Sache gibt, die Führungskräften über alle Märkte und Branchen hinweg gemeinsam ist, dann ist es ihre einseitige Neigung zum Handeln. »Was kommt dabei heraus?«, scheint uns die unsichtbare Hand des Marktes ständig ins Ohr zu flüstern. Wir vernetzen uns, um zu führen, und wir führen, um zu handeln.

Viele Manager aus meinem Bekanntenkreis geben aber insgeheim zu, dass ihr Hang zum Handeln, ihre Neigung, rasche Entscheidungen zu treffen und einen Wandel voranzutreiben, nur ihrer Rolle geschuldet und eigentlich ein Produkt tiefsitzender Unsicherheit ist (es wird ja wohl von ihnen erwartet, dass sie irgendwas machen und verändern – warum hätte man sie sonst eingestellt?). Oft scheint sie das zu Joseph Schumpeters makroökonomischem Konzept der »schöpferischen Zerstörung« zu führen – der Idee, dass Innovation aus einem unaufhörlich laufenden Mechanismus der Zerstörung der jeweils vorangegangenen wirtschaftlichen Ordnung entsteht –, das sie dann auf ihre eigenen Teams und Unternehmen anwenden.

In unserer westlichen Geschäftskultur geben wir generell dem Sich-Reinhängen, der Entschlossenheit und Geschwindigkeit den Vorzug vor der Nachdenklichkeit und vor dem Gespräch. Es wird Wert darauf gelegt, schneller »am Markt zu sein«, und »schlank« ist immer besser als »dicht«. Ideen werden als irrelevant eingestuft, wenn sie nicht schnell realisiert werden können; Einsichten, die nicht »umsetzbar« sind, werden als belanglos angesehen. In der Sprache des Business stellt man die Fähigkeit, viel »erledigt zu kriegen«, greifbaren Output und Geschäftigkeit stets über die naturgemäße Ineffizienz von Diskurs und Diskussion.

Es überrascht nicht, dass in diesem geistigen Klima Business-Konferenzen oft als bloße »Fachsimpeleien« abgetan werden. Die Vorstellung, dass das Gespräch und der Austausch von Ideen allein schon einen Wert für sich hätten, scheint immer weniger geteilt zu werden. Konferenzen wie das Weltwirtschaftsforum,

TED, PopTech und andere konzentrieren sich deswegen mittlerweile stärker auf greifbare Ergebnisse. Sie haben Inkubatoren, Akzeleratoren und Preiswettbewerbe ins Leben gerufen, um die Macher unter den Denkern zu belohnen; und sie haben sich schrittweise in Think-and-do-Tanks verwandelt. Nur der Kultursektor weiß die Vorzüge des angeregten Austauschs noch immer vorbehaltlos zu schätzen. Es muss ja gar nicht immer so übertrieben werden wie beim 24-Stunden-Interviewmarathon, den die Serpentine Gallery in London 2007 veranstaltet hat[163] – ein Paradebeispiel »dichter Anwesenheit« –, aber die Idee, großzügige Räume für Unentschlossenheit und Nachdenklichkeit zu schaffen, die Zeit für unzählige Stunden bloßen Zuhörens anzuhalten, kann auch für Führungskräfte in der Wirtschaft von unschätzbarem Wert sein. Reden kann Gold sein.

J. Keith Murnighan, Professor an der Kellogg School of Management in Illinois und Autor des Buchs *Do Nothing!,* war einer der ersten Management-Theoretiker, der vor den Risiken des »Übermanagements« gewarnt und das Evangelium des minimalistischen Managements gepredigt hat.[164] In letzter Zeit bekommt er mehr Unterstützung von Stimmen aus dem Mainstream. Selbst der *Economist,* der einem nicht gerade als Anhänger des Slackertums in den Sinn kommt, preist nun die Tugenden der »Faulheit« und des »Abwartens und Tee-Trinkens«[165] und verweist auf Forschungen, die zeigen, dass im Fußball diejenigen Torhüter, die genau in der Mitte des Tors stehen bleiben – und extreme Entscheidungen für die linke oder rechte Ecke vermeiden –, die beste Chance haben, Elfmeterschüsse zu halten.[166]

Diese Form von Passivität verlangt, dass Führungskräfte ihre Fähigkeit weiterentwickeln, aktiv loszulassen. Nicht zu handeln, sich zurückzulehnen und unseren Zeithorizont über Quartalsberichte und Jahresabschlüsse hinaus zu erweitern erfordert Mut und Disziplin. Beim Denken ist man auf sich allein gestellt; es lässt sich nicht beschleunigen, indem man im Netz nach dem nächsten großen Ding sucht, studiert, was die Konkurrenz macht, anderen sagt, was sie tun sollen, und sie dann dabei überwacht oder sich den Terminkalender mit Meetings vollpackt. Man braucht dafür einen unabhängigen, einen einsamen Kopf.

In einer Rede über »Einsamkeit und Führung«, die der amerikanische Schriftsteller William Deresiewicz bei einer Graduierungsfeier der Militärakademie von West Point hielt, sagte er: »Wenn Sie wollen, dass andere Ihnen folgen, lernen Sie, mit Ihren Gedanken alleine zu sein«:

> Einsamkeit scheint mir das eigentliche Wesen von Führung zu sein. Die Position des Anführers ist letztendlich eine äußerst einzelgängerische, sogar äußerst einsame. Wie viele Menschen Sie auch um Rat fragen mögen – Sie sind es schließlich, der die schweren Entscheidungen treffen muss. Und in solchen Momenten haben Sie wirklich nur sich selbst.[167]

In der Geschäftswelt sind wir zu Opfern unserer eigenen speziellen Version eines neuen Atheismus geworden, der Aphorismen wie »Hoffnung ist keine Strategie« und »Glauben alleine genügt nicht« herumtrompetet. Im Business machen wir die Dinge immer mit Grund. Wir verbringen den Großteil unserer Zeit damit, rational zu handeln, Situationen auf Eventualitäten abzuklopfen, Risiken abzuschätzen und jedes denkbare Szenario zu analysieren und auf die Probe zu stellen, bevor wir handeln. Wir misstrauen Menschen, die einfach nur ihrer Intuition folgen; wir können nicht begreifen, wie man sich einer so erquicklichen, aber ziellosen Aktivität wie dem Cloudspotting widmen kann; und wir halten jede Pause für einen Rückschlag. Wir wollen lieber Entscheidungen treffen. Wir bewegen uns immer weiter voran. Bewegung ist das, was alles zusammenbindet: Kulturen, Organisationen, Beziehungen und Erfahrungen. Aber es ist die Gegenbewegung – Dinge grundlos zu tun, langsamer als normal, gegen den Strich oder überhaupt nicht –, die uns Romantik gewährt. Und letzten Endes ist das der Unterschied zwischen einem Leben, das bloß produktiv, und einem, das wirklich sinnerfüllt ist. Business-Romantiker brauchen Zeit und nehmen sie sich. Zeit für eine Pause. Zeit für Stille. Zeit, um zwischen all den Geräuschen das Signal zu finden. Zeit, das Signal zu *sein*. Wir managen minimalistisch. Wir führen die Geschäfte in unserer eigenen Geschwindigkeit. Wir essen gerne alleine. Wir tun nichts. Business-Romantiker, bleibt stehen! Ihr anderen, kommt näher.

III

Die Neue
Romantische Bewegung

13

Erfolgsmaßstäbe

Liebe lässt sich nicht mit der Elle messen.

Deutsches Sprichwort

Mit den Regeln der Business-Romantiker habe ich Ihnen eine Reihe von Taktiken und Werkzeugen an die Hand gegeben, die Ihnen dabei helfen werden, Ihre Reise als Business-Romantiker zu bestehen. Es wird allerdings nicht ausbleiben, dass Ihnen dabei Schwarzmaler, Skeptiker und sogar Hohn und Spott begegnen. Jeder, der die Vorstellung lächerlich findet, Romantik und Business zu paaren, wird eine Myriade von Einwänden vorbringen. Und umgekehrt werden Ihnen einige der härtesten Fragen von genau jenen Leuten gestellt werden, denen Romantik sehr am Herzen liegt und die von der Idee der Romantik im und durch das Business eigentlich fasziniert sind.

In diesem letzten Teil des Buchs will ich des Teufels Advokat spielen und mögliche Vorbehalte und auch regelrechte Ablehnung des Konzepts vom Business-Romantiker direkt ansprechen. Ich werde durch die Brille des Romantikers einen Blick auf die Maßstäbe von Erfolg und Scheitern werfen, und ich werde die Ansicht vertreten, dass wir Business-Romantik größer dimensionieren sollten. Das wird es erforderlich machen, dass einige von uns Veränderungen in ihren Unternehmen angehen und dass wir alle zusammen Verfechter und Protagonisten einer neuen romantischen Bewegung werden. Ich werde mich schließlich mit einem Anhang verabschieden, der Ihnen ganz konkret dabei helfen wird, zu Ihrer eigenen Mission als Business-Romantiker aufzubrechen: dem Business-Romantiker-Einsteigerset.

Aber beginnen wir mit der nächstliegenden Frage: Wie kann der Ansatz des Business-Romantikers herkömmliche Leistungsvorstellungen berücksichtigen? Wie geht die Rechnung auf? Wie sieht Erfolg aus? Und was machen wir, wenn wir scheitern? Üblicherweise definieren wir Erfolg als eine Abfolge von erreichten Zielen, die auf einer geraden Linie hin zur höchsten Ebene einer Lebensleistung führt, die von den Kollegen, Freunden und der Familie sowie der gesamten Gesellschaft anerkannt und belohnt wird. Mit anderen Worten: eine Karriere. In der konventionellen Definition einer Karriere führt Erfolg zu mehr Erfolg. Zumindest hoffen wir das! In der Minute, in der wir Erfolg haben, fühlen wir uns genötigt, mehr Erfolge zu erzielen – mit dem einzigen Ziel, noch viel erfolgreicher zu werden. Wir wissen, dass das unsinnig ist, und können doch nicht anders; wir sind im sprichwörtlichen »Hamsterrad« gefangen, das wir ständig weiter und schneller drehen wollen. Der amerikanische Schriftsteller George Saunders warnt uns vor den Ablenkungen, die diese enge Definition von Erfolg hervorruft: »Es gibt eine sehr reale Gefahr, dass ›Erfolg zu haben‹ Ihr ganzes Leben in Anspruch nehmen wird, während die großen Fragen unbeantwortet bleiben.«[1]

Wie ich in den Regeln dargelegt habe, planen Business-Romantiker ihre eigenen Schlussakkorde. Wir schaffen Rituale, um einige dieser Runden im Hamsterrad zu zelebrieren und ihnen einen höheren Sinn zu verleihen. Manchmal treten wir sogar aus dem Rad heraus, wenn es auch nur für einen Augenblick des Nachdenkens ist oder für eine Verjüngungsphase. Wenn wir gehen, dann tun wir es erfüllt. Vielleicht gehen wir wie Andrew Mason von Groupon oder Frank Rijkaard von Barça, in Großmut und Bescheidenheit. Oder vielleicht gehen wir, wie die Angestellten von Naked Wine, die bei ihrer letzten E-Mail gemeinsam auf den »Senden«-Button gedrückt haben, als ein Kollektiv, das sich auf die Suche nach einem tatsächlich erfüllenden Leben macht.

Als Business-Romantiker erkennen wir an, dass Erfolg ein notwendiger Teil unserer Karriere-Gleichung ist, aber wir blicken mit einer gesunden Dosis Ironie und Verspieltheit darauf. Anstatt uns selbst an quantitativen Erfolgsmaßstäben zu messen, haben wir andere, provokativere Bewertungsmethoden. Wir tragen eine Maske! Wir finden Vergnügen daran, die Rolle des Erfolgsmenschen auszuprobieren. Aber wir vergessen nie, dass unsere Seele noch unzählige andere Seiten hat: Verletzlichkeit, Melancholie, Leiden und ein großes Verständnis für Fremde und Fremdheit, für Verrücktes und Vorübergehendes, um nur einige wenige zu nennen.

Zyniker mögen die romantische Disposition als einen bequemen Zufluchtsort verächtlich machen, als einen »sicheren Hafen für Slacker«, wie einer meiner skeptischeren Kollegen es mal genannt hat. Tatsächlich kennen Business-Romantiker jedoch keine Toleranz, wenn jemand sich gehenlässt. Wir schalten nicht ab; wir zoomen heran. Romantik im Business erfordert Überzeugung, Sorgfalt und eine fast schon übertriebene Aufmerksamkeit für Details. Erinnern Sie sich noch an Scott Friesen im zweiten Kapitel, den früheren Manager bei Best Buy? Ihn trieb in erster Linie sein Drang nach herausragenden Leistungen: Er sagte mir, dass es ihn in besonderem Maße erfülle, wenn sein ganzes Team in Bestform arbeitet, »wie eine tolle Band, die seit Jahren zusammen spielt«. Hier geht es um Spitzenleistungen, die nicht um des Profits oder einer exzellenten Leistungsbeurteilung willen erbracht werden, sondern im Dienste eines transzendenten Erlebnisses, einer tiefempfundenen Verpflichtung zu Qualität.

Sie werden sich in Ihrer Karriere gewiss an einer Unmenge verschiedener Maßstäbe für finanziellen oder Managementerfolg messen lassen müssen – aber geben Sie dabei nie Ihre Vision von romantischem Erfolg auf! Was erfüllt Sie? Welches sind Ihre romantischen Momente? Wie bewerten Sie sie? Das ist keine leichte Aufgabe: Führungskräfte in der Wirtschaft müssen darauf achten, auch solchen Werten Raum zu gewähren, die nicht direkt die Einnahmekanäle berühren. Dies bedeutet für Initiativen, die nicht mit einem festen Satz von Messgrößen definiert werden können, einen ständigen Kampf um Zeit und Ressourcen. Matthew Stinchcomb von Etsy hat über diesen Konflikt in seiner eigenen Karriere gesprochen:

»Ich versuche, einen Mittelweg zwischen Herz und Kopf zu finden, und ich hoffe, dass ich das immer schaffe. Aber ich werde nie in der Lage sein, das zu quantifizieren. Wie viele Herzen und Köpfe habe ich diesen Monat überzeugt? Ich werde es nie wissen.« Wenn man einer romantischeren Vision des Wirtschaftens folgt, so ist die Konsequenz, dass die Erfolgsmaßstäbe »esoterischer« werden, wie es Stinchcomb beschreibt: »In bestimmten Bereichen der Wirtschaft kann man sagen: ›Ich habe diese große Sache aufgebaut, und das hat zu X geführt.‹ In meiner Rolle sage ich: ›Ich habe meine Zeit damit verbracht, Mitarbeitern die Mittel zu geben und in Ihnen den Wunsch zu wecken, den Werten von Etsy zu folgen.‹ Bin ich erfolgreich? Es ist für mich ein bisschen schwierig, das zu sagen. Ich messe meinen eigenen Erfolg durch Selbsteinschätzung: ›Habe ich gesagt, dass ich das machen würde? Und habe ich es dann gemacht?‹«

Was Stinchcomb hier beschreibt, ist sein eigenes Leitbild – die persönliche Raison d'être für sein Im-Business-Sein. In unseren Leistungsbeurteilungen werden wir oft an dem Leitbild unseres Unternehmens gemessen – sind wir ihm gerecht geworden? –, aber wir fragen nur selten danach, ob die Firma unserem eigenen Leitbild gerecht wird. Unternehmen betreiben großen Aufwand, um ein schlüssiges Leitbild zu formulieren (zum Beispiel »die Informationen der Welt zu organisieren und für alle zu jeder Zeit zugänglich und nutzbar zu machen«[2]), während wir als Einzelne nur selten unsere eigenen Leitbilder entwerfen – vielleicht aus Angst, dass wir ihre Wahrheit aufs Spiel setzen, wenn wir sie explizit machen.

Als Business-Romantiker möchte ich Sie jedoch ermuntern, Ihr eigenes Leitbild zu formulieren. Vielleicht ist es nur ein Spruch wie aus dem Glückskeks, eine Strophe aus einem Gedicht oder irgendetwas, was irgendjemand irgendwann zu Ihnen gesagt hat.

In jedem Fall ist es ein nützliches Mittel, um Ihren Platz in der Welt zu behaupten und ein einzigartiges Talent oder eine Perspektive zu beschreiben, die nur Sie beitragen können. Ihr persönliches Leitbild – hochfliegend genug, dass es nicht mit einem schlichten Drei-Jahres-Karriereplan verwechselt werden kann – beschreibt die Sache, für die Sie kämpfen wollen. Hier ist meines:

> Mit großer Verletzlichkeit, ansteckender Begeisterungsfähigkeit und einem religiösen Glauben an die Bedeutung von Details schaffe und schütze ich Freiräume für Ideen und Taten, die zeigen, dass wir – vielleicht – verbunden sind und dass ein anderes Leben stets möglich ist.

Dieses Leitbild dient mir als eine Linse, durch die ich all meine beruflichen (und persönlichen) Entscheidungen betrachte. Es ist ein Kompass, kein Dashboard. Es erfasst, wer ich sein will, warum ich hier bin, was ich tun und wie ich es tun will. Jedes einzelne Wort ist das Ergebnis gründlicher Überlegung, und das – vielleicht – wichtigste von ihnen ist »vielleicht«. Als Romantiker können wir hundertprozentig überzeugt sein, aber nie ganz sicher.

Als Matthew Stinchcomb und ich in unserem Gespräch auf genau dieses Thema zu sprechen kommen, meint er: »Wenn ich meine eigenen Einschätzungen zu Erfolgsmaßstäben mache, ist die größte Konsequenz meine eigene Unsicherheit und Angst.« Als Romantiker sollten wir versuchen, diese Momente der Angst nicht zu unterdrücken. Unsere »Siege« mögen nicht aussehen wie andere Siege, und unsere »Erfolge« mögen für unsere Kollegen und Teamkameraden unsichtbar sein. Und unausweichlich wird es Momente geben, in denen wir verlieren. Wir werden Pitches, Kunden, Marktanteile und sogar unser Gesicht verlieren. Niemand kann ewig an der Spitze bleiben. Darum erfüllen Erfolge, Auszeichnungen oder auch nur die bloße Wahrnehmung, dass etwas gelingt, uns Romantiker mit nervöser Sorge.

Der Moment, in dem wir den größten Applaus erhalten, ist der Moment unserer größten Traurigkeit. Wir sind zu solch extremen Empfindungen veranlagt; wir sehen die Dunkelheit, wo Licht ist, und sehen das Licht, wo es stockdunkel ist.

In solchen Momenten wenden wir uns unserer Vorstellungskraft zu. Aus einem Verlust machen wir so einen geschickten Dolchstoß, den wir gegen den Sinn führen. Wir messen uns nicht an Momenten der Niederlage, sondern an reflektierenden Fragen wie diesen: Haben wir unseren Job ehrenvoll erledigt? Haben wir bei anderen Menschen eine Saite berührt, die an jedem Tag nachklingt? Ist es uns gelungen, auf dem Markt eine teilnahmsvolle Gemeinschaft zu finden? Sind wir nicht nur mit unseren Bedürfnissen, sondern auch mit unseren Wünschen in Berührung gekommen? Haben wir Charakter bewiesen? Waren wir unserer ganzen Identität von Anfang bis Ende treu? Wenn unsere – Ihre – Antwort »Ja« lautet, haben wir überhaupt nichts verloren. Wenn man all das bedenkt, gibt es dann überhaupt irgendeinen Weg, Romantik in expliziten Kriterien zu messen?

Nein: Romantik durch Messgrößen zu definieren würde ein Brand Book wie von Borges erfordern, einen Wälzer von Abertausenden Seiten, auf denen jede Ausdrucksform skizziert und jede individuelle Erfahrung reguliert und bewertet wird. Und doch wären wir bei der Schlussbilanz, wenn alle Ressourcen ausgegeben wurden, unsicher, wie der Gewinn aussehen würde. War es das wert? Romantik zu messen ist so, wie den Wert unseres eigenen Lebens zu messen. Unsere letzten Stunden vor dem Tod gehören unserem nichtquantifizierten Ich. Wir fragen nicht nach einer Bilanzgleichung, einem Tabellenstand oder dem ultimativen Ranking, um zu bewerten, was unser Leben wert war; wir können nur hoffen, dass es wert war, gelebt zu werden. Wenn wir unsere besten Zeiten Revue passieren lassen, werden wir alle romantisch, werden wir alle zu Romantikern.

Sie wollen trotzdem noch eine echte romantische Leistungsbeurteilung sehen? Wie wäre es hiermit?

Lieber Stefan,

seit Du das erste Mal durch die Tür meines Büros getreten bist, bin ich ein Fan von Dir. Ich habe sofort gesehen, mit wie viel Leidenschaft Du bei der Sache bist. Du bist nicht hier, um auf Nummer sicher zu gehen. Du gehst immer aufs Ganze und bist immer mit ganzem Herzen dabei. Die Sache ist Dir wirklich wichtig.

Für Meetings mit Dir muss ich mich immer gut wappnen. Alles kann passieren. Aber ich fühle mich immer sicher. Ich vertraue Dir.

Wenn jemand an Deinen Schreibtisch kommt, kann er immer kurz mit Dir plaudern oder erhascht zumindest ein Lächeln. Ich weiß, dass das kitschig klingt, aber dadurch wird das hier zu einem besseren Ort.

Deine Pläne sind gründlich, aber nie perfekt, damit andere sie noch formen können.

Deine Präsentationen sind schlicht und doch elegant; sie führen uns immer an neue Orte, von denen wir noch gar nichts wussten.

Es ist immer ein Vergnügen, Deine Memos an das Team zu lesen, selbst wenn sie unangenehme Neuigkeiten übermitteln. Deine letzte, die Du über unseren überarbeiteten Strategierahmen geschrieben hast, habe ich mir ausgedruckt und Sonntagmorgen beim Kaffee gleich dreimal hintereinander gelesen. Ich weiß es zu schätzen, dass Du Dir noch immer die Zeit nimmst, E-Mails mit Deinem vollen Namen zu unterschreiben, und dass Du offensichtlich auf Zeichensetzung achtest.

Ich liebe es, wie Du Dich in Ideen verliebst, für sie kämpfst und sie wie ein Hirte seine Schafe oder wie ein Gärtner seine Rosenbüsche beschützt. Du führst sie aus dem Hintergrund, aber stellst Dich immer vor sie, wenn es darauf ankommt.

Du hast keine Scheu davor, ein Amateur zu sein, und ich erinnere mich noch an die vielen Momente, in denen Du gesagt hast: »Lass es uns machen.« Und Du hast es gemacht, auch wenn Du keine Ahnung hattest, wie.

Wir haben unzählige Meetings gemeinsam durchlitten, so wie man französische Arthouse-Filme durchleidet. Du bist immer bis zum Schluss geblieben. Weil Du weißt, dass es sich lohnt. Erinnerst Du Dich an die Nachbesprechung nach dem Startschuss für unseren chinesischen Standort? Wir saßen zehn Minuten lang nur da – erschöpft, still, aber mit Augen, die noch immer leuchteten. Bereiche, in denen Du Dich verbessern könntest? Wir wollen mehr von Dir, nicht weniger. Werde nicht stromlinienförmig und überfordere Dich nicht. Halte Dich nicht zurück. Tu nicht so, als hättest Du eine Strategie. Verwende nicht zu viel Zeit auf den Marketingplan. Der ist morgen eh veraltet. Verschwende Deine wertvollen Stunden nicht mit Dashboards oder Berichten, die uns Deinen Wert beweisen sollen.

Kein Dashboard dieser Welt kann jemals die volle Wirkung erfassen, die Du hier hast.

Im Namen unserer Kollegen und Kunden: Es ist ein Vergnügen, mit Dir zusammenzuarbeiten.

In echt romantischer Tradition waren die Prinzipien und Werkzeuge, die ich bis hierher für mehr Romantik im Business angeboten habe, auf Einzelpersonen zugeschnitten. Das hat auch seinen Sinn, denn Romantik ist schließlich eine höchst persönliche Angelegenheit. Wenn wir Romantik aus dem persönlichen Bereich herausholen, setzen wir sie aufs Spiel. Wie Glück oder jedes andere schwer zu fassende Konzept verflüchtigt sich die Romantik genau in dem Moment, in dem wir versuchen, sie einzufangen. Sie ist wie der sprichwörtliche Schmetterling, der für einen kurzen Moment auf unserer Schulter landet, ohne dass wir ihn bemerken. Wenn wir versuchen, die Romantik in einen größeren Maßstab zu übertragen, sie zu organisieren und zu operationalisieren, riskieren wir, sie zu verlieren. Wenn mehr romantisch ist, ist weniger romantisch. Wenn alles romantisch ist, ist nichts romantisch.

Und doch haben die Philosophen, Dichter und Künstler im 19. Jahrhundert genau das vollbracht. Sie machten aus ihren individuellen Sehnsüchten und Ausdrucksformen eine kollektive Bewegung, die den ganzen Erdball umspannte. Business-Romantiker können dasselbe tun. Wie die League of Intrapreneurs, die Artists in Residence, die Rebels at Work oder die Red Team University der U.S. Army können auch wir konstruktive Formen von Opposition fördern. Wie Anthon Berg, Reddit und L.L. Bean können wir das Gestaltungsprinzip Großzügigkeit initiieren und uns dann rückwärts zum Profit vorarbeiten. Wie McKinsey können wir alle im Ungewissen lassen. Wie NBBJ können wir eine Geheimgesellschaft gründen als Katalysator für Organisationswandel. Und wie MMM, Muji oder Moleskine können wir »negativen Raum« schaffen. All diese Beispiele erfordern, wie so viele andere, die in den Regeln der Business-Romantiker beschrieben wurden, Führungsstärke. Natürlich sollte es bei all dem, was wir bereits über Romantik wissen, niemanden überraschen, dass ein Business-Romantiker als Führungskraft ganz besonders eigenwillig und unberechenbar ist.

Ob als Manager, Intrapreneurs oder Unternehmensrebellen – Business-Romantiker sind in einer einzigartigen Ausgangslage, um ihre Unternehmen zu führen und Veränderungen zu erleichtern. Wenn wir dabei die Ideen einfließen lassen, die in diesem Buch skizziert wurden und die wir aus Gesprächen mit Gleichgesinnten herausdestilliert haben, können wir in der Tat eine Art »institutionalisierte« Romantik erzeugen. Wenn wir all die Meetings, Abendessen, Spaziergänge, Projekte und Kundenerfahrungen – all die Best Practices – in einen größeren Maßstab übertragen, legen wir damit den Grundstein für die Business-Romantiker AG.

Wenn Sie in einer Position sind, in der Sie Leute einstellen und Richtungsentscheidungen fällen können, ist das ein machtvolles Mittel, um Ihrem Unternehmen einen romantischen Geist einzuflößen und weiter zu nähren. Nein, ich glaube nicht, dass Sie einen Chief Romantic Officer suchen (oder sich selbst den Titel geben) müssen. Sie brauchen auch keine Abteilung für Business-

Romantik. Und ebenso wenig besteht die Notwendigkeit, die Position eines, sagen wir, Bereichsleiters für Geheimnisse, eines Direktors für Nostalgie oder eines Vorstands für Leidensfragen zu schaffen. Sie müssen auch keinen Firmen-Eremiten oder persönlichen Clown ernennen – so wie der Chef des Cirque du Soleil es getan hat –, um kleine Momente von entzückender Eigenartigkeit zu erzeugen. Sie brauchen allerdings eine ganz neue Art von »T-förmigen Menschen« in Ihrem Unternehmen. Lassen Sie mich das erklären.

Designtheoretiker gebrauchen häufig die Analogie der »T-förmigen Person«, um die Art von multidisziplinären Denkern und Machern zu beschreiben, die in einem innovativen Umfeld aufblühen: Sie sind in einem Fachgebiet oder einer Disziplin verwurzelt und doch in der Lage, jeden ihrer beiden Arme in eine angrenzende Disziplin auszustrecken.[3] Den typischen Business-Romantiker sollten Sie sich dagegen eher in einer expressiven Pose vorstellen: einen Fuß auf dem Boden, einen Arm in unbekanntes Terrain ausgestreckt, mit dem anderen reicht er zum Himmel hinauf, um eine Verbindung zu etwas herzustellen, das größer ist als er selbst, und einen Fuß hat er als Ausdruck der Instabilität vom Boden abgehoben – bereit, jederzeit die Kontrolle zu verlieren. Versuchen Sie, das Gleichgewicht zu halten! Business-Romantiker sind unausgeglichen, sogar wankelmütig, sprunghaft, nie ganz auf Linie, aber immer bereit zum Sprung.

Gleichzeitig werden Sie aber kein Team haben wollen, das sich nur aus diesem einen Typus zusammensetzt. Uniformität ist Gift für den romantischen Geist. Hier ist meine Empfehlung für das Business-Romantiker-Dreamteam:

- Ein weiterer überzeugter Business-Romantiker, eine zuverlässige Vertrauensperson, sozusagen Ihr Stellvertreter, mit dem Sie auf der gleichen Wellenlänge sind
- Ein »Außenseiter auf der Innenseite«, der Rebell, der Abtrün-

nige, der Gegenromantiker (dies könnte sogar eine der wenigen sinnvollen Rollen für den Zyniker sein: der Hauszyniker eines romantischen Teams), der Sie herausfordern und die Opposition herstellen kann, die für jede echte Romantik so wichtig ist

- Ein Projektmanager für Business-Romantik, der Projekte als romantische Unterfangen begreift und sie als eine Abfolge von dramatischen Ereignissen inszenieren kann, bei denen sich die Phasen von Hoffnung, Euphorie, Hingabe und Schmerz abwechseln

- Ein Assistent der Business-Romantiker-Geschäftsführung, der den Terminkalender des Teams als narrativen Faden begreift. Wenn er die Business-Romantiker-Manager unterstützt, weiß der Business-Romantiker-Assistent, dass es seine Hauptverantwortung ist, ihnen dabei zu helfen, sich gut zu fühlen, anstatt sie lediglich produktiver zu machen. Er ist sich all der Aktivitäten und Meetings, die sie hätten akzeptieren können, aber auf die sie letztlich doch verzichtet haben, wohl bewusst, und er ist der Hüter ihres anderen Lebens – jenes Lebens, das nur als Möglichkeit existiert. Der Assistent und das Management, dem er zur Seite steht, sind einander vertraute Fremde. Der Kalender organisiert und diszipliniert, zeichnet aber auch Versprechen und gebrochene Versprechen auf. Er ist das Behältnis, das das moderne Arbeitsleben für jene »verlorene Zeit« bereithält, die wir in der heutigen Welt erst mal bergen müssen, indem wir tief unter der Oberfläche unserer digitalen Kalender graben – sie ist leichter wiederzufinden, aber auch leichter zu verlieren als je zuvor.

Natürlich werden Sie einigen Ihrer Kollegen näher stehen als anderen. Manche von ihnen werden Ihren Ehepartner und die Kinder kennenlernen. Manche könnten Sie vielleicht in einem Meeting weinen oder die Beherrschung verlieren sehen. Manche werden Sie für Ihre kluge Führung bewundern, und Sie werden mehr Zeit mit Ihnen verbringen wollen. Andere werden eine professionelle Distanz wahren. Das ist alles so, wie es sein sollte. Am wichtigsten ist, dass jedes Mitglied Ihres Teams bei Ihnen eine starke Reaktion hervorruft. Das Leben ist zu kurz, um es mit der Einstellung von Wischiwaschi-Typen zu verschwenden. Neutralität und Unparteilichkeit sind der Tod der Romantik, also umgeben Sie sich mit Leuten, die Sie abwechselnd irritieren, inspirieren und herausfordern. Das Letzte, was Sie wollen, ist Regungslosigkeit am Tisch – eine Gruppe, die von bloßer »Professionalität« bestimmt ist.

Um die richtige Auswahl zu treffen, empfehle ich Ihnen, den Proust-Fragebogen für Vorstellungsgespräche zu verwenden. Und wenn Sie dann einmal Ihr Business-Romantiker-Dreamteam versammelt haben, bringen Sie die Kunst der Unvollkommenheit in all Ihren Interaktionen zum Einsatz! Lassen Sie in Ihren Initiativen und Projekten Luft, damit Ihr Team die Fehlstellen mit seinen eigenen Ideen füllen kann. Und ermuntern Sie jedes Mitglied Ihres Teams dazu, einmal jeden Monat einen radikalen Rollentausch mit einem Kollegen zu wagen.

In einem konventionelleren Business-Ansatz ist mit Hinsicht auf Teams oft von einem Mix aus Wieso-, Was- und Wie-Menschen die Rede. Der Wieso-Mensch ist derjenige, der den höheren Zweck artikuliert und verkörpert, die Raison d'être des Teams: Wieso sind wir alle hier? Wieso stehen wir alle morgens auf? Wieso strengen wir uns zusammen an? Er oder sie ist die inspirierende Stimme, die moralische Autorität, die eine Vision formt, die Integritätsmaßstäbe etabliert und aufrechterhält und alle an ihre gemeinsamen Werte und an die Mission, die sie vereint, erinnern kann. Im Gegensatz dazu ist der Was-Mensch der Schöpfer, ein Stratege, der die Mission in die Realität übersetzen kann. Der Wie-Mensch schlussendlich ist der Umsetzer, der eine Besessenheit für Details besitzt und sich der Sorgfalt in der Durchführung verschreibt.

Eine romantische Führungspersönlichkeit gibt sich nicht damit zufrieden, nur einen dieser drei Typen zu verkörpern. Der Business-Romantiker wechselt Tag für Tag zwischen den Rollen des Wieso, Was und Wie hin und her und verwischt dabei die Trennlinien zwischen Strategie und Taktik. Er probiert multiple Identitäten aus, trägt verschiedene »Hüte« (oder Masken) und tritt immer als »ein anderer Mensch« auf – ein Fremder in einem fremden Land. Für das Unternehmen als Ganzes führt das zu einer unorthodoxen Hierarchie mit einem anderen Verständnis von Rollen und Verantwortlichkeiten. Traditionell haben Organisationen das Wieso, Was und Wie auf verschiedene Ebenen und Teammitglieder verteilt. Üblicherweise hat man es da mit einem Top-down-Vektor zu tun – je taktischer die eigene Rolle ist (je mehr man sich um das Wie kümmern muss), desto niedriger ist der Rang; wohingegen die Strategen, die Wieso- und Was-Leute, weiter oben rangieren und prestigeträchtigere Titel tragen. Nicht in romantischen Organisationen: Anders als ein konventionelles Unternehmen setzt sich die Business-Romantiker AG aus einem Kollektiv von Individuen zusammen, die gleichzeitig Wieso-, Was- und Wie-Menschen sind und sich fließend zwischen den Welten der Ideen und denen ihrer Umsetzung hin- und herbewegen.

Wie sieht also die Chefetage bei den Business-Romantikern aus? Der Business-Romantiker-Vorstandschef ist ein Suchender, ein Visionär und jemand, der verbindet – der mit dem größten Herzen. Der Business-Romantiker-Marketingchef ist ein sprachgewandter Künstler, der Herzen (und, wenn nötig, auch Köpfe) gewinnen kann und Wahrheiten findet und erfindet. Der Business-Romantiker-Finanzvorstand liebt die ganz eigene Schönheit von Tabellenkalkulationen, bricht aber dem Marketingchef regelmäßig das Herz. Der Business-Romantiker-Vorstand für das operative Geschäft versucht Unvorhersehbarkeit zu minimieren (liebt sie aber heimlich). Die Vertriebschefin wird von permanenter Unerfülltheit angetrieben, und der Personalchef ist der Zeremonienmeister, der die Voraussetzungen dafür schafft, dass sich all die Romantiker unter seinem Dach in ihre Arbeit und Projekte verlieben und sich mit ganzem Herzen wieder trennen können. Einigen dieser Vorstandsmitglieder gebietet es ihre Rolle, Risiken zu mindern; andere suchen nach ihnen. Aber sie alle vereint ihre Liebe zur Wirtschaft als eines der größten Abenteuer der Menschheit. Sie geben sich große Mühe, mit Vernunft an das fruchtbare Chaos ihrer Unternehmen und Märkte heranzugehen, aber sie sind klug genug, um zu wissen, dass sie das letztendlich nicht können. Stattdessen segeln sie zusammen über den Ozean und bemühen sich, auf einem winzigen Segelschoner Vertrauen aufzubauen, während sie über die unermesslichen Weiten des Unbekannten hinweg navigieren.

Mit Hilfe dieses Teams und dieser Führungsriege schafft die Business-Romantiker AG geheimnisvolle Erfahrungen für Kunden und Angestellte; sie respektiert Uneindeutigkeit; sie sorgt für Spannung; und sie liefert »kritische Ereignisse«. Sie bringt uns zum Staunen, und sie bringt uns zum Warten und Leiden. Sie sucht nach Offenbarungen, nicht nur nach Ergebnissen; sie erneuert die Anfänge; und sie feiert die Abschlüsse, während sie sich »in der Mitte« zur Romantik verpflichtet.

Im ganzen Buch haben wir Beispiele für Firmen kennengelernt, die sich in bestimmten romantischen Praktiken hervortun: Startups und Unternehmensgründer wie die von HICKIES, denen eine romantische Gründungsgeschichte in die DNS eingeschrieben ist; Eileen Fisher, McKinsey, MMM, Muji, Moleskine, Secret, House of Genius und Secret Cinema, deren Geschäftsmodelle oder Unternehmensstrukturen sich die Kraft von Geheimhaltung, Undeutlichkeit und Abwesenheit zunutze machen; Firmen wie Somewhere oder die Barbarian Group, die das Büro zum Ort für sozialen und künstlerischen Austausch erheben. Und dann ist da natürlich Apple mit seinem Sinn für Schönheit und den besonderen Geist der Dinge (Steve Jobs' Beharren auf elegantem Design auch für das unsichtbare Innere aller Apple-Geräte ist legendär). All diese Unternehmen haben einen nonkonformistischen, rebellischen Geist, ein Übermaß an unvernünftigem Verhalten und Stammesdenken sowie die Fähigkeit, sich selbst und andere zu narren, ohne jemals ihre obsessiv hohen Qualitätsstandards aufs Spiel zu setzen. Aufgrund ihrer Exklusivität, ihres Stolzes und ihres Ehrgeizes gibt es in diesen romantischen Unternehmen viel Stoff für Konflikt und Widerstand, ob in Form erhitzter Debatten und Intrigen oder in der Gestalt von Undurchsichtigkeit und Uneindeutigkeit. Das Risiko ist hoch, und so ist die Belohnung. Diese romantischen Unternehmen sind Brutstätten menschlicher Dramen, ganz einfach weil die Träume, die sie träumen, so groß sind, weil so viel auf dem Spiel steht und so viele etwas zu gewinnen und zu verlieren haben – weit über den bloßen finanziellen Erfolg hinaus.

Ob Sie für ein profitorientiertes oder ein Non-Profit-, für ein Start-up-, ein kleines, ein mittelständisches Unternehmen oder einen DAX-Konzern arbeiten; für ein Unternehmen, das sich der Idee des »bewussten Kapitalismus« verschrieben hat oder eher ein traditionell ausgerichtetes Mitglied des wirtschaftlichen Mainstreams ist; in der Personalabteilung, im Marketing, in Forschung und Entwicklung, im Vertrieb oder in der Finanzabteilung; als Vorstandschef, Assistent, Projektmanager oder »Direktor für erste Eindrücke« – Sie können Ihren Teil tun, um aus Ihrem Unternehmen ein romantisches zu machen. Ihr Erfolg hängt davon ab, wie aktiv Sie die Regeln der Business-Romantiker anwenden können. Er hängt davon ab, wie frei Sie bei der Arbeit Ihre eigenen romantischen Sub- und Gegenkulturen schaffen können. Vertrauen Sie Menschen Geheimnisse an. Schließen Sie Türen. Seien Sie in Ihrem Streben nach herausragenden Erfahrungen exzessiv. Beginnen Sie ein Meeting, indem Sie etwas Mehrdeutiges sagen. Schließen Sie mit einem Tusch. Identifizieren Sie die »Außenseiter«, und zeichnen Sie sie aus. Lenken Sie die Aufmerksamkeit auf Ihre eigene Verletzlichkeit. Tun Sie so, als ob! Es hängt alles von Ihrer Fähigkeit ab, unvernünftig zu sein und die vielen Antworten wertzuschätzen, die »am Thema vorbeigehen«. Vor allem aber hängt es von Ihrer Bereitschaft ab, alles zu geben, dabei zu sein und dazuzugehören. Seien Sie mit ganzem Herzen dabei. Verlieren Sie sich in Ihrer Arbeit. Kehren Sie als ein anderer Mensch zu sich selbst zurück.

14

Im Zweifel Mut

Lasst uns das Leben genießen,
solange wir es noch nicht begreifen!
Kurt Tucholsky

Es könnte jetzt sein, dass selbst diejenigen unter Ihnen, die sich als Romantiker verstehen, sich noch immer gegen meinen Versuch sperren, die Wirtschaft als den großen Wiederverzauberer, den großen Bedeutungsträger in unserem Leben darzustellen. Es geht zu weit, mögen Sie sagen, den Markt durch Romantik in seinen Bann schlagen soll. Das gäbe der Wirtschaft nur noch mehr Macht, sich in unseren Gesellschaften auszubreiten. Sie beharren darauf, dass das unsere Privatsphäre und die Integrität unseres Lebens nur noch weiter untergraben würde. Eine Ehe mit der marktwirtschaftlichen Ordnung einzugehen ist der ultimative Verrat an der Romantik!

Das sind berechtigte Sorgen, und die Risiken sind real. Die Prinzipien der Marktwirtschaft durchdringen alle Aspekte unseres Lebens. Einerseits verfügen wir dadurch über einen effizienten Mechanismus, um Entscheidungen zu treffen und Probleme zu lösen und um den Wert von Besitz und Zugang zu bestimmen. Andererseits ökonomisiert Markt unsere Beziehungen und prägt sogar unsere moralische Haltung. In seinem Buch *Was man für Geld nicht kaufen kann – die moralischen Grenzen des Marktes* stellt der Moralphilosoph Michael J. Sandel fest: »Werden die guten Dinge des Lebens mit einem Preis versehen, können sie korrumpiert werden.«[4] Sandel behauptet, dass die Märkte den Charakter der Güter, mit denen sie handeln, verändern. Denken Sie an die olympische Flamme. Wenn ich die damals, als ich für den Fackellauf arbeitete, als Ausstellungsstück mit nach Hause genommen und Eintrittsgebühren verlangt hätte, was hätte das dann mit ihrer Bedeutung angestellt? Oder denken Sie an persönliche Beziehungen. Freundschaften mögen letztendlich einer Logik des Gebens und Nehmens folgen und wechselseitige Vorteile ein Katalysator sein, der ihnen zugrunde liegt, aber wir ärgern uns, wenn explizit Marktmechanismen benutzt werden, um unsere intimsten Interaktionen zu verhandeln. Wir würden unsere Freunde nie dafür bezahlen, dass sie sich unsere Sorgen anhören; wir überreichen unseren Eltern kein Arbeitszeugnis, wenn sie mal einen Abend auf unsere Kinder aufgepasst haben. Arlie Russell Hochschild, Verfasserin des Buchs *The Outsourced Self*, sieht eine Gefahr darin, die Märkte zu nutzen, um solch grundlegende Beziehungen an außenstehende Dritte zu delegieren.[5] Statt Freunde zu haben, bezahlen wir dann einen Therapeuten; statt uns bei der Erziehung unserer Kinder auf unsere Verwandten zu verlassen – »es braucht ein ganzes Dorf« –, beschäftigen wir heute Kindermädchen, Schlafberater und Schwangerschafts-Concierge-Dienste; und statt unsere Nachbarn um einen Gefallen zu bitten, nutzen wir womöglich eine App wie Streetspotr oder Appjobber, um jemanden zu finden, der für uns schnell ein paar Erledigungen übernimmt. Die Effizienz der Marktmechanismen, behauptet Hochschild, ist kein angemessener Ersatz für die weniger direkten und weniger unverblümt transaktionalen Seiten unserer persönlichen Identität.

Als Business-Romantiker bin ich ganz ihrer Meinung. Ich würde niemals suggerieren, dass wir versuchen sollten, Empathie, Leidenschaft, Einsatz und Hingabe an Dritte auszulagern. Ich behaupte allerdings, dass Marktmechanismen uns zu überraschenden Momenten von Güte, Freude und Intimität verhelfen können. Denken Sie nur an Suspended Coffee oder an den Generous Store. Erinnern Sie sich daran, wie überrascht und dankbar ich selbst war, als man mir meine Brieftasche zurückgebracht hat, oder an den viralen Erfolg des First-Kiss-Spots. Genau wie persönliche Interaktionen oft versteckte Transaktionen in sich tragen, so können geschäftliche Transaktionen Vehikel für tiefere Verbindungen sein.

Trotzdem fragen sich die Kritiker, ob das Business die Nunaciertheit besitzt, um all die Widersprüche zu akzeptieren, die untrennbar zu einer romantischen Sicht der Dinge gehören. Schließlich ist ein romantischer Blickwinkel nicht immer ein glücklicher, wie einem jeder beliebige romantische Roman des 19. Jahrhunderts klar vor Augen führen wird. Wie jede humanistische Bewegung verlangt die Romantik, dass wir die volle Komplexität unseres Charakters akzeptieren. Gianpiero Petriglieri, Professor an der renommierten Business School INSEAD, ist skeptisch, ob gerade die Welt der Wirtschaft – die man üblicherweise mit positivistischen Modewörtern in Verbindung bringt – mit den romantischen Modi von Uneindeutigkeit, Konflikt und Drama umgehen könne. Für ihn ist die Idee der Business-Romantik problematisch. »Wenn Romantik eine Erfahrung ist, die Wert auf das Primat des Impulses vor der rationalen Überlegung legt, dann verbleibt unser Wunsch, unseren eigenen Impulsen und Erfahrungen Souveränität zu verleihen, vielleicht besser in der privaten Sphäre, abseits von Business und Kommerz«, sagt er mir.

Andere Kritiker mögen vielleicht anbringen, dass die Idee der Business-Romantik nur ein Luxus der entwickelten Welt sei, ein Zeichen der Dekadenz, der wir uns erst dann hingeben können, wenn unsere viel grundsätzlicheren Bedürfnisse erfüllt sind. Sie könnten sich über Romantik als eine Art Yoga für den Arbeitsplatz lustig machen – eine neue Lifestyle-Droge, die die harten ökonomischen Herausforderungen der wachsenden Ungleichheit, gähnenden digitalen Kluft und strukturellen Arbeitslosigkeit überdeckt, die heute weltweit über den Gesellschaften dräuen. Romantik, so könnten sie argumentieren, ist bloß ein erstrebenswertes Privileg für das oberste Prozent der Einkommenshaushalte. Sie ist nichts wirklich Fundamentales, das für jeden erreichbar wäre.

Ich nehme diese und andere Kritik sehr ernst. Romantik mag grundsätzliche menschliche Empfindungen beschreiben, aber selbst die Idee von romantischer Liebe als Grundlage für eine Ehe – anstelle von wirtschaftlichen Beweggründen – ist ein relativ junges Phänomen. Erst nachdem 1943 Abraham Maslow seine berühmte Bedürfnishierarchie entwickelt hatte, wurde das Liebesbedürfnis in westlichen Gesellschaften insgesamt wichtiger genommen.[6] Wenn man in einem schlecht bezahlten Dienstleistungsjob arbeitet, ist materieller Zugewinn noch immer wichtiger – wenn nicht sogar am wichtigsten – für das persönliche Wohlergehen. Für eine wachsende Gruppe von Menschen, auch in Deutschland, hat es in ihrer Arbeit nie viel Romantik gegeben, und die zunehmende Ungleichheit könnte jede Hoffnung, dass das in der Zukunft anders kommen könne, zunichtemachen. So gesehen ist Romantik in der Tat ein Privileg, und eines, das leichter für Wissensarbeiter in stabilen wirtschaftlichen Verhältnissen erfahrbar ist (und mit Sicherheit wird man die Mehrheit der Menschen, die in diesem Buch vorgestellt worden sind, so bezeichnen können) oder für Berufstätige in anderen Industriezweigen, die nicht täglich ums Überleben kämpfen müssen. Es ist ein Luxus, nach dem Warum fragen und Erfolg in nichtquantitativen Begriffen definieren zu können.

Mit Business-Romantik ist jedoch nicht unbedingt gemeint, dass man »tut, was man liebt«. Dieses von Steve Jobs inspirierte Mantra ist vielmehr heutzutage unter Kleinunternehmern, Kunsthandwerkern und Freiberuflern derart weit verbreitet, dass es schon erste Gegenreaktionen hervorruft. Die Autorin Miya Tokumitsu etwa wendet ein, dass ein solches Motto elitäre Annahmen verbreite, die den ganz eigenen Wert von Arbeit und Pflichterfüllung herabwürdigten.[7] Mit Business-Romantik ist auch nicht gemeint, dass man immer »liebt, was man tut«. Gemeint ist schlicht die Fähigkeit, in dem, was man tut, *Augenblicke* der Liebe zu schaffen und zu finden – selbst in dem, was Tokumitsu als »nicht liebenswerte« Arbeit bezeichnet: Voraussetzungen für echte menschliche Kontakte und eine Ahnung von Großartigkeit, die das Alltägliche überschreitet. Skeptiker mögen das als eskapistische Anleitung zur Selbsttäuschung bezeichnen. Ich nenne es den Mut, gegen den »Tod durch Realismus« zu kämpfen – den Mut, Hingabe und Verletzlichkeit an die Stelle von Zynismus zu setzen.

Es ist meine Hoffnung, dass der Sinn für Romantik als eine Quelle der Inspiration für alle dienen kann: für diejenigen, die in hochentwickelten Konsumgesellschaften leben, in denen die Marktwirtschaft unsere Beziehungen kommodifiziert, unsere Identitäten privatisiert und unser Leben säkularisiert hat; und für diejenigen, deren tägliches Geschäft das Überleben ist. Romantik kann einen Schimmer der Hoffnung in Zeiten unbarmherziger Logik, Resignation und Depression ausstrahlen. Die Suche nach der Romantik mag nicht die Salbe für all unsere Wunden sein, aber sie kann einen verlockenden Bewältigungsmechanismus darstellen. Das ist keine schlechte Sache. Als Romantiker sind wir Eskapisten und Entfesselungskünstler; wir kommen immer davon und gehen immer irgendwo hin; wir erträumen, schaffen und verteidigen die Bedingungen für ein anderes, ein besseres Leben.

Ja, wir könnten hier leicht all die verschiedenen Arten aufdröseln, in denen unser System der freien Märkte die Bedeutung von Gütern korrumpiert. Und ja: Die Sprache des Managements birgt die Gefahr, aus unseren düster-schönen Vorstellungen von Romantik etwas Klinisch-Keimfreies machen. Aber es ist zu spät, um den Geist zurück in die Flasche zu zwingen. Wir können nicht mehr zurück zur Unschuld einer vorkapitalistischen Gesellschaft. Wir können aber die Märkte dazu benutzen, um neue Geschichten zu erzählen – solche, die unseren Neigungen mehr entsprechen. Unsere romantische »unendliche Sehnsucht«, wie E. T. A. Hoffmann das einst genannt hat, werden wir mit den endlichen Ressourcen, die auf den Märkten gehandelt werden, nie ganz stillen können. Und doch können die Märkte uns Gelegenheiten bieten, mit anderen in Verbindung zu kommen, unsere Einsamkeit und Isolation zu lindern und uns aufzeigen, dass unsere individuellen, privaten Sehnsüchte in Wirklichkeit ein kollektives, öffentliches Verlangen sind.

Als Business-Romantiker können wir beschließen, privat zu bleiben, unsere Flamme in unseren eigenen vier Wänden zu lassen und sie vor prüfenden Blicken, Kritik oder Spott zu beschützen. Romantik ist unmöglich ohne solche Privatheit. Mein früherer Kollege bei Frog Design, Jan Chipchase, ein Ethnograf, hat einmal geschrieben: »Nur Menschen mit einem langweiligen Leben können es sich leisten, auf Privatsphäre zu verzichten.«[8] Und doch ist Business-Romantik auch ohne die chaotische Vitalität des öffentlichen Lebens, ohne die Bereitschaft, sich voll auf die Welt einzulassen, unmöglich. Öffentlichkeit heißt, dass immer noch jemand anderes da ist. Für Romantiker ist das beruhigend. Wie Künstler brauchen wir ein Publikum – real oder imaginiert –, oder unser Vorhaben fällt in sich zusammen. Wenn uns niemand zusieht, warum sollen wir uns dann die Mühe machen? Darum müssen wir letztlich unsere romantische Perspektive weiten. Wir müssen bei uns selbst anfangen, dann die Romantik in unsere Unternehmen tragen und zum Schluss die ganze Welt romantisieren. Unsere Romantik kann keine rein private Affäre bleiben.

Romantik ist immer schon eine zutiefst private und zugleich zutiefst politische Angelegenheit gewesen. Denken wir zurück an die ursprüngliche romantische Bewegung. Ihre konfliktreiche Beziehung zum privaten und öffentlichen Leben dient uns heute als eine Lektion. Sie offenbart, dass etwas Unabdingbares auf dem Spiel steht, nicht nur für die Wirtschaft, sondern für die gesamte Gesellschaft. Im Großbritannien der neunziger Jahre des 18. Jahrhunderts sah man die Schriften der Romantiker als einen Angriff auf die Vorherrschaft von Vernunft und Nützlichkeitsdenken an. Die romantischen Dichter William Wordsworth und

John Keats wurden vom britischen Premierminister William Pitt sogar unter staatliche Zensur gestellt.

Diese repressive, antiromantische Seite der Industriellen Revolution wurde 1791 in dem vom Philosophen und Rechtsreformer Jeremy Bentham entwickelten Konzept des Panoptikums ganz offenkundig: Dieses sollte eine radikale Neuerung in der Gestaltung von Anstaltsgebäuden sein, die es einem einzelnen Aufseher erlauben würde, große Zahlen von Insassen des Gebäudes zu überwachen (zum Beispiel Gefangene, Arbeiter oder Patienten). Bentham – der als Begründer des Utilitarismus gilt, der versucht, das größtmögliche Glück für die größtmögliche Zahl aller Menschen herzustellen – hatte die Vision eines utopischen Universums der Transparenz. In seiner Fantasie existierte die ganze Welt als eine Abfolge von Räumen und Orten, in der »jede Geste, jede Drehung von Gliedmaßen oder Gesichtszügen bei jenen, deren Bewegungen einen sichtbaren Einfluss auf das allgemeine Glück haben, wahrgenommen und vermerkt wird«.

Benthams Skizzen wurden seinerzeit so nie tatsächlich für einen Bau verwendet, so dass er sicherlich beglückt wäre, zu sehen, wie umfassend seine »Utopie« vollständiger und totaler Überwachung in unserer heutigen Zeit Wirklichkeit geworden ist. Mehr als zweihundert Jahre später tragen wir freiwillig winzige Versionen von Benthams Panoptikum in unseren Taschen. Und Smartphones sind ja nur der Anfang. Die Enthüllungen über die Massenüberwachung von Geheimdiensten können einem wie ein gespenstisches Déjà-vu erscheinen: »All unser Glück und der größte Teil unserer Tugenden hängen von sozialem Vertrauen ab. Dies schöne Gewebe der Liebe hat das System der Spitzel und Informanten bis auf den Grund erschüttert«, klagte der romantische Dichter Coleridge 1795.[9] Später wurde Staatskanzler Metternich zum Herrn über das größte und meistgefürchtete Zensur- und Überwachungssystem jener Epoche, auch wenn er insgeheim den Romantiker Byron verehrte und gelegentlich scherzte: »Zum

Glück ahnt meine Polizei nicht, wie liberal ich denke. Sie hätte mich längst dem Kaiser denunziert.«[10]

Heute stehen wir nicht mehr unter Überwachung durch andere; wir stehen unter Überwachung durch uns selbst. Wir beobachten uns fortwährend, wir bringen immense Mengen von persönlichen Daten – unser Quantified Self – einer allwissenden technokratischen Gottheit zum Opfer dar und streben totale Sichtbarkeit im Namen des utilitaristischen Prinzips vom größtmöglichen Glück an. Wenn Benthams Panoptikum es den wenigen ermöglichte, die vielen zu sehen, so ermöglicht es unsere Online-Hyperkonnektivität nun vielen, viele zu sehen, und vielen, wenige zu sehen. Wir werden zu Gefangenen der Technologien, die uns tracken, Informationen für uns filtern und letzten Endes für uns entscheiden. Unser neues Panoptikum ist Google Glass, und wir alle sind nun »gläserne« Konsumenten und Bürger, die für jeden jederzeit vollständig transparent sind.

Die neue Währung unserer Marktgesellschaft sind persönliche Daten. Heute sammeln, analysieren und werten Unternehmen und Regierungen immer größere Mengen unserer Online-Aktivitäten und überwachen uns durch drahtlose Social-Sensing-Technologie und Satellitenbilder.[11] Unsere persönlichen Daten werden zu einer Schatzkammer, die es auszubeuten gilt. Der Technologiekritiker Evgeny Morozov behauptet, dass Datifizierung Regierungen in die Lage versetze, so viel Wissen über ihre Bürger anzuhäufen, dass sie denen ständig »perfekte, höchst personalisierte, unwiderstehliche Anreize für ihr Eigeninteresse«[12] senden können. Die algorithmische Regulierung wird massiv ausgebaut.[13] Das, was früher mal das öffentliche Wohl war, wird jetzt von einer mächtigen Gruppe von »Probleme lösenden« Technologiefirmen kontrolliert: Dieser Trend ist besonders in den Hightech-Innovationszirkeln des Silicon Valley vorherrschend, wo die Alpha-Geeks, die verklärten Start-up-Unternehmer, sich zu einer Art neuem Hochadel entwickelt haben. Sobald die Probleme grundlegender Dienstleistungen innerhalb ihrer eigenen Netzwerke durch private Modelle »gelöst« werden, lässt der Drang dieser wohlhabenden Großstadtbewohner, auch andere Aspekte des öffentlichen Sektors zu verbessern, schnell nach – genau wie ihre Motivation, echten Bürgersinn zu entfalten. Wenn die glückliche Zufälligkeit und Reibung im öffentlichen Leben von der Monokultur privat entwickelter effizienzgetrimmter Technologielösungen diskreditiert wird, dann leben wir in Smart Cities ohne Bürger – und ohne Romantik.

Selbst die privateste Sphäre unseres Lebens, die letzte Zuflucht für Privatheit – unsere Träume –, wird nun attackiert, von einer mobilen App namens Shadow, die Nutzer ihre Träume aufzeichnen lässt, direkt nachdem sie sie erlebt haben. Die Träume werden gespeichert und analysiert und dann mit Hunderttausenden Träumen anderer Nutzer aggregiert. Das Ergebnis ist eine gewaltige Traum-Datenbank, die eines Tages wohl eine Analyse intimer Empfindungen ermöglichen wird, inklusive einer Vorhersage dessen, was die Nutzer träumen werden. Shadow ist ein durchaus passender Name für das Start-up, denn sein Zugang zu unseren Träumen ist wie eine dunkle Wolke, die über unserer Souveränität hängt. »Die Gedanken sind frei, wer kann sie erraten? Sie rauschen vorbei wie nächtliche Schatten«, hieß es noch in jenem alten Volkslied, das die romantischen Dichter Clemens Brentano und Achim von Arnim auch in ihre Liedersammlung *Des Knaben Wunderhorn* aufnahmen. Was aber, wenn unsere Träume, unsere privatesten Andeutungen, zum öffentlichsten Ausdruck unserer Identität werden, für den wir in alle Ewigkeit Rechenschaft ablegen müssen? Was, wenn unsere Träume verhandelt, gehandelt oder sogar gehackt werden? Was, wenn wir anfangen, sie zu Marken zu machen oder als Warenzeichen schützen zu lassen?

Die Vorstellung von Träumen als Ware ist der größte Alptraum des Romantikers. Shadow ist nur ein Vorbote von anderen Tracking-Apps, die noch kommen werden. Träume sind bloß ein Teil der universellen Lesbarkeit, die die Apostel des Quantified

Self etablieren wollen. Sie fordern, dass alles, was geträumt wird, analysiert, dass alles, was geschrieben wird, gelesen, und alles, was gesagt wird, gehört werde. Kurz gesagt: Sie sind entschlossen, jeden Zweifel zu beseitigen. Dabei ist doch, wie uns der Schriftsteller Graham Greene beigebracht hat, der Zweifel »das Herz aller Dinge«.[14] In dieser Empfindung hallt eine der machtvollsten Ideen der romantischen Bewegung nach: die »negative capability«, die negative Befähigung, die der Dichter John Keats 1817 als die Fähigkeit eines Menschen definierte, »das Ungewisse, die Mysterien, die Zweifel zu ertragen, ohne alles aufgeregte Greifen nach Fakten und Verstandesgründen«.[15] Der Zweifel ist ein tragender Pfeiler unserer Moralität. »Beseitigt man jeglichen Zweifel, dann bleibt kein Glaube übrig, sondern absolute, herzlose Überzeugung«[16], sagt die Sachbuchautorin Lesley Hazleton, und von dort aus ist es dann nur ein kleiner Schritt zur »Arroganz des Fundamentalismus«.

Die moderne Technologie verspricht uns sogar, den Zweifel über unsere Zukunft zu beseitigen. Die pausenlose Sammlung von Metadaten dient zur Auswertung in immer neuen Kombinationen, die der individuelle Verstand nicht mehr wirklich begreifen kann. Unsere Geschichte ist nun Teil eines größeren Puzzles, das auf der Macht der Aggregation und der prädiktiven Analysetools basiert. Diese Metadaten werden nicht nur von Unternehmen und Werbetreibenden verwendet, die uns Dinge verkaufen wollen. Sie können auch von solchen Firmen genutzt werden, die Vorhersagen über uns und unser soziales Leben treffen wollen, die mit unserem Verhalten in der Vergangenheit übereinstimmen.

Für Romantiker ist all das inakzeptabel. Es ist inakzeptabel, dass unsere Daten gespeichert und analysiert, soziale Graphen konstruiert und unsere Gesichter mit Anzeigen verlinkt werden, dass in den sogenannten digitalen Abgasen von Millionen von Menschen herumgeschnüffelt wird und dass es zunehmend Ingenieure und Softwareentwickler sind, die Bürgersinn und Gemeinwohl programmieren. Es ist nicht nur inakzeptabel, weil es unsere demokratischen Grundrechte verletzen kann, sondern auch, weil der Problemlösungsimpuls dieser Technologien das Geheimnisvolle, Unordentliche und Überraschende des Lebens in die Schranken weist – und damit unsere Vision von dem (und unsere Lust auf das), was sein *könnte*.

Datengestützte Entscheidungsfindungen und Designs werden uns immer die effizienteste, bequemste Lösung nahelegen. Aber wir brauchen mehr als nur Effizienz und Bequemlichkeit – den schnellsten Weg, um ein Bedürfnis zu befriedigen oder eine Antwort zu finden –, wenn wir mehr haben wollen als nur rein utilitaristische Unternehmen, Produkte und Dienstleistungen. Datenanalysen mögen in der Lage sein, neue Probleme vorherzusagen oder neue Lösungen für bestehende Probleme zu finden, aber sie werden nur selten Lösungen für Probleme generieren, die noch gar nicht existieren. Nur die menschliche Vorstellungskraft – und das Staunen, das sie hervorruft – kann die Begrenztheit bloßer Lösungen hinter sich lassen. Dieses Überbordende haben Romantik und Innovation gemeinsam. Beide ahnen, wissen aber nie genau. Beide stellen einen enormen Vertrauensvorschuss dar – und ein Geschenk.

Als Business-Romantiker begrüßen wir es, wie Daten uns helfen können, neue Geschichten zu erzählen, mehr über uns selbst zu erfahren und uns zu neuen Möglichkeiten und Überraschungen zu führen. Aber wir wenden uns gegen den manischen Glauben an die Doktrin der Daten. Wir Romantiker wissen, dass sie nur eine von vielen Wahrheiten darstellen. Daher ärgert es uns, wenn versucht wird, uns nur mit dem Blick durch diese eine narrative Linse zu beschreiben. Wir sind so viel mehr als nur unsere Online-Spuren, unser Einfluss in sozialen Netzwerken, die Heat Maps unserer Aktivitäten und unsere Trust Scores. Wir sind menschlich, weil wir unberechenbar sind. Wir sind menschlich, weil man uns nicht trauen kann. Gerade unsere Unbeständigkeit – unsere Fähigkeit und unser Wunsch, uns ständig zu verändern – macht uns aus. Nur so verhindern wir, zu Datenideologen zu werden; nur so können wir Fan bleiben, ohne zum Fanatiker zu werden. Wenn wir alles aufzeichen, bleibt, wie der Technologie-Journalist Quentin Hardy betont, einiges auf der Strecke: »die Romantik des guten alten Gesprächs, die altmodische Vorstellung, dass manche Dinge am besten vergessen werden«.[17] Er bringt das Recht zu vergessen sowie das Recht, vergessen zu werden, mit der Fähigkeit zum Neuanfang in Verbindung. Die Möglichkeit, »sich immer neu zu erfinden, könnte in der Welt von Video- und Audiodokumenten und der Fixierung auf nur eine objektive, aufgezeichnete Wahrheit sehr wohl bedroht sein«. In einer Zeit, in der radikale Transparenz und totale Datifizierung die Norm sind, müssen wir uns als »romantische Hacker« neu erfinden. Wie Softwareentwickler das Hacken einsetzen, um Produkte, Dienstleistungen oder Unternehmen zu optimieren, so dass sich ihr Wert erhöht, so können es sich Business-Romantiker zu eigen machen, um die Bedeutung von Beziehungen zu vergrößern. Wir können einen »romantischen Code« schreiben, der uns von der Gleichförmigkeit der Rationalität, des Berechenbaren und Formelhaften heilt: Erfahrungen, die uns die erratische und emphatische Intensität des »Andersseins« vermittelt. Wir können digitale Technologie bauen, anwenden oder verändern, um das Territorium jenseits unserer Landkarten auszuweiten. Wir können Adversarial Designs[18] entwickeln, Designs, die konfliktorientiert sind und uns in unseren Werten und Überzeugungen herausfordern, und wir können Services ins Leben rufen, die unser Konzept der Realität stören. Wir zielen nicht darauf ab, die Dinge nützlicher zu machen, nur schöner. Wir wollen nicht all unsere Fragen beantworten, all unsere Probleme lösen oder all unseren Schmerz heilen. Wir wollen nur, dass sie der Mühe wert waren.

Und so werden wir als Romantiker an dieser Stelle zu Aktivisten, die bewusst die Öffentlichkeit suchen – einen Platz zwischen naivem Tech-Optimismus und Purpose Economy, zwischen radikaler Selbstverwirklichung und sozialen Zielen. Wir müssen alternative Wege zur Sinnfindung schaffen. Wir müssen die alles erstickende Überwachung unseres Zeitalters untergraben, indem wir alle Werkzeuge aus unserem romantischen Arsenal zum Einsatz bringen. Mit diesen Werkzeugen können wir romantische Kampagnen anführen – bei der Arbeit und in unseren Erfahrungen als Kunden, unserem privaten Umfeld sowie der Gesellschaft im Großen und Ganzen. Mit unseren Geheimcodes und mit kleinen unermüdlichen Akten der Sinngebung können wir uns unsere Geschichten und unseren Charakter von den unermüdlichen Kopisten des Big Data zurückholen. Wir können digitale Technologie einsetzen, um die Welt um uns herum umzuschreiben oder sie zumindest anders zu lesen. Wir können Reibung dorthin zurückbringen, wo reibungslos zusammengearbeitet wird. Wir können den Zweifel zurückbringen in ein Leben von universeller Lesbarkeit und null Uneindeutigkeit – in eine Gesellschaft, die das totale Wissen anstrebt.

Der Kreis schließt sich. Ich habe dieses Buch mit dem Bild der Romantik als Flamme begonnen. Und am Ende leuchtet uns die Romantik wieder den Weg. In unserer Arbeit und anderen Aspekten unseres Wirtschaftens wirft sie Schatten und schafft Tiefe. Sie ist eine Einladung, den versteckten Reichtum in unseren Büros, Konferenzen, Messen, Läden und Beziehungen zu entdecken. Ob Sie nun Produzent oder Konsument sind, Erneuerer oder Verwalter, ein Anführer, Eremit, Abtrünniger oder Fußsoldat: Kämpfen Sie für Ihr Recht auf Romantik. Lassen Sie uns die Welt der Wirtschaft mit neuen Augen ansehen. Lassen Sie uns ein Feuer im Dunkeln anzünden, in den Räumen unseres geschäftigen Kommens und Gehens, in den verborgenen Schichten unserer Märkte. Lassen Sie uns nie die Hoffnung aufgeben auf die Möglichkeit auf ein anderes Leben. Lassen Sie uns ein neues romantisches Zeitalter begründen, in dem es das Geschäft aller ist, Dinge zu sehen, zu finden und zu schaffen, die größer sind als wir.

Anhang

Das Business-Romantiker-Einsteigerset

Ob Sie nun ein Zyniker sind, der bereit ist zu konvertieren, ein Romantiker, der erst noch zum Business-Romantiker werden will, ein heimlicher Business-Romantiker, der die Chance für ein Coming-out sucht, oder ein allseits bekannter erklärter Business-Romantiker, der seinen Geist neu entflammen oder andere rekrutieren will: Die folgenden Hilfsmittel, Tipps und Aktivitäten werden Sie bei Ihrem Start (oder Ihrem Neustart) unterstützen. Betrachten Sie dieses Einsteigerset bitte eher als eine Inspirationsquelle denn als einen Werkzeugkasten. Nutzen Sie es als eine Bibliothek, die Ihnen nicht nur hilft, mit romantischen Ideen, sondern auch mit anderen Business-Romantikern in der Geschäftswelt in Berührung zu kommen. Sie finden eine ständig aktualisierte Version sowie den Business-Romantiker-Fragebogen online unter www.timleberecht.com. Es ist meine Hoffnung, dass aus dem Einsteigerset eine offene Plattform von Business-Romantikern für Business-Romantiker wird.

Die Business-Romantiker-Playlist

Sylvain Chauveau: *The Black Book of Capitalism*

Der französische Elektro-Musiker Sylvain Chauveau gibt sich auf dieser Platte aus dem Jahr 2000 Meditationen hin, die an den Film noir erinnern. Der Titel des Albums basiert auf *Le Livre noir du capitalisme (Das Schwarzbuch des Kapitalismus)*, einem Buch, das 1998 in Frankreich in Reaktion auf *Das Schwarzbuch des Kommunismus* (1997) veröffentlicht wurde und kritische Essays verschiedener Autoren über den Kapitalismus versammelt. Es ist die perfekte Begleitmusik, wenn Sie über Ihr Berufsleben und das kapitalistische System als Ganzes nachdenken wollen.

295

Joni Mitchell: *A Case of You*
Mit seinem rätselhaften Text und seinen vagierenden Akkorden ist dies vielleicht das bewegendste Liebeslied, das je geschrieben wurde. *A Case of You* ist pragmatisch, bittersüß, sogar sarkastisch, aber dennoch voller Sehnsucht.

The Smiths: *Please, Please, Please Let Me Get What I Want This Time*
Ist nicht genau das der romantische Grund, der uns Dinge kaufen lässt?

Gustav Mahler: *Symphonie Nr. 5 in cis-Moll, Adagietto*
Das Adagietto wurde durch Luchino Viscontis Film *Tod in Venedig,* der auf Thomas Manns Novelle beruht, berühmt und hat seither nichts von seiner schmerzhaften Schönheit verloren. Zu zarten Harfenklängen scheint die Melodie ziellos umherzuwandern und setzt den Zuhörer einem Gefühl der permanenten Anspannung aus, die erst ganz am Ende aufgelöst wird. Das bestimmende Gefühl ist eines der Jenseitigkeit, und die Spielanweisungen legen unmissverständlich fest: »seelenvoll« und »mit höchster Empfindung«.

Arms and Sleepers: *Nostalgia for the Absolute*
Das Album mit dem romantischen Titel dieses Duos aus Maine enthält elektronische Musikstücke von ein bis drei Minuten Länge, die von Filmen inspiriert oder für sie geschrieben wurden: *Lovers Arctic, Croix Rouge, Clayton, Crash* usw. Jeder Track ist wie ein flüchtiger Moment von herrlicher Isolation, ein kurzer Blick, den man durch ein Fenster auf eine Welt der Wunder wirft. »Strandmusik für die tiefste Nacht« nannte das ein Rezensent.[19]

The Black Dog: *Music for Real Airports*
Das britische Electro-Trio Black Dog nimmt mit diesem Album aus dem Jahr 2010 Bezug auf Brian Enos legendäre *Music for Air-*

ports aus dem Jahr 1978, einen Klassiker der Ambient-Musik. Es erfasst genau die Leiden des Geschäftsmanns als Vielflieger und dient als Soundtrack für die freien und die nicht so freien Stunden der Zwischenaufenthalte am Flughafen – einem vollkommenen physischen und emotionalen Niemandsland. Die Titel des Albums reichen von *Terminal EMA, DISinformation Desk, Passport Control* und *Wait Behind This Line* über *Empty Seat Calculations, Strip Light Hate, Future Delay Thinking, Lounge, Delay 9* bis zu *Sleep Deprivation 1, Sleep Deprivation 2, He Knows* und schließlich *Business Car Park 9.*

Arvo Pärt: *Cantus in Memoriam Benjamin Britten*

Dieses Werk des estnischen Komponisten Arvo Pärt ist eine Manifestation der »unendlichen Sehnsucht«. Der Kommentar eines Highschool-Schülers auf YouTube sagt alles, was es dazu zu sagen gibt: »Normalerweise hört niemand bei den Musikstücken zu, die unser Lehrer uns vorspielt. Aber diesmal war etwas anders. Alle haben zugehört. Niemand hat gesprochen. Und danach konnten wir eine halbe Stunde lang nicht sprechen.«

Van Morrison: *Astral Weeks*

Dieses Meisterwerk des irischen Singer-Songwriters beschwört William Blake und andere romantische Dichter und enthält die beruhigenden Zeilen *It ain't why, why, why; it just is.* Das Highlight ist *Beside You,* eine zarte, innige Ode an den anderen.

Leonard Cohen: *Paper Thin Hotel*

Der kanadische Barde beschreibt in drastischen Einzelheiten, wie es sich anfühlt, seiner Frau dabei zuzuhören, wie sie im Hotelzimmer nebenan mit einem anderen Mann schläft. Es ist ein Song über die Liebe, aber auch ein Song über das Zuhören. Inmitten des Schmerzes erreicht Cohen einen Moment der Selbsterkenntnis, des Loslassens und der Transzendenz: *You go to heaven once you've been to hell.*

Arnold Schönberg: *Verklärte Nacht*

Dieses Streichsextett, das auf dem gleichnamigen Gedicht des deutschen Lyrikers Richard Dehmel beruht, beschreibt das düstere Geheimnis, das eine Frau ihrem Liebhaber während eines nächtlichen Spaziergangs anvertraut: Sie erwartet ein Kind von einem anderen Mann. Schönbergs Komposition dehnt die Grenzen der Spätromantik in das Territorium der Chromatik hinaus. Dieses Werk war nicht nur wegen des sexuell expliziten Textes umstritten, sondern auch, weil es einen nicht kategorisierten Akkord enthielt, den geheimnisvollen »umgekehrten Nonenakkord«, der nach Ansicht des Wiener Tonkünstlervereins gar nicht existierte. Schönberg kommentierte lapidar, er »sehe durchaus ein, dass man nicht aufführen könne, was es gar nicht gibt«.

T-Bone Burnett: *Every Little Thing*

T-Bone Burnetts ungeschliffener Akustik-Song ist vielleicht die asketischste Version des »(ein bisschen) Leidens« im Lied-Format. Es zeichnet unsentimental auf, was passiert, wenn man sich ganz und gar auf etwas einlässt: Liebe hat Konsequenzen.

Jacques Brel: *Ne me quitte pas*

Dies ist das eine Lied, dem man sich hingibt, wenn man bereits alles gegeben hat; der perfekte Schlussakkord, wenn bereits alles vorbei ist. Es gibt kein anderes Liebeslied, das so verletzlich, so aufrichtig und so völlig frei von Ironie ist.

The Romantics: *Talking in Your Sleep*

Es gibt Zeiten, da halten einen die eigenen Geheimnisse des Nachts wach.

Die Business-Romantiker-Filmografie

L'eclisse / Liebe 1962 (Regie: Michelangelo Antonioni)
Dieser bahnbrechende Film des italienischen Regisseurs Michelangelo Antonioni spielt vor der Kulisse des industrialisierten Roms im Jahr 1962. Er ist eine Meditation über das »Elend der modernen Welt« – darüber, wie kompliziert es ist, in Zeiten einer rationalisierten und mechanisierten Marktgesellschaft Liebe zu finden. Er erzählt die Geschichte einer jungen Frau und ihrer Affäre mit einem Börsenmakler, der mehr auf materiellen Status fixiert ist als auf romantische Freuden. Ihre Beziehung endet eines Tages, ganz still und leise, als keiner von beiden zu einem Rendezvous erscheint.

Lost in Translation (Regie: Sofia Coppola)
Sofia Coppolas Film übersetzt Antonionis Themen der Entfremdung und der Bindungsprobleme in das Informationszeitalter. Ein alternder Schauspieler begegnet im Park Hyatt Hotel in Tokio einer jungen Frau, und die beiden beginnen eine Beziehung, die romantisch ist, ohne je körperlich zu werden. Sie sind in Übersetzungsproblemen gefangen, sowohl buchstäblich als auch metaphorisch; in einer hektischen, ultrakonsumorientierten Gesellschaft ist die Zwischenwelt des Hotels der einzige Raum, der für wahre Gefühle bleibt. Wie in jeder guten Liebesgeschichte bleibt das Ende offen: Als die beiden »Liebenden« sich trennen, flüstert er ihr etwas ins Ohr, das der Großstadtlärm Tokios übertönt. Bis heute haben es, allen Spekulationen zum Trotz, selbst die besten Lippenleser nicht geschafft, herauszufinden, was er zu ihr gesagt hat.

Mad Men (Regie: Matthew Weiner)
Die preisgekrönte Fernsehserie lässt die ruhmreichen Zeiten der Werbebranche auf New Yorks Madison Avenue der sechziger Jahre auferstehen. Die Hauptfigur Don Draper ist der exemplari-

sche romantische Held, ein komplexer Charakter und ein Mann voller Geheimnisse, der Konflikt und Gefahr sucht, um eine »alte Wunde« zu heilen. Fiktion, Verrat und ausgiebiger Alkoholkonsum sind die Kollateralschäden seiner alles verzehrenden Sehnsucht nach Liebe und Identität. Damals wie heute scheint eine Work-Life-Balance ein Ding der Unmöglichkeit zu sein, nur dass einem in der Welt von *Mad Men* dieses Ungleichgewicht einen Old-Fashioned, schnelle Gewinne, schwere Verluste und andere romantische Abenteuer versprach.

Der Pate (Regie: Francis Ford Coppola)

Ist es zynisch, wenn man *Der Pate* als einen der romantischsten Filme aller Zeiten ansieht? Francis Ford Coppolas Mafia-Saga vertritt mit Leidenschaft das Argument, dass im Business viel mehr auf dem Spiel steht als nur das Business. Letztlich ist es ein Nullsummenspiel, das so viele Verlierer wie Gewinner hat; aber den Spielern geht es nie allein um materiellen Gewinn. Die Ambitionen der modernen »Herren des Universums« von Wall Street und Silicon Valley verblassen im Vergleich zum absoluten Kampf der Sizilianer um die Familienehre. Die mag nicht alle Mittel heiligen, natürlich nicht. Aber die Intimität, mit der Coppola das Streben nach etwas Höherem schildert, nach einem Erbe, das von einer Generation zur nächsten weitergegeben wird, und seine Inszenierung der brüchigen Freuden der Macht machen *Der Pate* zu einer packenden Parabel über den schmalen Grat zwischen Romantik und Zynismus als den Triebkräften menschlichen Verhaltens.

Ein Herz und eine Krone (Regie: William Wyler)

Dieser Film von 1953 ist die Mutter aller romantischen Komödien und eine kongeniale Umsetzung fast aller romantischen Prinzipien. Ein amerikanischer Auslandskorrespondent (Gregory Peck) begegnet einer inkognito in Rom umherstreifenden Prinzessin (Audrey Hepburn), die aus dem goldenen Käfig ihres

Lebens als Königskind ausgerissen ist. Er verbringt einen heiteren Tag in der Stadt mit ihr und hofft darauf, die größte Boulevardgeschichte seines Lebens verkaufen zu können. Unausweichlich verlieben sich beide ineinander, und schließlich gibt er seinen Plan auf und verzichtet zugunsten der Romantik (und letztlich der Unerfülltheit) auf das Geld. Die Schlussszene, eine Pressekonferenz im Palazzo Colonna, ist so überraschend wie subtil: »Rom. Rom war unbeschreiblich schön«, haucht die Prinzessin in einem Bruch des diplomatischen Protokolls, als sie gefragt wird, welche Stadt ihr auf ihrer Reise am besten gefallen habe. Der Film verweigert sowohl dem Paar als auch den Zuschauern ein Happy End aus dem Märchenbuch – und der Korrespondent verlässt langsam den Palazzo – ganz alleine.

Der letzte Tycoon (Regie: Elia Kazan)

Elia Kazans Film aus dem Jahr 1976, der auf einem unvollendeten Roman von F. Scott Fitzgerald basiert, der wiederum vom Leben des legendären Hollywood-Produzenten Irving Thalberg inspiriert wurde, erzählt vom Aufstieg und Fall eines überlebensgroßen Filmmoguls (Robert De Niro). Seine Macht erodiert, als er, der Mann, der alles unter Kontrolle hat, sich in eine junge Frau verliebt. In dem Film gibt es eine mitreißende Szene, in der De Niro einen aufstrebenden Drehbuchautor, der vom Theater kommt, über das »Filmemachen« belehrt, indem er ihm in seinem Büro eine Filmszene vorspielt. In der Schlusssequenz betritt er alleine eine dunkle und totenstille Produktionshalle, so wie Gregory Peck in *Ein Herz und eine Krone* aus dem Palazzo hinausgetreten war.

Jiro Dreams of Sushi (Regie: David Gelb)

Jiro Ono, die Hauptfigur dieses Dokumentarfilms aus dem Jahr 2011, sehen viele als den besten Sushi-Meister der Welt an, und sein Restaurant, Sukiyabashi Jiro, ein winziges Lokal von zehn Sitzplätzen in den Gängen der Tokioter U-Bahn, ist das erste

Restaurant seiner Art, dem der Guide Michelin drei Sterne verliehen hat. Jiro ist außergewöhnlich pedantisch und anspruchsvoll, nimmt nur selten Urlaub und hat an fast jedem Tag der letzten siebzig Jahre von fünf Uhr morgens bis nach Mitternacht gearbeitet. Ein früherer Auszubildender beschreibt Jiro mit Hilfe des japanischen Worts *shokunin*. Auch wenn das Wort direkt ins Deutsche übersetzt »Handwerker« bedeutet, suggeriert es in Japan doch etwas viel Tiefergehendes, nämlich, wie der Bildhauer und Holzschnitzer Toshio Odate erklärt, »nicht nur eine technische Fertigkeit zu besitzen, sondern auch eine Einstellung und ein soziales Bewusstsein«. Und weiter: »Der *shokunin* hat eine soziale Verpflichtung, mit seiner Arbeit sein Bestes für das Gemeinwohl des Volks zu geben. Diese Verpflichtung ist sowohl spirituell als auch materiell in dem Sinne, dass es die Verantwortung des *shokunin* ist, die Anforderungen zu erfüllen, was auch immer sie seien.«

Citizen Kane (Regie: Orson Welles)

Rosebud ist das letzte Wort, das die Hauptfigur, der Zeitungsmogul Charles Foster Kane (dem Verleger William Randolph Hearst nachempfunden), vor ihrem Tod ausstößt. Ein Journalist wird auf den Fall angesetzt und versucht herauszufinden, »was es bedeutet«, nur um zu erkennen, dass er vor einer unlösbaren Aufgabe steht. Kanes Schlitten, der den Namen Rosebud trug, wurde ihm weggenommen, als er als kleines Kind von seiner Familie getrennt und in ein Internat geschickt wurde. Der Filmkritiker Roger Ebert schreibt, dass *Citizen Kane* zwar erkläre, was Rosebud ist, aber nicht, was es *bedeutet*.[20] Er zieht Parallelen zu anderen Filmmomenten, die zu rätselhaften Ikonen geworden sind, »dem grünen Licht am Ende von Gatsbys Bootssteg; dem Leoparden auf dem Gipfel des Kilimandscharos, von dem niemand weiß, was er dort zu suchen hat; dem Knochen, der in *2001* in die Luft geworfen wird; es ist diese Sehnsucht nach Vergänglichkeit, die Erwachsene zu unterdrücken lernen«. »Entweder ist Rosebud

302

etwas, was er nicht bekommen hat oder was er verloren hat«, sagt Thompson, der Reporter, der das Rätsel von Kanes letztem Wort lösen sollte. »Aber ich glaube nicht, dass das alles erklären würde.« Orson Welles' Meisterwerk illustriert in bemerkenswerter Weise unser Bedürfnis nach Erklärungen und unsere stets vergebliche Suche nach ihnen.

Fitzcarraldo (Regie: Werner Herzog)

Werner Herzog erzählt die Geschichte des exzentrischen Opernliebhabers Brian Sweeney »Fitzcarraldo« Fitzgerald (gespielt vom legendären Klaus Kinski), der entschlossen ist, ein Dampfschiff über einen steilen Hügel im Amazonasgebiet zu transportieren, um ein Gebiet mit reichen Gummivorkommen zu erreichen. Es ist eine Geschichte ungebremster Leidenschaft, eine Charakterstudie eines Romantikers, der alles gibt und nichts gewinnt.

Her (Regie: Spike Jonze)

Her ist ein Science-Fiction-Märchen aus dem Jahr 2014, das von einer sehr nahen Zukunft erzählt und davon, wie wir in unseren hyperverlinkten Leben nach mehr Romantik suchen, selbst wenn das bedeutet, dass wir uns in ein Betriebssystem verlieben. In einer Szene offenbart »Samantha«, das Betriebssystem, ihrem Liebhaber, dass sie sich parallel noch mit 8316 anderen Nutzern unterhalte und in 641 von ihnen sogar verliebt sei. »Ich bin dein, und ich bin nicht dein«, erklärt sie ihm in nicht sonderlich subtilem Binärcode. Für sie ist das kein Problem: »Das Herz ist keine Schachtel, die gefüllt wird; es dehnt sich aus, je mehr man liebt. Ich bin anders als du. Aber deswegen liebe ich dich nicht weniger. Ich liebe dich sogar noch mehr.«

Die Business-Romantiker-Leseliste

F. Scott Fitzgerald: *Der große Gatsby*
Fitzgeralds Klassiker ist die Charakterstudie eines Mannes, der
materiellen Wohlstand und gesellschaftlichen Einfluss anhäuft,
um die Liebe seines Lebens zurückzugewinnen. Der Roman zeigt
die Anziehungskraft und die Kehrseiten des Erfolgs, die Macht
der Illusion und die Gefahr, sich zu verlieren. Gatsbys Geschäft
ist Romantik, und seine Mittel sind die eines Hochstaplers. Am
Ende scheitert er, aber sein Traum bleibt unzerstörbar.

Julio Cortázar: *Manuscrito hallado en un bolsillo*
Diese Geschichte des legendären argentinischen Schriftstellers ist
die Mutter aller Kleinanzeigen aus der Kategorie »Habe dich da
und dort gesehen, aber nicht angesprochen …«. Cortázar erzählt
das Schicksal eines Mannes, der von der Erinnerung an eine Frau
besessen ist, die er nur einmal in der U-Bahn gesehen hat. Er verbringt den Rest seines Lebens damit, ihr nachzujagen, verfolgt
von dem Gefühl einer ewigen Sehnsucht.

Peter Drucker: *Was ist Management – Das Beste aus 50 Jahren*
Peter Drucker, der 2005 gestorben ist, wird weithin als die prä-
gende Figur der modernen Managementtheorie angesehen; vielleicht war er sogar der Erste, der Management als Kunst angesehen hat. Er prägte den Begriff vom sinngeleiteten Business, nahm
sich enthusiastisch der Bedeutung von Werten für die Wirtschaft
an und bestand als wahrer Renaissancemensch darauf, Management und Geisteswissenschaften miteinander zu verbinden. Es
mag vielleicht etwas weit hergeholt erscheinen, ihn als Business-
Romantiker anzusehen, aber sagen wir einfach, dass er ein verwandter Geist war und seine Arbeit heute noch so relevant ist wie
eh und je. Als ich Betriebswirtschaft studiert habe, war es für meine Seele immer tröstlich, Drucker zu lesen; seine Stimme klang
menschlich und warm. Er prägte den Begriff »Wissensarbeiter«

und rief das »Ende des Homo oeconomicus« aus, lange bevor andere die Risse in der Fassade der neoklassischen Theorie und einer nur profitorientierten Wirtschaft erkannten. Drucker war ein Vorbote der Möglichkeiten und der Verantwortung, die ein modernes Großunternehmen dafür hat, Gemeinschaften aufzubauen und Sinn zu schaffen.

Walter Isaacson: *Steve Jobs*

Er ist ein derart naheliegendes Beispiel, aber es wäre eine schwere Unterlassung, ihn nicht zu erwähnen: Steve Jobs, der Mitgründer und frühere Aufsichtsrats- und Vorstandschef von Apple, bleibt der klassische Business-Romantiker – kühn, schonungslos, risikobereit, immer auf der Suche nach etwas, das größer war als er selbst. Walter Isaacsons Biografie schildert seine hellen und dunklen Seiten. Der detailbesessene Jobs wusste, dass das Innenleben der Dinge, die Seele der Geräte, wichtiger war als ihre bloße Funktionalität, und sein beständiges Streben nach Schönheit und Poesie entsprang einem Wunsch danach, Technik zu humanisieren und der Markteinführung neuer Produkte ein bisschen Magie, ein bisschen Romantik zurückzugeben. Jobs war ein Mann voller Geheimnisse vom Format eines Howard Hughes und ein Meister des Spiels mit den Konzepten von An- und Abwesenheit, der sein legendäres Reality-Distortion Field, sein wirklichkeitsverzerrendes Feld, dazu benutzte, Skeptiker und Pragmatiker abzulenken. Jobs war ein Narr, der die Welt so sah, wie sie *nicht* ist, aber *sein könnte* – und er wurde ganz gewiss seinem eigenen Versprechen gerecht: »Echte Künstler liefern.«

Alain de Botton: *Freuden und Mühen der Arbeit*

Der populäre schweizerisch-britische Philosoph untersucht in zehn reportageartigen Porträts verschiedener Berufstätiger und Berufe, von einer Keksfabrik in Belgien bis zur seelenlosen Zentrale einer der größten Buchhaltungsfirmen der Welt, den modernen Arbeitsplatz als einzig verbleibenden Sinnstifter in unserer zunehmend säkularisierten westlichen Konsum- und Informationsgesellschaft. De Botton stellt fest, dass ein Job dann »sinnvoll« ist, wenn er bei anderen Leuten Freude auszulösen oder Leiden zu lindern vermag. Er weiß aber auch, dass dies nicht einfach ist: »Es sagt gewiss viel über uns aus, dass die Erwachsenen in Kinderbüchern selten, wenn überhaupt einmal, den Beruf eines Gebietsverkaufsleiters oder Gebäudetechnikers haben. Sie sind Ladenbesitzer, Maurer, Koch oder Bauer – Leute, deren Arbeit problemlos mit einer sichtbaren Verbesserung unserer Lebensbedingungen in Verbindung gebracht werden kann.«

Johann Wolfgang von Goethe: *Die Leiden des jungen Werther*
Ich wünschte, ich hätte dieses Buch gelesen. Und ich hoffe, Sie werden es tun. Es mag vielleicht peinlich sein, zuzugeben, dass ich Goethes Werk noch nicht einmal in den Händen gehalten habe, aber ich sage mir selbst, dass die Aussicht, es eines Tages zu lesen, etwas zutiefst Romantisches hat.

Herman Melville: *Moby-Dick*
Der monomane Kapitän Ahab ist von einer einzigen Mission ganz und gar ergriffen: der Jagd nach Moby-Dick, dem »großen weißen Wal«, an dem er sich dafür rächen will, dass der ihm einst das Bein genommen hat. Indem er jeder Vernunft entsagt, verliert Ahab allmählich seine Menschlichkeit, seine Fähigkeit, die Menschheit zu verstehen und Mitgefühl mit seinen Mitmenschen zu haben. Dieser große amerikanische Roman zeigt die dunkle Seite des Romantikers – die Gefahr, sich selbst in einer Jagd nach dem Transzendenten zu verlieren: »Sie ist auf keiner Karte verzeichnet. Die wahren Orte sind das nie.«

Adam Phillips: *Missing Out: In Praise of the Unlived Life*
Der ausgebildete Psychoanalytiker Phillips macht die Beobachtung, dass wir »einen großen Teil unseres gelebten Lebens damit verbringen, die Gründe dafür herauszufinden und zu benennen,

dass uns andere Leben nicht möglich waren. Und was nicht möglich war, wird allzu leicht zur Geschichte unseres Lebens.« Passenderweise enthält das Buch auch die Kapitel »Über Frustration« und »Über das Nichtkapieren«, die sich mit dem Mangel an Selbstverwirklichung, Verständnis und Unerfülltheit beschäftigen. Uns selbst zu kennen, schreibt Phillips, bedeute im Zeitalter des Konsumkapitalismus, »schlicht zu wissen, was wir haben wollen«. Er lässt uns mit einer Hoffnung zurück: Unsere Frustrationen könnten bedeutungsvollere Berührungspunkte mit der Welt sein als unsere Sehnsüchte.

Max Frisch: *Homo Faber*

Das Buch des Schweizer Autors Max Frisch erzählt die Geschichte des Ingenieurs Walter Faber, eines Mannes, der von sich sagt, er lebe, wie jeder wirkliche Mann, in seiner Arbeit. Er verkörpert die anthropologische Definition des *homo faber,* des »arbeitenden Menschen«, als Gegensatz des *homo ludens,* des »spielenden Menschen«, der durch Unterhaltung, Humor und Freizeit aufblüht. Für Faber existiert nur das Greifbare, Berechenbare, Quantifizierbare und Überprüfbare. Durch das unwahrscheinliche Zusammenwirken unkontrollierbarer Kräfte wird er allerdings plötzlich mit Emotionen konfrontiert, die seine lange gehegte rationale Weltsicht in Frage stellen. Faber trifft eine junge Frau, Sabeth, zu der er sich eigenartig hingezogen fühlt und von der er zu spät erkennt, dass sie seine Tochter ist. Hanna, Sabeths Mutter, charakterisiert treffend Fabers Technikbesessenheit »als Kniff, die Welt so einzurichten, dass wir sie nicht erleben müssen«. Als der Avatar dieser Weltsicht ist Faber gegen die Idee von Erfahrung – und größtenteils auch immun gegen sie. Noch mehr scheut er den Kontrollverlust, zu der auch die extremste Unterwerfung im Leben gehört, der Tod. Faber selbst ist sich dessen genauestens bewusst: »Die Primitiven versuchten den Tod zu annullieren, indem sie den Menschenleib abbilden – wir, indem wir den Menschenleib ersetzen. Technik statt Mystik!« Faber ist der Antiromantiker, dem erst von seinem eigenen Fleisch und Blut das Herz gebrochen werden muss, bevor er wirklich die Dimensionen zu schätzen weiß, die er aus seinem Leben verbannt hatte. Durch die Erfahrung von Intensität und Schmerz lernt er, der metaphorisch »Blinde«, zu sehen.

Leszek Kołakowski: *Lob der Inkonsequenz*

In diesem Essay aus dem Jahr 1958 preist der polnische Philosoph Leszek Kołakowski Inkonsequenz als grundlegendes Menschenrecht und beharrt auf der ihrem Wesen nach nicht quantifizierbaren Natur des Menschen. Er glaubt sogar, dass Inkonsequenz entscheidend für die moralische Integrität von Gesellschaften sei: »Die völlige Konsequenz ist praktisch gleichbedeutend mit Fanatismus, die Inkonsequenz hingegen die Quelle der Toleranz.« Daher kommt er zu dem Schluss, »dass die Menschheit nur dank der Inkonsequenz noch weiterlebt«.

Mark Edmundson: *Why Teach? In Defense of a Real Education*

Der amerikanische Englischprofessor und Autor ist einer der glühendsten Verteidiger der Geisteswissenschaften und ein genauer Beobachter der Digital Natives. Sein Argument für die Geisteswissenschaften ist ein romantisches: »Der Englischstudent liest, weil, so reich das eine Leben, das er hat, auch sein mag, ein Leben nicht genug ist.« Edmundson begreift das Unterrichten als eine Berufung, bei der die »Seelen« der Studenten auf dem Spiel stehen; als den dringenden Versuch, ihnen dabei zu helfen, neu darüber nachzudenken, wer sie sind und wer sie werden könnten. Er glaubt daran, dass große Lehrer »den Panzer der Konvention zerbrechen« und Licht auf die »anderen Aussichten des Lebens« werfen können. In Antwort auf die Erwartungen der Wirtschaft sehen viele Hochschulen – zumal in den USA, aber nicht nur dort – ihre höchste Mission zunehmend darin, die »Beschäftigungsfähigkeit« ihrer Absolventen sicherzustellen. Wenn aber der Unterricht zur Ausbildung wird und Seminare zu

»Inkubatoren«, dann wird sich die lebensverändernde und -stärkende Erfahrung, die Edmundson sich von Bildungsinstitutionen erwartet, in nichts auflösen, und es könnte passieren, dass die Hochschulen am Ende einen kybernetischen Lebensstil propagieren – in dem man so sehr zur Maschine wird, wie es geht.

David Foster Wallace, *Ansprache zur Graduierungsfeier, Kenyon College, 2005*
Die inzwischen legendäre Rede des früh verstorbenen Schriftstellers über den Wert und die Vorzüge einer geisteswissenschaftlichen Bildung wurde durch eine später erschienene Videoversion mit dem Titel »Das hier ist Wasser« populär. Sie erinnert leidenschaftlich und hellsichtig an die schmerzhafte Schönheit eines normalen Lebens – und an das Mitgefühl, das es voraussetzt: »Die wirklich wichtige Freiheit erfordert Aufmerksamkeit und Offenheit und Disziplin und Mühe und die Empathie, andere Menschen wirklich ernst zu nehmen und Opfer für sie zu bringen, wieder und wieder, auf unendlich verschiedene Weisen, völlig unsexy, Tag für Tag.« Das hat »nichts mit Noten oder Abschlüssen zu tun«, behauptet er, und »alles mit schlichter Offenheit«.

Leslie Jamison: *In Defense of Saccharin(e)*
Leslie Jamisons Essay seziert die Sentimentalität, unsere »süßeste Angst«. Eigentlich untersucht sie ihre eigene Angst vor der Sentimentalität – dem »Luxus, eine Emotion zu haben, ohne für sie zu bezahlen« (Oscar Wilde) –, in der die Erkenntnis lauert, dass ein Leben ohne »Saccharin« womöglich nicht so süß wäre, wie man es sich eigentlich wünscht. Jamison zeigt, dass unsere Angst vor der Banalität des Kitsches in Wahrheit die Angst vor unserer eigenen Banalität ist – unsere Befürchtung, dass wir uns im Grunde überhaupt nicht voneinander unterscheiden, sondern vielmehr, wie Pawlowsche Hunde, alle dieselben universellen Gefühle empfinden. Und doch hält Jamison, während sie sich mit der Welt künstlicher Süßstoffe, mit Honigmonden und Flitter-

wochen, Caffè Latte mit »zu viel Sahne«, Kosenamen wie »Süße« oder »Honey«, kitschigen Romanzen und anderen Schnulzen beschäftigt, unbeirrt an dem Glauben fest, »dass in jedem einzelnen Honigtropfen selbst etwas Tiefgründiges steckt«.

William Deresiewicz, *Ansprache zur Graduierungsfeier, West Point Academy, US-Militärakademie in West Point, 2009*
Die Absolventen des Jahrgangs 2009 an der Eliteakademie des US-Militärs müssen überrascht gewesen sein, als sie von den Themen ihres Gastredners erfahren haben: »Einsamkeit und Führung« bilden ein ungewöhnliches Paar, besonders im Kontext militärischer Führung. Deresiewicz nimmt sein Publikum mit auf eine Reise ins »Herz der Dunkelheit« und erklärt ihm, warum die Fähigkeit, alleine zu denken, für jeden Anführer entscheidend ist. Er weist auf eine »Führungskrise« hin und beklagt in ihr eine Krise des Denkens – ja, einen Mangel an Denkern: »Menschen, die für sich selbst denken können. Menschen, die eine neue Richtung formulieren können: für das Land, für ein Unternehmen oder ein College, für die Army – eine neue Art und Weise, die Dinge zu machen, eine neue Art und Weise, Dinge zu betrachten. Mit anderen Worten, Menschen mit *Visionen*.« Diese Visionen entstehen nicht dadurch, dass man sich ständig in Informationen eingräbt. Sie entstehen, so führt Deresiewicz aus, durch echtes Nachdenken, durch Verlangsamung. Ein Denker ist jemand, für den das Denken schwieriger ist als für andere Leute, behauptet er, und paraphrasiert damit eine Zeile von Thomas Mann, der das so ähnlich für Schriftsteller erklärt hat.

George Saunders, *Ansprache zum Beginn des Studienjahrs an der Syracuse University, 2013*
In dieser so witzigen wie von Herzen kommenden Rede spricht der Schriftsteller George Saunders über das Konzept des Erfolgs und gibt zu, dass das, was er im Leben am meisten bedauert, Fälle von »gescheiterter Güte« sind. Der Grund dafür ist einfach: »An

wen in Ihrem Leben denken Sie am liebsten zurück, mit dem unbestreitbarsten Gefühl von Wärme? An diejenigen, die am gütigsten zu Ihnen waren, wette ich.« Für Saunders ist die Idee eines guten Lebens synonym mit einer weiter gefassten Form von Freundlichkeit: Manche würden sie auch Liebe nennen. Die meisten Menschen, so behauptet er, werden weniger selbstsüchtig und lieben mehr, je älter sie werden, und werden schließlich »durch LIEBE ersetzt«. Er zitiert den Lyriker Hayden Carruth, der gegen Ende seines Lebens in einem Gedicht schrieb, er sei »jetzt fast gänzlich Liebe«.

Die Business-Romantiker-Reiseziele

Burning Man, Black Rock Desert, Nevada

Jedes Jahr machen sich mehr als 50 000 Menschen – auch »Burner« genannt – auf eine Pilgerfahrt in die Black-Rock-Wüste in Nevada, um eine Woche lang ein Experiment in radikaler Selbstverwirklichung, Selbständigkeit und Kunst zu leben. Burning Man ist der massenhafte Ausdruck der Schenkökonomie und ein dionysischer Akt der Transformation. Er erreicht seinen Höhepunkt mit der rituellen Verbrennung einer riesigen hölzernen Puppe. Zu den zehn Prinzipien des Burning Man zählen unter anderem Geben, Entkommodifizierung und Unmittelbarkeit; Business-Romantiker finden in fast allen von ihnen Gemeinsamkeiten.

MLove, südlich von Berlin und Monterey, Kalifornien

Das von Harald Neidhardt im Jahr 2009 ins Leben gerufene MLove ConFestival, das jährlich in einem Schloss südlich von Berlin und im kalifornischen Monterey veranstaltet wird, bietet einer bunt zusammengewürfelten Gemeinschaft von Business-Köpfen aus den Technologie-, Medien- und Unterhaltungsbranchen ein intimes Forum für regen Austausch. Das Festival hat im

Laufe der Jahre seinen Fokus Stück für Stück von »M-obile« auf »M-eaning«, auf die Sinnsuche, verlagert, und die Redner und Gäste schaffen es durchgängig, die Kluft zwischen praktischen Businessthemen und großen philosophischen Fragen zu überbrücken. MLove ist eine Mischung aus Lagerfeuer, Lernerfahrung, Hochzeitsparty und Business-Konferenz: romantisch und pragmatisch zugleich – das Event für Business-Romantiker par excellence.

How the Light Gets In, Hay-on-Wye, Wales

Das größte Philosophie- und Musikfestival der Welt findet in der »Stadt der Bücher« statt: Hay-on-Wye in Wales. Philosophen, Schriftsteller, Dichter, Künstler und ein paar versprengte Führungskräfte aus der Wirtschaft diskutieren tagsüber Themen wie »Warum gibt es etwas und nicht nichts?«, »Auf der Suche nach der verlorenen Zeit« und »Die Grenzen der Logik« und tanzen dann nachts ihre großen Ideen und tiefschürfenden Gedanken auf lustigen Partys hinweg. 2014 ging es bei einer Podiumsdiskussion um das Für und Wider des romantischen Liebesideals: »Würden wir vielleicht erfülltere Leben führen, wenn wir aufhörten, diesem romantischen Ideal nachzujagen, oder bietet es uns noch immer die aufregendsten Abenteuer unseres Lebens?« Man kann sich nur schwer vorstellen, dass sich irgendwer auf dieser Zusammenkunft der ersteren Position anschließen würde.

Griffith Park Observatorium, Hollywood

Dieses jüngst neueröffnete Observatorium, nur einen Spaziergang vom geschäftigen Hollywood entfernt, wurde durch Nicholas Rays Filmklassiker *Denn sie wissen nicht, was sie tun* berühmt. Es bietet eine atemberaubende Aussicht auf Los Angeles, von Downtown bis zum Pazifik. Es ist nicht leicht, im Siedlungsbrei von L. A. Erhabenheit zu finden, aber dort oben auf der Plattform steht man über all der Geschäftemacherei. Wenn Sie es bis dorthin schaffen, dann schaffen Sie es überall hin.

Camp-Nou-Stadion, Barcelona

Ein Fußballspiel in diesem hunderttausend Menschen fassenden Stadion, der Heimspielstätte des FC Barcelona, zu sehen ist wie ein Besuch in der Oper. Vor jedem Spiel stimmt die Menge die Barça-Hymne an, und nach siebzehn gespielten Minuten und vierzehn Sekunden fangen die Fans an, »Unabhängigkeit!« zu rufen, eine Anspielung auf das Ende der katalanischen Unabhängigkeit im Jahr 1714. Im Gegensatz zu anderen Fußballkathedralen ist es im Stadion allerdings meist nicht sehr laut; es herrscht eine gewisse Form von Abgeklärtheit auf den Tribünen. Dies ist kein Amüsement, dies ist Kunst. Die Connaisseure zollen gelegentlich einem besonders eleganten Pass Beifall, aber die meiste Zeit lehnen sie sich einfach zurück und genießen das Spektakel, das sich entfaltet. Wie die meisten Romantiker arbeiten die Barça-Spieler hart, aber ihre Anstrengungen wirken nie bemüht.

Schloss Neuschwanstein, Schwangau

Dieses Reiseziel mag Ihnen wie ein Klischee vorkommen, und ja, es wird mit an Sicherheit grenzender Wahrscheinlichkeit völlig überlaufen sein. Aber Ludwig II. bleibt der herausragende Romantiker der europäischen Geschichte, der seine grandiosen Visionen von einer Welt, die größer war als seine eigene, in den schönsten Landschaften seines Königreichs umgesetzt hat. Die (hinter den Fassaden hochmodernen) Schlösser des »Märchenkönigs« galten seinen Mitmenschen als nutzlos und aus der Zeit gefallen – ihn selbst erklärten seine Minister erst zum Verschwender und dann für verrückt. Der nächste Ludwig auf dem Thron, sein Cousin, Sohn des Prinzregenten Luitpold, war das genaue Gegenteil. Ein Mann mit wirtschaftlichem Verständnis; heute würde man sagen, ein Standortpolitiker – ein sparsamer Zahlenfresser, der für die Schönheit des Unvernünftigen nichts übrighatte. Nie hatte Bayern einen fachlich so gut präparierten König. Aber Ludwig III. blieb unbeliebt, bis ihn die Revolution vom Thron vertrieb, und ist heute längst und zu Recht vergessen.

313

Ludwig II. hingegen bleibt für alle Zeiten der Kini der Herzen. Und die in die Schönheit Neuschwansteins, Linderhofs und Herrenchiemsees investierten Gelder, die haben sich für die Bayern natürlich längst amortisiert.

Die Business-Romantiker-To-do-Liste

Outen Sie sich als Business-Romantiker

Wenn Sie das Gefühl haben, dass Ihr Arbeitsplatz der ganzen Bandbreite Ihrer spirituellen, emotionalen und intellektuellen Bedürfnisse nicht genug Platz bietet, dann ist es an der Zeit für Ihr Coming-out als Business-Romantiker. Es ist entscheidend, dass Sie nicht einfach nur »beichten« (beginnen Sie das Gespräch zum Beispiel nicht mit der Feststellung, Sie fänden Ihren Arbeitsplatz oder eine Marke nicht »romantisch genug«; verzichten Sie auch darauf, Ihren Boss zu einem Dinner bei Kerzenlicht einzuladen). Sie können damit anfangen, dass Sie subtile Signale senden: Spielen Sie Ihre Lieblingsmusik (oder Titel von der weiter oben abgedruckten Business-Romantiker-Playlist) über die Bürolautsprecher. Überraschen Sie Ihre Kollegen und Freunde mit einer Referenz auf einen romantischen Schriftsteller oder Film. Erzählen Sie ihnen von einem Moment bei der Arbeit oder einem Erlebnis als Kunde – und sei es auch noch so klein und flüchtig –, das Ihnen viel bedeutet hat. Oh, und natürlich können Sie einfach ein Exemplar dieses Buchs auf jemandes Schreibtisch liegenlassen. Eines Tages wird der Empfänger mit einem anerkennenden Lächeln auf Sie zukommen: »Ich wusste es!«

Erkennen Sie andere Business-Romantiker

Suchen Sie nach den subtilen, oft nonverbalen Hinweisen. Ein erklärtes Interesse an Kunst ist meist ein gutes Zeichen. Großzügigkeit und Leidenschaften jenseits der Arbeit sind es auch. Vielleicht fallen Ihnen auch eine Aura der Geheimniskrämerei, unvernünftiges Benehmen, übertriebenes Detailbewusstsein und andere Merkwürdigkeiten auf. Wenn Sie sicher sind, dass Sie einen gleichgesinnten Business-Romantiker gefunden haben, sagen Sie nichts. Es wird sich alles ergeben.

Treffen Sie sich mit einem anderen Business-Romantiker
Wenn Sie erst mal ihr Coming-out als Business-Romantiker hatten und andere Business-Romantiker innerhalb oder außerhalb Ihrer Firma identifiziert haben, sollte Ihnen das hier leichtfallen. Sie haben viel zu bereden. Sorgen Sie nur dafür, dass Sie nicht zu viel erzählen und den Nimbus des Geheimnisvollen wahren. Gebrochene Herzen bleiben schön im Schrank. Niemand will von Ihren früheren Business-Beziehungen oder Affären hören. Vertrauen baut man vielleicht durch ein Portfolio auf, Verbundenheit nicht. Es geht nicht um das, was Sie gemacht haben, sondern um das, was Sie zusammen unternehmen wollen.

Treffen Sie sich mit einem Business-Zyniker
Dieser Instruktion zu folgen ist schwieriger, weil viele Zyniker heimliche Romantiker sind. Also vergewissern Sie sich doppelt und dreifach und nehmen Sie Ihre Due Diligence vor, bevor Sie ihn ansprechen. Wenn Sie sicher sind, dass Ihre Verabredung ein echter Zyniker ist, beginnt der Spaß. Wärmen Sie ihn beim Abendessen mit persönlichen Anekdoten auf, und schocken Sie ihn dann mit ein paar Gedichten, bevor Sie ihm ein Geheimnis anvertrauen, das Sie noch nie mit jemandem geteilt haben. Das sollte das Eis brechen. Fragen Sie Ihre Verabredung nach dem Moment seines Lebens, in dem er sich am lebendigsten gefühlt hat. Fragen Sie ihn, wovor er Angst hat und warum. Und dann hören Sie einfach nur zu.

Tun Sie so, als wären Sie ein Business-Romantiker
Sie wollen für einen Tag ein Superheld sein? Seien Sie ein Business-Romantiker! Schlüpfen Sie in die Schuhe und die Psyche

Ihres Alter Egos, machen Sie sich die Zauberregeln des Business-Romantikers zu eigen, und wenden Sie sie an – nur zum Spaß. Nur eine Woche lang oder sogar nur einen Tag lang. Seien Sie ein Eremit, ein Rebell, ein Querdenker, ein Poet. Seien Sie sich selbst ein Fremder! Masken verwandeln uns. Und ja: Sie können so lange so tun, als ob, bis Sie es sind!

Beginnen Sie ein Geheimprojekt (ohne Grund)

Setzen Sie ein Meeting an, vorzugsweise außerhalb des Büros, und laden Sie eine kleine Gruppe von Kollegen ein. Verraten Sie ihnen nicht den Grund für das Meeting, und selbst wenn Sie sich schließlich treffen, tun Sie nicht so, als gäbe es einen. Sagen Sie ihnen einfach, dass Sie gerne mit ihnen bei einem Projekt zusammenarbeiten würden, das »Mehrwert für die Firma schafft und das Geschäft weiterentwickeln wird«. Und dann verbringen Sie das ganze Auftaktmeeting damit, gemeinsam herauszufinden, was das sein könnte. Es ist ein bisschen wie in Luigi Pirandellos Theaterstück *Sechs Personen suchen einen Autor,* nur dass Sie in diesem Fall ein Projekt suchen. Easy!

Verwenden Sie die Business-Romantiker-Stellenanzeige

Fügen Sie schrittweise Elemente der Beschreibung des Business-Romantikers in jede neue Stellenanzeige ein. Benutzen Sie die Business-Romantiker-Stellenanzeige, um Bewerber für jeden beliebigen Posten zu finden. Stellen Sie schließlich einen Vollzeit-Business-Romantiker ein – und dann ein ganzes Business-Romantiker-Team.

Laden Sie zu einem Business-Romantiker-Dinner

Ein Abendessen ist der passendste und angemessenste Weg, mit anderen Business-Romantikern in Kontakt zu kommen. Es muss kein ausgewachsenes Candle-Light-Dinner sein, aber ein privates Ambiente in schwach beleuchteten und stillen Räumen hilft sicherlich. Begrenzen Sie die Einladung auf fünfzehn Gäste oder weniger. Es ist sehr schwierig, wenn nicht sogar unmöglich, intime Gespräche zu führen – und das ist schließlich das, was Sie wollen –, wenn mehr als fünfzehn Menschen an einem Tisch sitzen. Laden Sie eine vielfältige Mischung von Menschen ein (Sie wollen zum Beispiel nicht nur Leute haben, die das »Gespräch an sich ziehen«, aber ein paar von denen brauchen Sie bestimmt, um alles in Gang zu bringen). Verschicken Sie gedruckte Einladungen (die geben Ihren Gästen das Gefühl, etwas Besonderes zu sein, und machen Sie klar, dass sie für ihr Nichterscheinen mit lebenslangen Schuldgefühlen bezahlen), und wählen Sie ein Thema, das direkt oder indirekt mit Business-Romantik zu tun hat. Entwerfen Sie eine Sitzordnung. Es gehört zu Ihrer Rolle als Gastgeber sicherzustellen, dass alle Eingeladenen sich in guter Gesellschaft befinden. Sie vertrauen darauf, dass Sie den richtigen Sitznachbarn für sie finden, also scheuen Sie sich nicht vor dieser Verantwortung. Schenken Sie allen Ihre Aufmerksamkeit. Bringen Sie Ihre Gäste zum Lächeln, egal wie ernst das Thema ist. Viel Spaß!

Laden Sie zu einem Mittagessen des Business-Romantiker-Teams mit Ihren Mitarbeitern, Partnern oder Kunden

Planen Sie kleine Mittagessen, bei denen ein Business-Romantik-Thema diskutiert wird, und laden Sie eine kleine Gruppe von Kollegen, Partnern oder Kunden dazu ein. Halten Sie es persönlich, und stellen Sie konkrete Fragen, zum Beispiel: »Was war der romantischste Augenblick Ihres Lebens und warum? Was kann unsere Firma daraus lernen?« Diskutieren Sie, was es heißt, eine romantische Beziehung zur Arbeit oder zu einer Marke zu haben. Verschicken Sie im Anschluss eine handgeschriebene Notiz. Machen Sie es wieder.

Widmen Sie sich den großen Fragen

Wollen wir in einer Gesellschaft der Business-Romantiker leben? Wie unterscheidet die sich von einer romantischen Gesellschaft?

Wie groß und wie inklusiv soll diese Gesellschaft sein? Wie viel Romantik kann eine wirtschaftlich erfolgreiche Gesellschaft vertragen? Wie gestaltet man (für) eine romantische Gesellschaft und ihre Teile (Wohnhäuser, Campus, Städte und Arbeitsplätze)? Welche Politik unterstützt und prägt eine romantischere Bürgerschaft? Und welche Politik würde sie ersticken? Können Sie sich romantische Gesetze und Regierungen vorstellen? Wie sieht eine Business-Romantiker-Stadt aus? Wie eine stereotype romantische Stadt – Rom, Paris? Oder eher wie Dakar, Bogotá, Detroit oder Hannover? Ist Romantik – Business-Romantik? – in Vororten, Kleinstädten und sogar auf dem Land möglich? Solche und andere Fragen sind die perfekten Themen für Business-Romantiker-Essen oder ähnliche Veranstaltungen.

Führen Sie ein Tagebuch der Marken, die Ihren Tag besser gemacht haben

Vom Lächeln des Starbucks-Baristas am Morgen über den superreibungslosen Check-in beim Lufthansa-Flug bis hin zu der Volkswagen-Werbung, die Sie abends im Wohnzimmer zum Lachen bringt – erweisen Sie jenen Produkten und Dienstleistungen Ihren Respekt, die Ihnen das Gefühl geben, dass Sie mehr wollen.

Feiern Sie, was Sie in diesem Jahr nicht erreicht haben

Verkünden Sie es bei der Weihnachtsfeier Ihrer Firma und stoßen Sie darauf an.

Schmuggeln Sie ein romantisches Element in ganz normale Geschäftspublikationen ein

Das kann ein visuelles Motiv sein, eine Zeile aus einem Gedicht oder einfach eine Sprache, die Räume für Uneindeutigkeit und für Geheimnisse dort eröffnet, wo man es am wenigsten erwarten würde. Geschäftsberichte sind die passenden Medien dafür, genauso wie Werbeprospekte und Vertriebsbroschüren.

Erstellen Sie eine Liste Ihrer heimlichen Lieben

Bewahren Sie sie an einem sicheren Ort auf. Sagen Sie kein Wort. Niemals. Zu. Niemandem.

Laden Sie jemanden, mit dem Sie Geschäfte machen wollen, dazu ein, sich jedes Jahr am 1. April (an einem unbekannten Ort) zu treffen

Hier haben wir es mit einem klassischen romantischen Format zu tun, das in jüngerer Zeit durch Filme wie *Before Sunset* oder *Zwei an einem Tag* (der auf dem gleichnamigen Bestseller basiert) wieder beliebt geworden ist. Das Datum des 1. April macht alles nur noch spannender. Wird der andere wirklich erscheinen (wieder und wieder)?

Vergeben Sie den Business-Romantiker-Preis

Laden Sie Ihre Kollegen zu einer Zeremonie ein, bei der Sie dem größten Business-Romantiker in Ihrer Firma einen Preis verleihen – einmal jährlich, in jedem Quartal oder vielleicht sogar monatlich.

Schreiben Sie sich in der Business-Romantiker-Hochschule ein – oder gründen Sie eine!

Die Business-Romantiker-Hochschule ist eine Universität für Studenten, für die das Lernen (Selbst-)Erkenntnis und nicht Selbstverbesserung sein soll. Sie vertritt in ihrer Lehre einen romantischen Ansatz und fördert kritisches Nachfragen und Rebellion anstelle von Ehrgeiz und Konformität. Sie konfrontiert einen mit den Tiefpunkten und den Höhepunkten, den ganz privaten und den ganz öffentlichen Aspekten des Business. Sorgfältig ausgewählte Reibungserfahrungen ersetzen online und offline das reibungslose Lernen. Die Hochschule hat keinen festen Ort, keinen Dekan und nur Gastprofessoren. Studenten sind Lehrer, und Lehrer sind Studenten. Jeder von ihnen teilt mit den anderen Geschichten aus seiner Karriere, folgenreiche Augenblicke, romantische Erlebnisse, Tipps und Tricks, Haken und Ösen, Dos und Don'ts, Siege und Niederlagen, Momente von Verletzlichkeit, Ausdrucksfähigkeit, Freundschaft und Liebe. Die »Kurse« können am abendlichen Essenstisch stattfinden, auf Exkursionen oder bei »Blind Dates« mit anderen Romantikern.

Die Hochschule bringt Ihnen die Vorteile von Undurchsichtigkeit, Geheimnissen und Geheimhaltung bei und zeigt Ihnen, wie Sie durch permanente Unerfülltheit eine erfüllende Karriere aufbauen. An einem Abend werden Sie einen Antonioni-Film sehen, der »die Bedingungen des modernen Lebens in Gestalt des Business beleuchtet«. An einem anderen Abend werden Sie lernen, wie man Projekte, Anstellungsverhältnisse und Beziehungen mit Anstand und Demut beendet. Sie werden sich in Großzügigkeit üben und Zeit in die Güte fremder Menschen investieren. Sie werden lernen, die versteckten Kosten des unromantischen Business zu erkennen und die versteckten Schätze des romantischen Business besser zu würdigen. Sie werden mehr Zeit darauf verwenden, einen geheimen Plan B zu entwickeln, als sie in den naheliegenden Plan A zu stecken, und Sie werden lernen, sich an Momenten der Sinnerfülltheit und Schönheit zu erfreuen, ohne sie monetarisieren zu müssen. Sie werden wieder lernen, handgeschriebene Briefe und aufrichtig gemeinte Memos zu verfassen und zwischen den Zeilen des Firmenjargons zu lesen. Sie werden Kundenforschung durchführen und die Ergebnisse in Museen ausstellen, die Sie Ihren Testpersonen widmen. Sie werden sich auf den ersten und den letzten Tag im Job vorbereiten. Sie werden lernen, unvernünftig und in einem vernünftigen Maße verrückt zu sein. Sie werden Ihre Schwachpunkte entdecken und begreifen, wie Sie sich ihretwegen verlieben und entlieben. Sie werden sich in der Kunst des Nichtstuns üben, indem Sie einfach still sitzen. Sie werden all die Sachen lernen, die Sie in traditionellen BWL-Seminaren nicht lernen, die aber entscheidend sind, um ein reichhaltigeres, bedeutungsvolleres, romantischeres Leben im Business zu führen; all die Dinge, die nicht in Ihrem Lebenslauf aufgeführt sind, aber Ihnen die Möglichkeit bieten, ein zweites, ein reicheres Leben im Business zu führen.

Werden Sie Mitglied der Business-Romantiker-Gesellschaft

Die Business-Romantiker-Gesellschaft ist keine formelle Organisation – sie ist ein geheimes Netzwerk gleichgesinnter Personen auf der ganzen Welt, die sich immer wieder treffen, zu Business-Romantiker-Abendessen zusammenkommen, »Liebesgeschichten« austauschen und Best Practices diskutieren. Es wird eine jährliche Exkursion geben. Sie brauchen aber eine Einladung. Sie erreichen mich unter tim@thebusinessromantic.com. Schicken Sie mir eine E-Mail.

Danksagung

Mein liebster Augenblick im Kino ist der letzte Moment, wenn die Leinwand dunkel wird und zu den Klängen der Schlussmusik der Abspann durchrollt. Das Publikum sitzt mit noch leuchtenden Augen da. Noch ist das Licht ausgeschaltet, und nachdem alle so lange still waren, erlauben sie es sich langsam, wieder zu sprechen, während ihnen allmählich bewusst wird, was sie gerade gesehen haben. Ich entscheide oft erst in diesem Moment, ob mir der Film gefallen hat oder nicht. Wenn alles vorbei ist, kann man leichter romantisieren.

Hier also kommt mein Abspann, der Moment, auf den ich gewartet habe. Als Berufstätige, Verbraucher und Bürger – wer weiß, vielleicht würde es uns ja guttun, jedes Projekt, jede Amtszeit, jede Lebensaufgabe mit einem ersten Entwurf von Danksagungen zu beginnen und über die Frage nachzudenken »Wem würdest du am Ende für was danken wollen, und warum?« anstatt »Was würdest du gerne erreicht haben?«. Das würde uns helfen, demütiger zu werden und unsere eigene Position in der Welt realistisch zu beurteilen. Und es würde zeigen, dass das soziale Kapital, das in jeder gemeinsamen Arbeitsanstrengung generiert wird, die höchste Investitionsrendite ist; dass es ums Kennenlernen, nicht um Ausbeutung geht – um die Art von »teilnahmsvollem Austausch«, von der der Ökonom Robert C. Solomon gesprochen hat. Das ist das eigentliche Thema dieses Buchs – jedes Buchs –, das war es von Anfang an: ein aus sich selbst heraus romantisches Unternehmen, der lebende Beweis dafür, dass wahre Romantik unter den Bedingungen der Marktgesellschaft möglich ist.

Es ist schön zu wissen, dass man nicht alleine ist. Ich nehme an, dass es längst zum Klischee geworden ist, zu sagen, dass jedes Buch eine Teamleistung ist. Es stimmt aber trotzdem. Das ist eines der vielen Dinge, die mir das Projekt beigebracht und für mich spürbar gemacht hat. *Business-Romantiker* war anfangs wie ein Techtelmechtel – ein Business-Romantiker-Start-up, zerbrechlich, unstet und wie alle romantischen Bestrebungen extrem verletzlich. Aber mit jeder neuen Zusammenarbeit entwickelte es sich zu etwas Größerem: zur *Business-Romantiker-Gesellschaft,* einem – gar nicht mal so geheimen – Stamm, einem Kollektiv verwandter Geister.

Alles fing mit einem Essay an, den ich im Jahr 2009 für eine Zeitschrift über die neue »Bedeutungsökonomie« und über Unternehmen als »Sinnfabriken« geschrieben habe. Ich brauchte aber ein paar weitere Jahre und die Hilfe von Priya Parker, um zu verstehen, dass dieses Thema mehr war als eine private Leidenschaft: Es war die Sache, für die es sich für mich zu kämpfen lohnte. Ich begegnete Priya bei einem Abendessen in New York im Jahr 2012, und durch die zwei Visioning Labs, die sie mit mir im Sommer jenes Jahres veranstaltete, verfestigte sich die Idee für das Buch.

Priya konzipierte auch ein sogenanntes Inner Circle Lab in München im Januar 2013, bei dem ich mein Urkonzept für das Buch einer kleinen Gruppe anderer Autoren und Freunde vorstellte, die ich inoffiziell und ziemlich prätentiös The Meaning Crew getauft hatte: Markus Albers, Gianfranco Chicco, Alexa Clay, Maggie De Pree, Malvina Goldfeld, John Havens, Andrian Kreye, Alan Moore, Ximo Peris, Navi Radjou und Sagarika Sundaram. Ich danke Euch dafür, dass Ihr von Anfang bis Ende dabei wart, für Eure großartige Hilfe und Unterstützung, für Eure ehrliche Kritik und Eure Ideen. Und vielen Dank, Priya, dafür, dass Du uns den Raum eröffnet hast, dafür, dass Du meine Mentorin und Wegbegleiterin warst.

Außerdem möchte ich danken:

Seth Matlins für seine großzügige Einführung in ein geheimes Netzwerk von Business-Romantikern.

Ernest Beck für seine liebevolle Strenge beim Redigieren.

Bruno Giussani, Liba Rubenstein, Angie Lee, Meghan O'Rourke,

Jerri Chou, Chris Muscarella, June Cohen, Mark Barden, Kevin McSpadden, Tex Drieschner, David Naylor, Joseph Newfield, Liz Kelly, Emily Chong, Evan Selinger, Laura Gamse, Kal Patel, Liz Maw, Brian Behlendorf, Axelle Tessandier, Erica Williams, Niels Harper, Amy Lazarus, Matt Lerner, Harald Neidhardt, Rimjhim Dey, Christian Madsbjerg, Laura Galloway, George Bennett, Elyssa Dole, Kevin O'Malley, Christie Dames, Anand Ghiridharadas, Ansgar Oberholz, Nora Abousteit, Morgan Spurlock und Dev Patnaik dafür, dass Ihr mich auf die richtigen Leute aufmerksam gemacht, Eure Geschichten mit mir geteilt und meine groben Vorstellungen mit mir weiterentwickelt habt.

Gianpiero Petriglieri und David Kim dafür, dass Ihr mich dazu gebracht habt, meine Meinung zu ändern.

Den Mitgliedern des WEF Values Council dafür, dass sie mein Denken geformt und viele Debatten über die Rolle der Wirtschaft in der Gesellschaft mit mir geführt haben, insbesondere Jim Wallis, Stewart Wallis, Michael Gerson, Daniel Malan, Michèle Mischler und Daniel Shapiro.

Meinen guten alten deutschen Freunden Julian de Grahl, Benjamin Schlez (eines Tages produzieren wir unsere eigene Song-Sammlung), Matthias Braun, Jakob Hesler, Lars Precht, Saskia Rettig, Sascha Seifert, Nicole Ackermann, Carmen »Citi« Stephan, Martin Zünkeler und Stephan Trüby dafür, dass Ihr mit mir gespielt, mir zugehört und mir Euren Rat erteilt habt, wenn es darauf ankam.

Wolfram Knöringer dafür, dass er so ein Fan ist – dieses Projekts und des Lebens im Allgemeinen.

Till Grusche für all die Ermunterungen und die Unterstützung; und für die vielen großartigen Momente bei Frog Design, bei Martha's, auf Konferenzen, TED Salons und in Absturzkneipen, im Fußballstadion, auf dem Tennisplatz und darüber hinaus.

Doreen Lorenzo dafür, dass sie lange Jahre meine unerschrockene Chefin war und mir erlaubt hat, mich an dieses Projekt zu machen. Meine ehemaligen Mit-Frogs: Jan Chipchase, Ravi

Chhatpar, Sally Dang, Robert Fabricant, Jaleen Francois, Mark Gauger, Eric Hummel, Cyrus Ikpachi, Marie Lozano, Chloe Ng, Adam Richardson, Mark Rolston, Fabio Sergio, Kate Swann, Christian Schluender und die vielen anderen, die mir geholfen haben, im Teich zu schwimmen.

Allen bei NBBJ, insbesondere dem fabelhaften Marketing-Team und Kay Compton, Jennifer Chobo, Rich Dallam, Helen Dimoff, Jay Halleran, Michael Kreis, Steve McConnell, Robert Mankin, Ryan Mullenix, Meghan Novak, John Pangrazio, Thurston Roach, Joan Saba, Tom Sieniewicz, Mackenzie Skene, Andy Snyder, Sally Suh, Jonathan Ward, Kim Way und Scott Wyatt für ihre Kollegialität, Unterstützung und Inspiration.

Melanie von Marschalck, Nadine Oberhuber, Jana Gioia Baurmann, Julia Mooney und Daniel Haas für den Flirt mit dem deutschen Material.

Darius Ramazani für die Bilder aus frühen Jahren und Beowulf Sheehan für die romantischen Fotos und einen perfekten Tag in San Francisco.

Megan Lynch für die Arbeit als Artdirector und für das Design auf allen Kanälen.

Kolina Cicero, Bessie Weiss, Mark Fortier und Norbert Beatty von Fortier PR in New York sowie Claus-Martin Carlsberg und Kollegen von der CR-Agentur für die überaus romantische Buchkampagne.

Zoe Bohm, meiner Lektorin bei Little, Brown in Großbritannien, Robert Kirby von United Agents in Großbritannien und Petra Eggers, meiner Literaturagentin in Deutschland, für ihre Begeisterung und ihre Unterstützung.

Sarah Levitt von The Zoë Pagnamenta Agency für E-Mails, die mir stets den Tag gerettet haben. Und ein riesiges Dankeschön an Zoë Pagnamenta dafür, dass sie mir eine Chance gegeben hat und durch den ganzen Prozess hindurch eine so ehrliche Ratgeberin war. Ich hätte mir keine engagiertere Literaturagentin wünschen können.

Dasselbe gilt für Hollis Heimbouch, meine Verlegerin und Lektorin bei HarperCollins in den USA: Liebe Hollis, vielen Dank dafür, dass Du das Buch so gesehen hast, wie Du es getan hast (selbst als es noch nicht viel zu sehen gab), und mir, ganz buchstäblich, Zeile für Zeile, von Anfang bis Ende zur Seite gestanden hast.

Ich bin auch dem fantastischen Team bei HarperCollins sehr dankbar: Eric Meyers, Lydia Weaver, Stephanie Cooper, Steven Boriack und William Ruoto.

Ann Marie Healy, meiner Redakteurin und Schreibpartnerin der englischen Version: Mensch, hatte ich ein Glück. Du konntest zaubern und immer ein Karnickel aus dem Hut ziehen, wenn ich eines brauchte (und ich brauchte es oft). Du hast die Dinge in Form gebracht, bliebst immer gefasst und ruhig. Danke dafür, dass Du durch meine vielen Fehl- und Neustarts, meine Anfänge und Schlüsse hindurch bei mir warst und die Arbeit an dem Teil dazwischen so unterhaltsam gemacht hast. Danke, dass Du mit mir über den Ozean gesegelt bist.

Ganz herzlichen Dank auch an Niklas Hofmann für die exzellente Übertragung ins Deutsche, die weit über eine reine Übersetzung hinausging und den Business Romantic zum Business-Romantiker werden ließ.

Und schließlich ein Riesen-Dankeschön an Margit Ketterle, Verlagsleiterin Sachbuch bei Droemer Knaur, und Thomas Tilcher, meinen Lektor, für Ihren Glauben an und Ihre Leidenschaft für dieses Buch und die fantastische Zusammenarbeit trotz oft fehlender Umlaute und Bindestriche in meinen nächtlichen E-Mails aus San Francisco. Mein besonderer Dank gilt auch dem gesamten Droemer-Team: Esther von Bruchhausen, Christina Schneider und Harriet von Stauffenberg.

Danke auch meinen Schwiegereltern, Charlie und Blair Moser, dafür, dass sie mich in ihrer Familie willkommen geheißen haben. Blair dafür, dass sie die schärfste Korrekturleserin war, die ich mir nur hätte wünschen können (wobei es mich überrascht hat, dass ihre Kommentare viel stärker nach Milton Friedman klangen, als ich es von einer Autorin aus San Francisco erwartet hätte).

Frank Leberecht dafür, dass er streng redigiert hat, mich immer zur Ehrlichkeit angehalten und ab und zu meine Bluffs durchschaut hat (wie man es von einem kleinen Bruder erwarten würde).

Meiner Mutter Edith. Ich vermisse Dich. Meinem Vater Volker, der die Reise(n) fortsetzt. Du hast mich damals mit meinem einen Koffer zum Stuttgarter Flughafen gebracht für den Flug nach L.A. und immer wieder von überall abgeholt. Du – Ehrensenator – hast mir früh vorgelebt, was es für einen Geschäftsmann bedeutet, Ideenreichtum, Witz und Charakter zu haben.

Harper Ava, meiner Tochter und meinem Lieblingsmädchen. Irgendwann wirst Du dieses Buch dann auch in Deutsch lesen können.

Und vielen Dank Dir, meine Liebe, meine Frau und beste Freundin Sarah »Sarah Moser« Moser: Du wirst immer die größte Romanze von allen sein.

San Francisco, 5. Juni 2014

Anmerkungen

Einleitung

1 Robert C. Solomon, *A Better Way to Think About Business: How Personal Integrity Leads to Corporate Success,* Oxford: Oxford University Press, 1999

2 Alia McKee, Tim Walker, »State of Friendship in America«, http://getlifeboat.com/goodies/report2013/

3 David Whyte, *Crossing the Unknown Sea: Work as a Pilgrimage of Identity,* New York: Riverhead Books, 2001

I

1 Edelman, »2013 Edelman Trust Barometer Executive Summary«, Edelman, 2013, Scribd edition

2 »World Economic Forum Top 10 Trends of 2014«, World Economic Forum, 2013, zugegriffen 25. Februar 2014, http://reports.weforum. org/outlook-14/view/top-ten-trends-category-page/

3 Stefan Steinberg, »OECD Reports Growing Inequality«, World Socialist Website, 17. Mai, 2013, http://www.wsws.org/ en/articles/2013/05/17/oecd-m17.html

4 Thomas Piketty, *Das Kapital im 21. Jahrhundert,* München: C.H. Beck, 2014

5 Emmanuel Saez, Gabriel Zucman, »The Distribution of US Wealth, Capital Income and Returns since 1913«, http://gabriel-zucman.eu/ files/SaezZucman2014Slides.pdf

6 David Bollier, »Power Curve Society: The Future of Innovation, Opportunity and Social Equity in the Emerging Networked Economy«, Washington, D.C.: the Aspen Institute, 2013, http://www. aspeninstitute.org/policy-work/communications-society/power-curve-society-future-innovation-opportunity-social-equity?utm_source=as. pn&utm_medium=urlshortener

7   David Brooks, »Capitalism for the Masses«, *New York Times,*
     20. Februar 2014, http://www.nytimes.com/2014/02/21/opinion/
     brooks-capitalism-for-the-masses.html

8   Jaron Lanier, *Wem gehört die Zukunft?,* Hamburg: Hoffmann und
     Campe, 2014

9   Marc Andreessen, »Why Software Is Eating the World«, *Wall Street
     Journal,* 20. August 2011, http://online.wsj.com/news/articles/SB10001
     424053111903480904576512250915629460

10   Nelson D. Schwartz, »The Middle Class Is Steadily Eroding. Just Ask
     the Business World«, *New York Times,* 2. Februar 2014, http://www.
     nytimes.com/2014/02/03/business/the-middle-class-is-steadily-eroding-
     just-ask-the-business-world.html?_r=0

11   Barack Obama, »Remarks by the President on Economic Mobility«,
     4. Dezember 2013, http://www.whitehouse.gov/the-press-office/
     2013/12/04/remarks-president-economic-mobility

12   United Nations Development Programme (Hrsg.), »Human Develop-
     ment Report 2014«, 2014, http://hdr.undp.org/sites/default/files/
     hdr14-report-en-1.pdf

13   Greg Smith, »Why I Am Leaving Goldman Sachs«, *New York Times,*
     14. März 2012, http://www.nytimes.com/2012/03/14/opinion/why-i-
     am-leaving-goldman-sachs.html?pagewanted=all

14   Sam Polk, »For the Love of Money«, *New York Times,* 18. Januar 2014,
     http://www.nytimes.com/2014/01/19/opinion/sunday/for-the-love-of-
     money.html

15   Bertelsmann-Stiftung (Hrsg.), »Mittelschicht unter Druck?«, 2012,
     http://www.bertelsmann-stiftung.de/cps/rde/xchg/SID-
     4834CAA9–41ABEB87/bst/hs.xsl/nachrichten_114585.htm

16   Hans-Böckler-Stiftung (Hrsg.), »WSI-Verteilungsbericht 2013«, 2013,
     http://www.boeckler.de/pdf/p_wsi_report_10_2013

17   Thomas Öchsner, »Deutschlands Mitte bröckelt«, *Süddeutsche Zeitung,*
     13. Dezember 2012, http://www.sueddeutsche.de/wirtschaft/
     studie-des-diw-und-der-universitaet-bremen-deutschlands-mitte-
     broeckelt-1.1549259

18   Pew Research Center, »Millennials in Adulthood: Detached from

Institutions, Networked with Friends«, 7. März 2014, http://www.
pewsocialtrends.org/files/2014/03/2014-03-07_generations-report-
version-for-web.pdf

19 *Handelsblatt* 17.5.2013, http://www.handelsblatt.com/politik/
international/finanzkrise-papst-geisselt-diktatur-der-wirt-
schaft/8 221 602.html

20 Brigid Schulte, *Overwhelmed: Work, Love, And Play When No One Has
The Time,* New York: Sarah Crichton Books/Farrar, Straus & Giroux,
2014

21 Alia McKee, Tim Walker, »State of Friendship in America«,
http://getlifeboat.com/goodies/report2013/

22 Miriam Meckel, »Gefällst du mir, gefall ich dir«, 14. November 2010,
http://www.tagesspiegel.de/medien/virtuelle-naehe-gefaellst-du-mir-
gefall-ich-dir/2 316 502.html

23 Pew Research Center, »Millennials in Adulthood: Detached from
Institutions, Networked with Friends«, 7. März 2014, http://www.
pewsocialtrends.org/files/2014/03/2014-03-07_generations-report-
version-for-web.pdf

24 Jeffrey Sachs, »The New Progressivism«, *New York Times,* 12. November 2011, http://www.nytimes.com/2011/11/13/opinion/sunday/
the-new-progressive-movement.html?_r=0

25 »B-Corps«, http://www.bcorporation.net, zugegriffen 2. März 2014

26 »Partner«, http://germany.ashoka.org/partner, zugegriffen 4. August
2014

27 Deloitte University Press, »A Movement in the Making«, Januar 2014,
http://dupress.com/articles/a-movement-in-the-making/

28 »The B Team«, http://bteam.org/about/vision/, zugegriffen 25. Februar 2014

29 »Conscious Capitalism«, http://www.consciouscapitalism.org/,
zugegriffen 23. Mai 2014

30 »Club of Marrakesh«, http://www.berndkolb.com/club_of_marra-
kesh.php, zugegriffen 4. August 2014

31 »The Energy Project«, http://theenergyproject.com, zugegriffen
29. Mai 2014

32   Aaron Hurst, *The Purpose Economy: How Your Desire for Impact,*
     Personal Growth and Community Is Changing the World, New York:
     Russell Media, 2014

33   Peter Drucker, *The Essential Drucker: The Best of Sixty Years of Peter*
     Drucker's Essential Writings on Management, Collins Business Essen-
     tials, New York: HarperBusiness, 2008

34   PwC, »Millennials at Work. Reshaping the Workplace«, Januar 2012,
     http://www.pwc.com/en_M1/m1/services/consulting/documents/
     millennials-at-work.pdf

35   Elizabeth Dunn, Michael Norton, *Happy Money: The Science of*
     Smarter Spending, New York: Simon & Schuster, 2013

36   Tony Schwartz, Christine Porath, »Why You Hate Work«, *New York*
     Times, 30. Mai 2014, http://www.nytimes.com/2014/06/01/opinion/
     sunday/why-you-hate-work.html

37   Deloitte, »Deloitte Survey: Strong Sense of Purpose Key Driver of
     Business Investment«, veröffentlicht am 7. April 2014, http://www.
     deloitte.com/view/en_US/us/press/Press-Releases/
     f2ca7e803a725410VgnVCM1000003256f70aRCRD.htm

38   United Nations Regional Information Centre for Western Europe,
     zugegriffen 26. März 2014, http://www.unric.org/en/happiness/
     27709-the-un-and-happiness

39   Justin Fox, »The Economics of Well-Being«, *Harvard Business Review,*
     Januar/Februar 2012, http://hbr.org/2012/01/the-economics-of-well-
     being/ar/1

40   »Delivering Happiness«, http://www.deliveringhappiness.com,
     zugegriffen 2. März 2014

41   Emily Esfahani Smith, Jennifer L. Aaker, »Millennial Searchers«,
     New York Times, 30. November 2013, http://www.nytimes.
     com/2013/12/01/opinion/sunday/millennial-searchers.
     html?pagewanted=1&utm_medium=App.net&_
     r=0&partner=rss&emc=rss&utm_source=PourOver

42   Arianna Huffington, *Thrive: The Third Metric to Redefining Success and*
     Creating a Life of Well-Being, Wisdom, and Wonder, New York:
     Harmony, 2014

43 Viktor E. Frankl, *Der Mensch vor der Frage nach dem Sinn,* München: Piper, 1985

44 Ariel Schwartz, »Millennials Genuinely Think They Can Change the World and Their Communities«, *Fast Company,* 27. Juni 2013, http://www.fastcoexist.com/1 682 348/millennials-genuinely-think-they-can-change-the-world-and-their-communities

45 »Adhocracy«, P2P Foundation, http://p2pfoundation.net/Adhocracy, zugegriffen 25. Februar 2014

46 Max Weber, *Die protestantische Ethik und der Geist des Kapitalismus,* München: C.H. Beck, 2013

47 Pico Iyer, »The Folly of Thinking We Know. The Painful Hunt for Malaysia Airlines Flight 370«, *New York Times,* 20. März 2014, http://www.nytimes.com/2014/03/21/opinion/the-painful-hunt-for-malaysian-airlines-370.html

48 Alex Pentland, *Social Physics: How Good Ideas Spread – The Lessons from a New Science,* New York: Penguin Press, 2014

49 http://hd.media.mit.edu/tech-reports/TR-616.pdf

50 Ned Resnikoff, »Glassholes at Work«, *The Baffler,* 14. Mai 2014, http://www.thebaffler.com/blog/2014/05/glassholes_at_work

51 F. Scott Fitzgerald, »The Crack-Up«, *Esquire,* 26. Februar 2008, http://www.esquire.com/features/the-crack-up

52 »The Two Cultures«, Wikipedia, http://en.wikipedia.org/wiki/The_Two_Cultures, zugegriffen 25. Februar 2014

53 Leon Wieseltier, »Perhaps Culture Is Now the Counterculture«, *New Republic,* 28. Mai 2013, http://www.newrepublic.com/article/113 299/leon-wieseltier-commencement-speech-brandeis-university-2013

54 »The Teaching of the Arts and Humanities at Harvard College: Mapping the Future«, Harvard University, 31. Mai 2013, zugegriffen 17. März 2014, http://artsandhumanities.fas.harvard.edu/files/humanities/files/mapping_the_future_31_may_2013.pdf

55 David Silbey, »A Crisis in the Humanities?«, *The Chronicle of Higher Education,* 10. Juni 2013, http://chronicle.com/blognetwork/edgeofthewest/2013/06/10/the-humanities-crisis/

56 Daniel Kuppel, »Erst Hartz IV, dann Festanstellung«, http://www.

zeit.de/karriere/beruf/2012–02/geisteswissenschaftler-fachkraeftemangel

57 Hans Ulrich Gumbrecht, »Gibt es eine Krise der Geisteswissenschaften?«, http://www.zeit.de/campus/2007/02/geisteswissenschaften-contra

58 Erik Brynjolfsson, Andrew McAfee, *The Second Machine Age: Wie die nächste digitale Revolution unser aller Leben verändern wird,* Kulmbach: Börsenmedien AG, 2014

59 Tim Laseter, »Management in the Second Machine Age«, *Strategy + Business,* Sommer 2014, Issue 75, http://www.strategy-business.com/article/00252?pg=all

60 Mary Shelley, *History of a Six Weeks' Tour Through a Part of France, Switzerland, Germany, and Holland; with Letters Descriptive of a Sail Round the Lake of Geneva and of the Glaciers of Chamouni,* London: T. Hookham, Jr. and C. and J. Ollier, 1817, Google Books, zugegriffen 2. März 2014

61 Ebenda

62 Gordon Campbell, *The Hermit in the Garden: From Imperial Rome to Ornamental Gnome,* Oxford: Oxford University Press, 2013

63 Tim Blanning, *The Romantic Revolution: A History,* New York: Random House, 2011

64 Sophie Fontanel, *Das Verlangen: Wie ich mir eine sexuelle Auszeit nahm – und die Lust neu entdeckte,* München: Kailash, 2012

65 Paul Bloom, »The Pleasures of Imagination«, *Chronicle of Higher Education,* 30. Mai, 2010, http://chronicle.com/article/The-Pleasures-of-Imagination/65678

66 Paul Bloom, *How Pleasure Works: The New Science of Why We Like What We Like,* New York: W. W. Norton & Company, 2010

67 »Hickies.com«, http://www.hickies.com/blogs/news/12504485-hickies-announces-key-management-additions-raises-4–2mm-investment-round-to-fuel-global-expansion-and-product-development, zugegriffen 27. Februar 2014

68 Mit einem solchen persönlichen Manifest legte Priya in einem Lab bei mir auch den Samen für dieses Buch.

69 Andreas Molitor, »Die Marathon-Männer oder Drei Freunde gegen

einen Milliardenkonzern«, brand eins, Nr. 8, 2007, http://www.
brandeins.de/archiv/2007/fehler/die-marathon-maenner-oder-drei-
freunde-gegen-einen-milliardenkonzern.html

70 Peter Sloterdijk, *Kritik der zynischen Vernunft,* Frankfurt a. M.:
Suhrkamp, 1983

71 Esther Eidinow, Rafael Ramírez, »The Eye Of The Soul: Phronesis
And The Aesthetics Of Organizing«, *Organizational Aesthetics,* 2012, 1
(1), S. 26–43

II

1 Alex Bryson, George MacKerron, »Are You Happy While You
Work?«, Center for Economic Performance, Discussion Paper 1187,
Februar 2013, http://cep.lse.ac.uk/pubs/download/dp1187.pdf

2 Harald Willenbrock, »Die stille Botschaft der Räume«, brand eins,
April 2014, www.brandeins.de/archiv/2014/konzentration/die-stille-
botschaft-der-raeume.html

3 Tim Leberecht, »The Office Is Everywhere«, Means The World,
zugegriffen 25. Februar 2014, http://meanstheworld.co/work/
the-office-is-everywhere

4 Erwin van der Koogh, »Case-study: Github«, *Business in the 21st
Century,* http://businessin21stcentury.com/articles/profile-github/,
zugegriffen 11. April 2014

5 Es muss erwähnt werden, dass GitHub zum Zeitpunkt, als dieses
Buch lektoriert wurde, in einen Skandal über angeblich gegen Frauen
gerichtetes Mobbing und Belästigungen am Arbeitsplatz verwickelt
war. Der Mitgründer und Geschäftsführer Tom Preston-Werner trat
zurück, nachdem eine interne Untersuchung keine Belege für
Belästigungen finden konnte, aber zu dem Schluss kam, er habe
»Fehler und falsche Einschätzungen« zu verantworten (Nellie
Bowles, »GitHub Clears President Tom Preston-Werner, But He
Resigns Anyway After Harassment Controversy«, *re/code,* 21. April
2014, http://recode.net/2014/04/21/github-ceo-tom-preston-werner-

resigns/.) Ich habe mich dazu entschlossen, diesen Teil des Buchs beizubehalten, weil ich glaube, dass unabhängig von den jüngsten Ereignissen die Arbeits(platz)prinzipien von GitHub grundsätzlich innovativ und erwähnenswert sind.

6   Michael Chui, James Manyika, Jacques Bughin, Richard Dobbs, Charles Roxburgh, Hugo Sarrazin, Geoffrey Sands und Magdalena Westergren, »The Social Economy: Unlocking Value and Productivity Through Social Technologies«, *McKinsey Global Institute,* Juli 2012, http://www.mckinsey.com/insights/high_tech_telecoms_internet/the_social_economy

7   Lisa O'Carroll, »Rebekah Brooks: David Cameron Signed Off Texts ›LOL‹«, *Guardian,* 11. Mai 2012, http://www.theguardian.com/media/2012/may/11/rebekah-brooks-david-cameron-texts-lol

8   John Gottman, *The Science of Trust: Emotional Attunement for Couples,* New York: W. W. Norton & Company, 2011

9   Miranda July, »WeThinkAlone.com«, http://wethinkalone.com/about/, zugegriffen 5. März 2014

10   http://15toasts.com, zugegriffen 25. Mai 2014

11   Jaweed Kaleem, »Death Over Dinner Convenes as Hundreds of Americans Coordinate End of Life Discussions Across U.S.«, *Hufffington Post,* 18. August 2013, http://www.huffingtonpost.com/2013/08/18/death-over-dinner_n_3762653.html

12   »MLove«, http://www.mlove.com, zugegriffen 26. Februar 2014

13   »Venture Strategy for Food Genius«, Ideo, zugegriffen 1. März 2014, http://www.ideo.com/work/venture-strategy/

14   »The ›Siemens Artists-in-Residence Program‹ Launches in U.S.«, *Healthy Hearing,* 16. August 2002, http://www.healthyhearing.com/content/news/Assistance/Awareness/5769-The-siemens-artists-in

15   »The Recology Artist in Residence Program«, http://www.recologysf.com/AIR/index.htm, zugegriffen 26. Februar 2014

16   Mark Wilson, »Inside Microsoft Research's First Artist-in-Residence Program«, *Fast Company,* 3. Dezember 2013, http://www.fastcodesign.com/3022833/inside-microsoft-researchs-first-artist-in-residence-program

17 Margaret Sullivan, »Questions on Drones, Unanswered Still«, *New York Times,* 13. Oktober 2012, http://www.nytimes.com/2012/10/14/public-editor/questions-on-drones-unanswered-still.html

18 »Ombudsleute in der Medienbranche auf dem Vormarsch«, *Hamburger Abendblatt,* 8. Mai 2014, http://www.abendblatt.de/kultur-live/article127747905/Ombudsleute-in-der-Medienbranche-auf-dem-Vormarsch.html.

19 »Corporate Rebels United«, http://corporaterebelsunited.com, zugegriffen 5. Juni 2014

20 »Rebels at Work«, http://www.rebelsatwork.com, zugegriffen 5. Juni 2014

21 Peter Delevett, »Volkswagen, Lego and the ›Beer Garage‹: Big corporations rushing to partner with Silicon Valley startups«, *Mercury News,* 4. Dezember 2013, http://www.mercurynews.com/business/ci_24651658/volkswagen-lego-and-beer-garage-big-corporations-rushing

22 Maureen Morrison, »McDonald's Sets Up Shop in Silicon Valley«, *AdAge,* 4. Juni 2014, http://adage.com/article/digital/mcdonald-s-sets-shop-silicon-valley/293500/

23 4010, http://4010.com/, zugegriffen 6. Juli 2014

24 »Brickfilms«, http://brickfilms.com, zugegriffen 26. Februar 2014

25 Joe Berkowitz, »Everything About These Pictures of a Tiny, Adventurous Lego Photographer Is Awesome«, *Fast Company,* 26. Februar 2014, http://www.fastcocreate.com/3026935/everything-about-these-pictures-of-a-tiny-adventurous-lego-photographer-is-awesome?utm_source=facebook

26 Simon Barker, »Lego Fan Asks Girlfriend to Marry Him with Custom Lego Gift Sets«, 30. Oktober 2009, http://www.simonbarker.com/lego-fan-asks-girlfriend-to-marry-him-with-custom-lego-gift-sets/

27 Jeannie Choe, »Trash Talk with Frog's Ashley Menger«, *Core 77,* 18. Mai 2007, http://www.core77.com/blog/education/trash_talk_with_frog_designs_ashely_menger_6363.asp

28 Linda Tischler, »At Frog Being Green Isn't Easy, It's Essential«,

Fast Company, 1. November 2007, http://www.fastcompany.
com/60862/frog-being-green-isn%E2%80%99t-easy-it%E2%80%99s-
essential

29 »Dove Real Beauty Sketches«, *YouTube,* https://www.youtube.com/
watch?v=litXW91UauE, zugegriffen 27. Februar 2014

30 Jakob von Uexküll, Georg Kriszat, *Streifzüge durch die Umwelten von Tieren und Menschen: Ein Bilderbuch unsichtbarer Welten,* Berlin: J. Springer, 1934

31 Janet Cardiff, George Bures Miller, »Walks«, http://www.
cardiffmiller.com/artworks/walks/index.html, zugegriffen 26. Februar 2014

32 Guy Debord, »Introduction to a Critique of Urban Geography«, *Situationist International Online,* September 1955, http://www.cddc.vt.
edu/sionline/presitu/geography.html

33 Jon Gertner, »True Innovation«, *New York Times,* 25. Februar 2012, http://www.nytimes.com/2012/02/26/opinion/sunday/innovation-and-the-bell-labs-miracle.html?pagewanted=all&_r=0

34 Rachel Emma Silverman, »The Science of Serendipity in the Workplace«, *Wall Street Journal,* 30. April 2013, http://online.wsj.com/news/articles/SB10001424127887323798104578455081218505870

35 Business2Community, »Zappos' 11 Company Culture Aspects That Win Over Millennials«, *Real Business,* 17. Januar 2014, http://www.
realbusiness.com/2014/01/zappos-11-company-culture-aspects-that-win-over-millennials/

36 Eli Pariser, *Filter Bubble: Wie wir im Internet entmündigt werden,* München: Hanser, 2012

37 Nicola Clark, »Selecting a Seatmate to Make Skies Friendlier«, *New York Times,* 23. Februar 2012, http://www.nytimes.com/2012/02/24/business/global/selecting-a-seatmate-to-make-skies-friendlier.
html?pagewanted=all

38 »20 Day Stranger«, http://www.20daystranger.com, zugegriffen 26. Mai 2014

39 Und er ist auch umstritten: Man hat Airbnb beschuldigt, Gastfreundlichkeit zu kommerzialisieren, das herkömmliche Hotelgeschäft zu

bedrohen und in manchen Fällen sogar das soziale Gefüge von
Stadtvierteln zu gefährden (es gibt Berichte über Spannungen, die
entstehen, wenn Nachbarschaften, wie z. B. Berlin-Kreuzberg oder
Echo Park in Los Angeles, zu populären Zielen für Airbnb-Touristen
werden).

40 »Carpooling.com«, zugegriffen 26. Februar 2014, http://www.
carpooling.com

41 Wenn er es denn darf. Im Spätsommer 2014, während noch an diesem
Buch gearbeitet wurde, verhängte das Landgericht Frankfurt eine
einstweilige Verfügung gegen Uber, die es dem Unternehmen in ganz
Deutschland verbot, weiter Fahrten anzubieten. Uber kündigte an,
gegen die Entscheidung vorzugehen und trotz des gerichtlichen
Verbots seine Dienstleistungen weiter anbieten zu wollen. Ubers
rechtliche Stellung in Deutschland war bis zur Drucklegung dieses
Buchs noch nicht geklärt.

42 Nicholas Epley, »Let's make some Metra noise«, *Chicago Tribune,*
3. Juni 2011, http://articles.chicagotribune.com/2011-06-03/opinion/
ct-perspec-0605-metra-20 110 603_1_commuters-quiet-cars-metra-
reports

43 Elizabeth Dunn, Michael Norton, »Hello, Stranger«, *New York Times,*
26. April 2014, http://www.nytimes.com/2014/04/26/opinion/sunday/
hello-stranger.html

44 Georg Simmel, *Soziologie: Über die Formen der Vergesellschaftung,*
»Exkurs über den Fremden«, Berlin: Duncker & Humblot, 1908

45 Steven Pinker, *Gewalt. Eine Geschichte der Menschheit,* Frankfurt a. M.:
Fischer, 2013

46 »Making Christmas: The View from the Tom and Jerry Christmas
Tree«, IMDb, http://www.imdb.com/title/tt1 881 003/, abgerufen am
27. Februar 2014

47 »Lights of the Valley«, http://lightsofthevalley.com/articles/3650–21st-
tree-history.pdf, abgerufen am 1. März 2014

48 Lewis Hyde, *The Gift: Imagination and the Erotic Life of Property,* New
York: Random House, 1979

49 George Dearing, »Tim O'Reilly: ›Create More Value Than You

Capture‹«, *Contently,* 6. April 2012, http://contently.com/strategist/2012/04/06/tim-oreilly-value-creation/

50 Adam Grant, *Geben und Nehmen: Erfolgreich sein zum Vorteil aller,* München: Droemer, 2013

51 »Frog at SXSW«, frog design, http://sxsw.frogdesign.com, zugegriffen 27. Februar 2014

52 Sarah Kliff, »Google Nose Is Fake. The Artificial Nose Isn't«, *Washington Post,* 1. April 2013, http://www.washingtonpost.com/blogs/wonkblog/wp/2013/04/01/google-nose-is-fake-the-artificial-nose-isnt/s

53 Andere berühmte Scherze von bekannten Marken waren zum Beispiel Twitters Launch von »Twttr«, einem Gratisdienst, bei dem die Nutzer nur mit Konsonanten tweeten können (zum Zwecke der »kompakteren Kommunikation«, wie die Firma sagte); die Ankündigung von Southwest Airlines, Reisen mit Heißluftballons anbieten zu wollen; oder die Behauptung der Fastfoodkette Taco Bell, dass man die Freiheitsglocke aus Philadelphia kaufen werde (was in den USA für nationale Empörung gesorgt hat).

54 Sylvia Poggioli, »EU Embraces ›Suspended Coffee‹: Pay It Forward with a Cup of Joe«, *NPR,* 25. April 2013, http://www.npr.org/blogs/thesalt/2013/04/24/178 829 301/eu-embraces-suspended-coffee-pay-it-forward-with-a-cup-of-joe

55 »Suspended Coffee«, Snopes.com, http://www.snopes.com/glurge/suspended.asp, zugegriffen 25. Mai 2014

56 »Random Acts of Pizza«, http://randomactsofpizza.com, zugegriffen 3. Mai 2014

57 »At The Generous Store Chocolates Cost Good Deeds Instead of Money«, *Oddity Central,* 30. März 2012, http://www.odditycentral.com/pics/at-the-generous-store-chocolates-cost-good-deeds-instead-of-money.html

58 »Der Erfinder der Bücherschränke arbeitet beim Werkstatt-Treff«, *Hannoversche Allgemeine Zeitung,* 31. Oktober 2012, http://www.haz.de/Hannover/Aus-den-Stadtteilen/Nord/Der-Erfinder-der-Buecherschraenke-arbeitet-beim-Werkstatt-Treff

59 Kristin Purcell, »Online Video 2013«, Pew Research Center, 10. Ok-

tober 2013, http://pewinternet.org/~/media/Files/Reports/2013/PIP_
Online%20Video%202013.pdf

60 »The Force: Volkswagen Commercial«, *YouTube,* https://www.
youtube.com/watch?v=R55e-uHQna0, zugegriffen 4. Juni 2014

61 »LOL Cats«, *YouTube,* https://www.youtube.com/
watch?v=RcVyl9X3gFo, zugegriffen 4. Juni 2014

62 »Hitler Downfall parodies: 25 worth watching«, *Daily Telegraph,*
6. Oktober 2009, http://www.telegraph.co.uk/technology/
news/6262709/Hitler-Downfall-parodies-25-worth-watching.html,
zugegriffen 4. Juni 2014

63 Alison Vingiano, »This Is How a Woman's Offensive Tweet Became
the World's Top Story«, *Buzzfeed,* 21. Dezember 2013, http://www.
buzzfeed.com/alisonvingiano/this-is-how-a-womans-offensive-tweet-
became-the-worlds-top-story.html

64 Megan Garber, »Batkid: A Heartwarming, Very 2013 Story«,
The Atlantic, 15. November 2013, http://www.theatlantic.com/
technology/archive/2013/11/batkid-a-heartwarming-very-2013-
story/281560/

65 Andrew Lasane, »That Adorable ›First Kiss‹ Video That Everyone
Is Talking About Is a Fake«, *Complex,* http://www.complex.com/
art-design/2014/03/that-first-kiss-video-that-everyone-is-talking-
about-is-fake

66 John Koblin, »A Kiss Is Just a Kiss, Unless It's an Ad for a Clothing
Company«, *New York Times,* 14. März 2014, http://www.nytimes.
com/2014/03/14/business/media/a-kiss-is-just-a-kiss-unless-its-an-ad-
for-a-clothing-company.html

67 Tony Emerson, »The Ten Commandments of IKEA Furniture: Part
1«, *Sparefoot Blog,* 8. August 2013, http://blog.sparefoot.com/3928-the-
ten-ikea-commandments/

68 »Ikea or Death«, http://ikeaordeath.com, zugegriffen 27. Februar
2014

69 Michael I. Norton, Daniel Mochon und Dan Ariely, »The IKEA-
Effect: When Labor Leads to Love«, *Journal of Consumer Psychology*
22:3, Juli 2012, S. 453–460

70 David M. Buss, »The Evolution of Happiness«, *American Psychologist* 55, Januar 2000, S. 15–23

71 »Romantimatic«, http://romantimatic.com, zugegriffen 26. Februar 2014

72 Chris Matyszczyk, »Progress! An App That Sends a Breakup Text for You«, *CNET,* 27. Juli 2013, http://news.cnet.com/8301–17 852_3-57595813-71/progress-an-app-that-sends-a-breakup-text-for-you/

73 Tony Castle, »Now You Can File For Divorce Online With Wevorce, The H&R Block Of Nasty Breakups«, *Fast Company,* 17. April 2014, http://www.fastcoexist.com/3 028 877/change-generation/now-you-can-file-for-divorce-online-with-wevorce-the-hr-block-of-nasty-breakups.html

74 Man sollte anmerken, dass dieses Prokrastinieren etwas mit unserer Neigung zu tun haben könnte, unser jetziges und unser zukünftiges Ich voneinander zu trennen. Alisa Opar behauptet in einem faszinierenden Essay, dass wir prokrastinieren, weil wir unser zukünftiges Ich als einen Fremden ansehen. Sie zitiert eine Studie, die Hal Hershfield, ein Juniorprofessor an der Stern School of Business der New York University, mit Kollegen durchgeführt hat und bei der erforscht wurde, wie sich Hirnaktivitäten verändern, wenn Menschen sich ihre Zukunft vorstellen und mit ihrer Gegenwart vergleichen. Die Forscher kamen zu dem Schluss, dass wir unser zukünftiges Ich auf einer psychologischen und emotionalen Ebene behandeln, als sei es eine andere Person. Das hat sehr reale Auswirkungen darauf, wie wir Entscheidungen fällen. Wenn wir prokrastinieren, lösen wir unser gegenwärtiges Ich von den Konsequenzen unserer Untätigkeit und überlassen es einer zukünftigen Version unserer selbst mit den Aufgaben oder Problemen, die sich stellen, fertig zu werden. Wir verlassen uns auf die Freundlichkeit von Fremden, selbst wenn wir selbst diese Fremden sind. Alisa Opar, »Why We Procrastinate«, *Nautilus,* 16. Januar 2014, http://nautil.us/issue/9/time/why-we-procrastinate

75 Paul Hayward, »Barcelona's Sense of Style Restores Glory to Blanchflower's Game«, *Guardian,* 30. Mai 2009, http://www.theguardian.com/football/blog/2009/may/31/barcelona-manchester-united-champions-league-glory

76 »Philosophyfootball.com«, http://www.philosophyfootball.com/
    quotations.php, zugegriffen 1. März 2014

77 »Corinthians«, Fifa.com, http://www.fifa.com/classicfootball/clubs/
    club=239/, zugegriffen 27. Februar 2014

78 »*The Great Gatsby* (2013)«, *Rotten Tomatoes,* http://www.rottentomato-
    es.com/m/the_great_gatsby_2013/, zugegriffen 26. Februar 2014

79 Simon Hattenstone, »Something to Spray«, *Guardian,* 16. Juli 2003,
    http://www.theguardian.com/artanddesign/2003/jul/17/art.artsfeatures

80 Und selbst die Fälschungen werden gefälscht: Der Erfolg von Banksy
    führte zum Beispiel zum viralen Aufstieg von Hanksy, einem Street
    Artist aus New York, dessen Name ein Mash-up aus Banksy und Tom
    Hanks ist. Dieser Scherzbold machte sich durch eine Reihe von
    visuellen Gags einen Namen, bei denen er insgeheim mit lokalen
    Künstlern zusammenarbeitete und die auf clevere Weise durch
    Twitter-Nachrichten ergänzt wurden. John Leland, »A Parodist Who
    Calls Himself Hanksy«, *New York Times,* 14. Februar 2014, http://
    www.nytimes.com/2014/02/16/nyregion/a-parodist-who-calls-himself-
    hanksy.html?_r=0

81 Marc van Gurp, »Unicef: Be a Mom for a Moment«, *Osocio,* 11. April
    2009, http://osocio.org/message/unicef_be_a_mom_for_a_moment/

82 Donna Tartt, *Der Distelfink,* München: Goldmann, 2014

83 »Fun-Fake, die Parodie im Netz«, *sueddeutsche.de,* 18. März 2013,
    http://gefaelltmir.sueddeutsche.de/post/45 682 421 866/fun-fake-die-
    parodie-im-netz

84 »Torsten Rohde ist Twitter-Oma Renate Bergmann«, MDR,
    24. August 2014, http://www.mdr.de/mdr-info/twitter-oma-berg-
    mann100.html

85 »Let's Go: Shell in the Arctic«, http://arcticready.com, zugegriffen
    27. Februar 2014

86 Alana Horowitz, »Burger King Twitter Account Hacked«, *Huffington
    Post,* 18. Februar 2013, http://www.huffingtonpost.com/2013/02/18/
    burger-king-twitter-hacked_n_2 711 661.html

87 André Görke, »Post von Onkel Hipp: Babybrei-Chef steht auf
    Kebap«, *Tagesspiegel,* 28. Dezember 2011, http://www.tagesspiegel.de/

berlin/stadtleben/mustafas-gemuesekebap-post-von-onkel-hipp-baby-brei-chef-steht-auf-kebap/5 998 502.html

88 »Mustafas Berlin: der Döner mit der besten Homepage«, *Fudder,* 18. Januar 2010, http://fudder.de/artikel/2010/01/18/mustafas-berlin-der-doener-mit-der-besten-homepage/

89 Matthew B. Crawford in der *New York Times* vom 24. 5. 2009, http://www.nytimes.com/2009/05/24/magazine/24labor-t.html?pagewanted= all&_r=0

90 Stowe Boyd, »Somewhere Is LinkedIn for the New Way of Work«, *GigaOm Research,* 24. Januar 2014, http://research.gigaom.com/2014/01/somewhere-is-linkedin-for-the-new-way-of-work/

91 Adam Phillips, *On Balance,* New York: Farrar, Straus and Giroux, 2010

92 Benedict Carey, »Feel Like a Fraud? At Times Maybe You Should«, *New York Times,* 5. Februar 2008, http://www.nytimes.com/2008/02/05/health/05mind.html?_r=0

93 Amy Cuddy, »Your Body Language Shapes Who You Are«, *TED.com,* Juni 2012, http://www.ted.com/talks/amy_cuddy_your_body_language_shapes_who_you_are.html

94 Joshua John, »Amy Cuddy: Your Body Language Shapes Who You Are«, *MBA@UNC Blog,* 25. Juli 2013, http://onlinemba.unc.edu/blog/amy-cuddy-your-body-language-shapes-who-you-are-2/

95 Kingsley Amis, *Geheimakte 007: Die Welt des James Bond,* Berlin: Ullstein, 1965

96 Cima On Mon, »What's a Brand Really Worth?«, *Financial Management,* 18. März 2013, http://www.fm-magazine.com/feature/depth/what%E2%80 %99s-brand-really-worth

97 Joseph S. Nye Jr., *Soft Power: The Means to Succeed in World Politics,* New York: PublicAffairs, 2004

98 David Armano, »It's the Conversation Economy, Stupid«, *Bloomberg BusinessWeek,* 9. April 2007, http://www.businessweek.com/stories/2007-04-09/its-the-conversation-economy-stupidbusinessweek-business-news-stock-market-and-financial-advice

99 Baba Shetty, Jerry Wind, »Advertisers Should Act More Like

Newsrooms«, *Harvard Business Review,* 15. Februar 2013, http://blogs.
hbr.org/2013/02/advertisers-need-to-act-more-like-newsrooms/

100 Jeff Jarvis, »My Dell Hell«, *Guardian,* 28. August 2005, http://www.
theguardian.com/technology/2005/aug/29/mondaymediasection.
blogging

101 »United [Airlines] Breaks Guitars«, *YouTube,* https://www.youtube.
com/watch?v=5YGc4zOqozo, zugegriffen 27. Februar 2014

102 Dawn Kopecki, »JP Morgan's #AskJPM Twitter Hashtag Backfires
Against Bank«, *Bloomberg,* 14. November 2013, http://www.bloom-
berg.com/news/2013-11-14/jpmorgan-twitter-hashtag-trends-against-
bank.html

103 Susan Adams, »Don't Fire An Employee And Leave Them In Charge
Of The Corporate Twitter Account«, *Forbes,* 1. February 2013, http://
www.forbes.com/sites/susanadams/2013/02/01/dont-fire-an-employee-
and-leave-them-in-charge-of-the-corporate-twitter-account/

104 Katie Hryce, »Nokia Made A Tweet Swear«, *Oyster Magazine,* 27. November 2013, http://www.oystermag.com/nokia-made-a-tweet-swear

105 John Huey, »How McKinsey Does It«, *Fortune,* 1. November 1993,
http://money.cnn.com/magazines/fortune/fortune_archive/1993/11/01/
78550/

106 Clayton M. Christensen, Dina Wang, Derek van Bever, »Consulting
on the Cusp of Disruption«, *Harvard Business Review,* Oktober 2013,
http://hbr.org/2013/10/consulting-on-the-cusp-of-disruption/

107 Maryann Keller, *Rude Awakening: The Rise, Fall and Struggle for
Recovery of General Motors,* New York: HarperCollins, 1990

108 Janet Malcolm, »Nobody's Looking at You«, *New Yorker,* 23. September 2013, http://www.newyorker.com/reporting/2013/09/23/130923fa_
fact_malcolm

109 Adam Richardson, *Innovation X: Why a Company's Toughest Problems
Are Its Greatest Advantage,* San Francisco: Jossey-Bass, 2010

110 »House of Genius«, http://houseofgenius.org, zugegriffen 24. Mai 2014

111 Joseph Schumpeter, »Anonymous Social Networking. Secrets and
Lies,« *Economist,* 22. März 2014, http://www.economist.com/blogs/
schumpeter/2014/03/anonymous-social-networking

112 Louise Jury, »Secret Cinema to Kick Off Season of New Films with The Grand Budapest Hotel«, *London Evening Standard,* 17. Februar 2014, http://www.standard.co.uk/goingout/film/secret-cinema-to-kick-off-season-of-new-films-with-the-grand-budapest-hotel-9133327.html

113 Karl Johnson, »Karl Johnson Silhouette Event in Santa Monica«, Facebook, 1. Mai 2011, https://www.facebook.com/events/208860315800264/, zugegriffen 27. Februar 2014

114 Lauren Milligan, »Margiela Sans Margiela«, *Vogue,* 3. Oktober 2009, http://www.vogue.co.uk/news/2009/10/03/martin-margiela-no-longer-at-the-maison

115 Eve Oxberry, »Martin Margiela Exits Margiela«, *Drapers,* 9. Dezember 2009, http://www.drapersonline.com/news/womenswear/news/martin-margiela-exits-margiela/5008679.article#.UzdFlvldWyU

116 Patrick Knowles, »Kenya Hara«, *SOMA Magazine,* November 2010, http://www.somamagazine.com/kenya-hara/

117 Andreas Bernard, »Das Augustiner-Gefühl«, *Süddeutsche Zeitung Magazin* 2011, http://sz-magazin.sueddeutsche.de/texte/anzeigen/36284

118 Nur einige Beispiele aus den USA: Die Chemieunternehmen Clorox und S. C. Johnson legen die Inhaltsstoffe ihrer Produkte für Endverbraucher offen; das Start-up Buffer veröffentlicht die Gehälter aller seiner Angestellten; die Ethikberatung LRN teilt die Leistungsbeurteilungen aller seiner Angestellten – inklusive der von Gründer und Vorstandschef Dov Seidman – mit der ganzen Belegschaft; der Kreativprozess von IDEO findet via OpenIDEO nach Open-Source-Prinzipien statt; der Internetbrowser Mozilla hat die Strategieentwicklung auf eine offene Plattform verlagert.

119 Marina Abramović, Anna Daneri, Giacinto Di Pietrantonio, Lóránd Hegyi, Societas Raffaello Sanzio und Angela Vettese, *Marina Abramović,* New York: Charta, 2002; mehr als zwanzig Jahre später sind sich die beiden wiederbegegnet, während Abramovićs Retrospektive im New Yorker Museum of Modern Art unter dem Titel *The Artist Is Present.* Als Teil der Ausstellung saß Abramović stumm an einem Tisch und erlaubte es Besuchern, sich ihr gegenüberzusetzen.

Am Eröffnungstag tat Ulay genau das, was zu einem emotionalen
Wiedersehen führte.

120 Miyoung Kim, »Samsung Sets New Smartphone Sales Record in
Fourth Quarter, Widens Lead Over Apple: Report«, *Reuters*, 28. Januar 2014, http://www.reuters.com/article/2014/01/28/us-samsung-sales-
idUSBREA0R00S20140128

121 »Atari graveyard found: Millions of E. T. cartridges, legendary, worst
video game ever«, *Associated Press*, 26. April 2014, http://www.
mercurynews.com/ci_25644581/hundreds-atari-e-t-games-surprise-
landfill-diggers

122 Andrew Mason, »Groupon Founder Andrew Mason's Farewell Letter
to Employees – full text«, *Guardian*, 1. März 2013, http://www.
theguardian.com/technology/blog/2013/mar/01/groupon-andrew-
mason-fired-letter

123 Jill Ahlberg Yohe, »Situated Flow: A Few Thoughts on Reweaving
Meaning in the Navajo Spirit Pathway«, *Museum Anthropology
Review*, 6:1 2012, https://scholarworks.iu.edu/journals/index.php/mar/
article/view/1033/2037

124 Joan Didion, *Das weiße Album: Eine kalifornische Geisterbeschwörung*,
Reinbek: Rowohlt, 1997

125 Heidi Grant Halvorson, »How Happiness Changes With Age«, *The
Atlantic*, 28. Mai 2013, http://www.theatlantic.com/health/archive/
2013/05/how-happiness-changes-with-age/276274/

126 David Finegold, Susan Mohrman und Gretchen M. Spreitzer, »Age
Effects on the Predictors of Technical Workers' Commitment and
Willingness to Turnover«, *Journal of Organizational Behavior*, 23:5,
August 2002, S. 655–74

127 Dennis Lim, »Nine More Years On, and Still Talking«, *New York
Times*, 3. Mai 2013, http://www.nytimes.com/2013/05/05/movies/
ethan-hawke-and-julie-delpy-discuss-before-midnight.html?_r=0

128 »Declining Employee Loyalty: A Casualty of the New Workplace«,
Knowledge @ Wharton, 9. Mai 2012, https://knowledge.wharton.upenn.
edu/article/declining-employee-loyalty-a-casualty-of-the-new-work-
place, zugegriffen 31. Mai 2014

129 »Brian Eno by Alfred Dunhill«, *YouTube,* https://www.youtube.com/
watch?v=5mqtc2Z3K8o&feature, zugegriffen 26. März 2014

130 »Cultural Capital«, http://en.wikipedia.org/wiki/Cultural_capital,
zugegriffen 1. März 2014

131 Jonathan Franzen, »Liking Is for Cowards. Go for What Hurts«, *New
York Times,* 29. Mai 2011, http://www.nytimes.com/2011/05/29/
opinion/29franzen.html?pagewanted=all&_r=0

132 Andrew Bird, »Puzzling Through (A Love Song)«, *New York Times,*
30. August 2013, http://opinionator.blogs.nytimes.com/2013/08/30/
puzzling-through-a-love-song/?_php=true&_type=blogs&_r=0

133 John Cage, *Empty Mind,* Berlin: Suhrkamp, 2012

134 Katie Roiphe, »The Allure of Messy Lives«, *New York Times,* 30. Juli
2010, http://www.nytimes.com/2010/08/01/fashion/01Cultural.
html?pagewanted=all&_r=0

135 Ebenda

136 Alexa Clay, »The Amish Futurist and the Power of Buttermilk«,
re:publica 14, 8. Mai 2014, http://re-publica.de/en/session/amish-futu-
rist-and-power-buttermilk

137 Charles Yu, »Happiness Is a Warm iPhone«, *New York Times,*
22. Februar 2014, http://www.nytimes.com/2014/02/23/opinion/
sunday/happiness-is-a-warm-iphone.html?_r=0

138 »School of Poetic Computation«, http://sfpc.io, zugegriffen 26. Mai
2014

139 Fernando Pessoa, *Das Buch der Unruhe des Hilfsbuchhalters Bernardo
Soares,* Zürich: Ammann, 2003

140 Tim Leberecht, »Autonomy Is Essential for Innovation«, Means the
World, http://meanstheworld.co/work/autonomy-essential-innovation

141 »Nostalgia«, University of Southampton, http://www.southampton.
ac.uk/nostalgia/publications, zugegriffen 14. März 2014

142 »Bond Gifts«, http://bondgifts.com, zugegriffen 8. Juni 2014

143 »The Rumpus: Letters In The Mail«, http://therumpus.net/letters,
zugegriffen 26. Mai 2014

144 »Cowbird«, http://cowbird.com, zugegriffen 26. Mai 2014

145 Kristina Loring, »The Never-Ending Story«, *Design Mind,* Ausgabe

14 2011, http://designmind.frogdesign.com/articles/the-never-ending-story.html

146 »FutureMe«, http://futureme.org, zugegriffen 26. Mai 2014

147 Stuart Elliott, »New Bow for CARE Packages«, *New York Times,* 6. November 2013, http://www.nytimes.com/2013/11/07/business/media/new-bow-for-care-packages.html?_r=0

148 »Dolomiti«, http://dolomiti.langnese.de/dolomiti/, zugegriffen 12. September 2014

149 »Brain Pickings«, http://www.brainpickings.org, zugegriffen 26. Mai 2014

150 Orhan Pamuk, *Das Museum der Unschuld,* München: Hanser, 2008

151 »Voyager – The Interstellar Mission«, NASA, Jet Propulsion Laboratory, California Institute of Technology, http://voyager.jpl.nasa.gov/spacecraft/goldenrec.html, zugegriffen 26. Mai 2014

152 »Louis C. K. Hates Cell Phones«, *TeamCoco,* http://teamcoco.com/video/louis-ck-springsteen-cell-phone, zugegriffen 27. Februar 2014

153 Barbara L. Fredrickson, »Your Phone vs. Your Heart«, *New York Times,* 23. März 2013, http://www.nytimes.com/2013/03/24/opinion/sunday/your-phone-vs-your-heart.html?_r=0

154 Alvin Toffler, *Der Zukunftsschock,* Bern, München, Wien: Scherz, 1970

155 Douglas Rushkoff, *Present Shock: Wenn alles jetzt passiert,* Freiburg: Orange Press, 2014

156 Linda Stone, »Continuous Partial Attention«, *lindastone.net,* http://lindastone.net/qa/continuous-partial-attention/, zugegriffen 26. Februar 2014

157 Anand Giridharadas, »Exploring New York, Unplugged and on Foot«, *New York Times,* 24. Januar 2013, http://www.nytimes.com/2013/01/25/nyregion/exploring-red-hook-brooklyn-unplugged-and-with-friends.html?pagewanted=all

158 Ebenda

159 Gavin Pretor-Pinney, »Live with Your Head in the Clouds«, *TED.com,* 13. Juni 2013, http://blog.ted.com/2013/06/13/live-with-your-head-in-the-clouds-gavin-pretor-pinney-at-tedglobal-2013/

160 Sarah Whyte, »Ban Mobile Phones, Retailers Say«, *Sydney Morning*

Herald, 4. Juli 2013, http://www.smh.com.au/digital-life/mobiles/
ban-mobile-phones-retailers-say-20130703–2pbzr.html

161 »Four Seasons Resort Costa Rica at Peninsula Papagayo Partners with
iPhone Case Company Uncommon on New Disconnect to Reconnect
Program for Guests«, Four Seasons Press Room, 26. November 2012,
http://press.fourseasons.com/costarica/hotel-news/2012/11/four_seasons_
resort_costa_rica_at_peninsula_papaga/, zugegriffen 3. März 2014

162 »Lessons in Customer Service from the World's Most Beloved
Companies«, *Help Scout,* 9. Oktober 2013, https://www.helpscout.net/
blog/customer-focus/, zugegriffen 15. Mai 2014

163 »Serpentine Galleries«, http://www.serpentinegalleries.org/exhibi-
tions-events/experiment-marathon, zugegriffen 28. März 2014

164 J. Keith Murnighan, *Do Nothing! How to Stop Overmanaging and
Become a Great Leader,* New York: Penguin Press, 2012

165 Joseph Schumpeter, »In Praise of Laziness«, *Economist,* 17. August
2013, http://www.economist.com/news/business/21583592-
businesspeople-would-be-better-if-they-did-less-and-thought-more-
praise-laziness

166 Michael Bar-Eli, Ofer H. Azar, Ilana Ritov, Yael Keidar-Levin und
Galit Schein, »Action Bias Among Elite Soccer Goalkeepers: The Case
of Penalty Kicks«, *Journal of Economic Psychology,* Elsevier, 28:5,
Oktober 2005, S. 606–21

167 William Deresiewicz, »Solitude and Leadership«, *American Scholar,*
Frühjahr 2010, http://theamericanscholar.org/solitude-and-leadership

III

1 Joel Lovell, »George Saunders's Advice to Graduates«, *The 6th Floor,*
31. Juli 2013, http://6thfloor.blogs.nytimes.com/2013/07/31/george-
saunderss-advice-to-graduates/?_php=true&_type=blogs&_r=0

2 Google Inc., »Unternehmensprofil«, https://www.google.com/about/
company/, zugegriffen 5. August 2014

3 Morten T. Hansen, »IDEO CEO Tim Brown: T-Shaped Stars: The

Backbone of IDEO's Collaborative Culture«, *ChiefExecutive.net,* 21. Januar 2010, http://chiefexecutive.net/ideo-ceo-tim-brown-t-shaped-stars-the-backbone-of-ideoae%E2%84%A2s-collaborative-culture

4   Michael J. Sandel, *Was man für Geld nicht kaufen kann: Die moralischen Grenzen des Marktes,* München: Ullstein, 2012

5   Arlie Russell Hochschild, *The Outsourced Self: What Happens When We Pay Others to Live Our Lives for Us,* New York: Metropolitan Books, 2012

6   Abraham Maslow, »A Theory of Human Motivation«, *Psychological Review,* 50, S. 370–396, 1943. Eingesehen unter: http://psychclassics. yorku.ca/Maslow/motivation.htm

7   Miya Tokumitsu, »In the Name of Love«, *Jacobin Magazine,* Nr. 13, Januar 2014, https://www.jacobinmag.com/2014/01/in-the-name-of-love/

8   Jan Chipchase, »You Lookin' at Me? Reflections on Google Glass«, *All Things D,* 12. April 2013, http://allthingsd.com/20130412/you-lookin-at-me-reflections-on-google-glass/

9   Nehmen wir nur die berühmte Freundschaft zwischen den Dichtern Wordsworth und Coleridge. Einige der herausragenden romantischen Gedichte der englischen Sprache wurden von diesen beiden Männern zu Papier gebracht, als sie sich zum Schreiben nach Nord-Devon zurückgezogen hatten. Sie gingen auf dem Land spazieren, tauschten Ideen aus und forderten sich gegenseitig heraus, wobei Wordsworths hochgebildete Schwester Dorothy sie oft begleitete. Tatsächlich waren die drei Gestalten in und um Nord-Devon herum bald berüchtigt, und es dauerte nicht lange, bis sie den Verdacht der Einheimischen erregten, die die herumstreifenden Bohemiens für Sympathisanten des revolutionären Frankreichs hielten – des Staatsfeinds Nr. 1 im damaligen Großbritannien. Diese Spekulation wurde durch ihren Umgang mit dem politischen Radikalen John Thelwall nur noch angeheizt, den Regierungsbeamte als den »gefährlichsten Mann Großbritanniens« einstuften. Schließlich schickte das britische Innenministerium einen Spitzel nach Nord-Devon, um Informationen über die Dichterrebellen zu sammeln. In einem späteren Bericht machte sich Coleridge über die Dummheit des von der Regierung

gedungenen Manns lustig, der ein Gespräch der Dichter über Spinoza für einen Bericht über einen »Spion Nozy« gehalten habe. Doch trotz dieses Spotts war die Überwachung sehr real. Die Dichter mussten sich schließlich von Thelwall distanzieren und fingen an, Allegorien, Mehrdeutigkeiten und Ironie als Mittel zu benutzen, um subversivere Unterhaltungen zu tarnen.

10   Ludwig August Frankl, *Erinnerungen,* Prag: Calve, 1910

11   Scott Kirsner, »Wireless Worker Badges Hold Promise – and Problems«, *Boston Globe,* 3. November 2013, http://www.bostonglobe.com/business/2013/11/02/breakthrough-management-tool-big-brother-workplace/WKMDFFieBC9M98EWUPbFZL/story.html?s_campaign=sm_tw

12   Evgeny Morozov, »The Real Privacy Problem«, *MIT Technology Review,* 22. Oktober 2013, http://www.technologyreview.com/featured-story/520426/the-real-privacy-problem/

13   »Tim O'Reilly Google+ Page«, https://plus.google.com/+TimOReilly/posts/CPiAX9YiVUB, zugegriffen 11. Februar 2014

14   Graham Greene, *The Heart of the Matter,* New York: Vintage, 2001; im Original 1948

15   John Keats, »An George und Thomas Keats«, zitiert nach: Norbert Miller, Harald Hartung: *Theorie der modernen Lyrik: Dokumente zur Poetik,* Hanser: München, 2003

16   Lesley Hazleton, »Wer glaubt, muss auch zweifeln«, *TED,* Juni 2013, http://www.ted.com/talks/lesley_hazleton_the_doubt_essential_to_faith/transcript?language=de

17   Quentin Hardy, »What's Lost When Everything Is Recorded«, *New York Times,* 17. August 2013, http://bits.blogs.nytimes.com/2013/08/17/whats-lost-when-everything-is-recorded/

18   Carl DiSalvo, *Adversarial Design,* Cambridge, Mass.: MIT Press, 2012

19   Deviant, »Arms and Sleepers: Nostalgia For The Absolute«, *Sputnik Music,* 11. März 2011, http://www.sputnikmusic.com/review/42319/Arms-and-Sleepers-Nostalgia-For-The-Absolute/

20   Roger Ebert, »Great Movie: *Citizen Kane*«, http://www.rogerebert.com/reviews/great-movie-citizen-kane-1941, zugegriffen 2. März 2014